철학이 있는 가구 만들기

나만의 스타일을 찾아가는 목공의 응용

철학이 있는 가구 만들기

김성헌 지음

초록비 책공방

프롤로그
이 책은 목공 응용서이다

이 책은 가구 제작 과정을 적나라하게 보여줌으로써 독자로 하여금 응용해볼 수 있도록 돕는다. 따라하라고 보여주는 책인 만큼 이 책에 나온 작품을 똑같이 만들거나 비슷하게 따라 해도 크게 상관없다. '가구를 이렇게 만들 수 있다니 괜찮은 방법인 것 같다'라는 생각이 든다면 남의 것을 따라한다는 생각일랑 집어던지고 재미있게 목공을 즐기길 바란다.

늘 하는 말이지만, 목공 기술은 온갖 수련을 다해야 익힐 수 있는 심오한 것이 아니다. 수십 년간 한 길만 걸어온 목공 장인들의 공예를 가볍게 여겨 하는 말은 절대 아니다. 그들을 존중하고 존경하는 마음은 변함없으니 오해하지 말길 바란다.

내가 말하는 목공의 깊이는 목공 대중화 시대에 살고 있는 취미 목공 또는 현대 목공 기술 수준에서 이야기하는 것이다. 현대 목공 기술은 도구의 기본 사용법만 잘 익힌다면 그다지 어렵지 않다. 몇 가지 기본 지식과 기술에서 시작하고 거기서 끝을 맺는다. 가구 제작이라 하는 것은 응용의 폭일 뿐 그 폭이 좁다고 해서 목공을 할 수 없는 것은 아니란 뜻이다.

다시 말해 취미 목공과 목수를 업으로 하는 사람들의 기술은 그다지 차이가 없어지고 있다. 그러니 목공을 시작하는 사람들은 기본 기술 안에서 자신이 하고자 하는 작업을 안전하고 빠르며 효과적으로 할 수 있는 나만의 스타일을 찾아가면 된다. 그리고 나만의 스타일을 찾아가는 방법 중에 가장 빠른 것이 다른 작가의 작품을 벤치마킹하거나 노하우를 익히는 것이다. 하여 이 책에서는 내가 지금까지 가구 제작을 하면서 익혔던 모든 노하우를 아낌없이 보여주고자 한다.

이 책을 쓰면서 고민했던 점은, 독립적인 스타일 또는 기술로 흡수될 수 있을 법한 가구 디자인의 전개와 제작 과정의 예시를 고르고 그 작업에 집중하는 것이었다. 남들 다하는 뻔한 작업으로 페이지를 채운다면 이 책은 볼 가치가 없을 것이다. 뭔가 하나라도 더 배우기 위해 이 책을 구입한 독자에게 돈만 낭비한 낭패한 헛웃음을 줄까 봐 사실은 조금 두려웠다. 그래서 이 책에서 보여줄 작업 예시물을 정할 때 이런 기준을 세웠다.

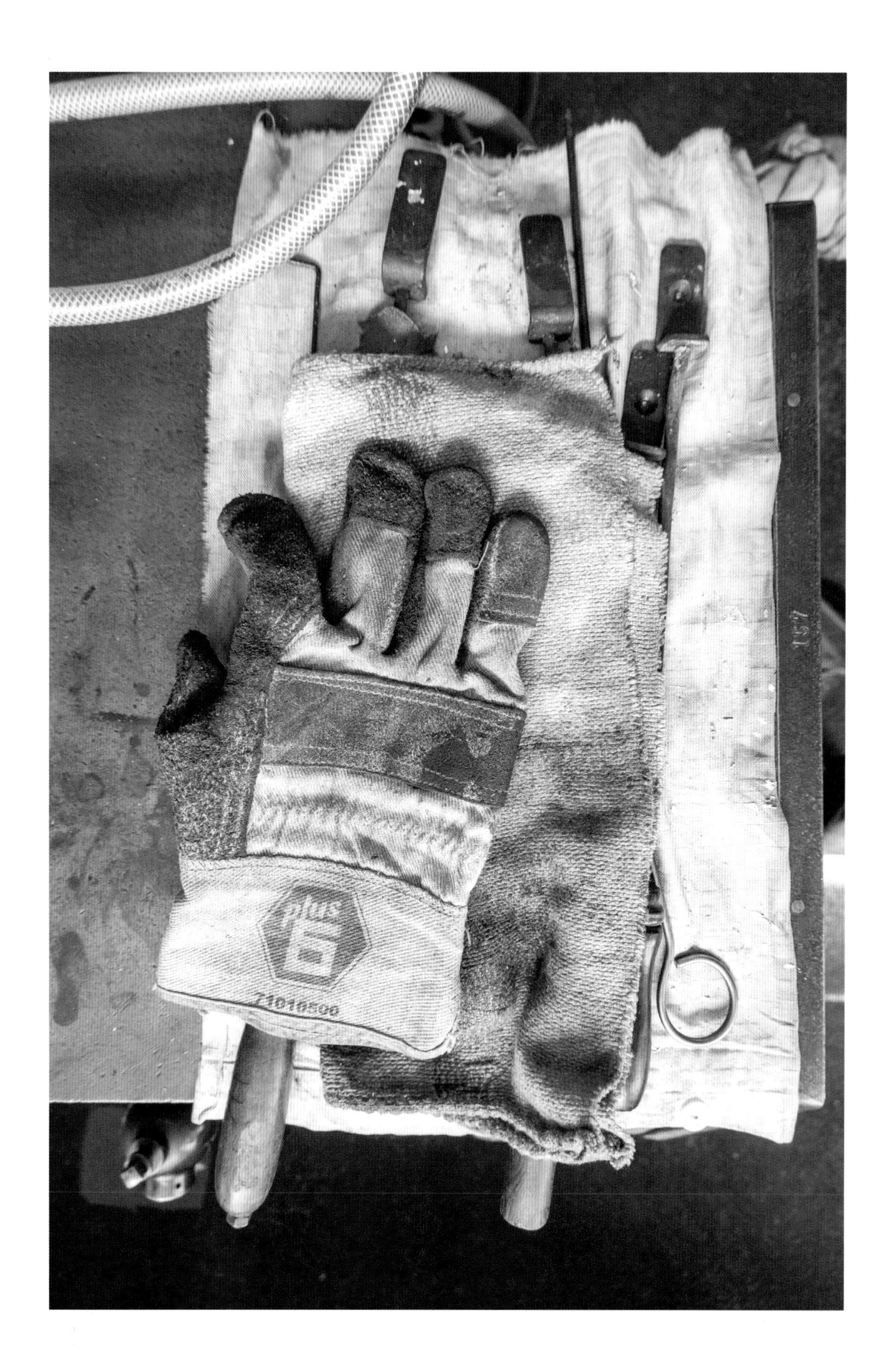
plus

- 세상에 하나뿐인 가구
- 평범한 가구가 아닌 삶으로 이어지는 가구
- 필요에 의해 기능이 결정되고 그렇기에 일반적 가치를 넘어 또 다른 가치가 창출되는 가구
- 너무 심오하거나 어렵지 않아 기계 목공을 하는 사람이라면 충분히 따라하고 자신만의 가구로 발전시킬 수 있는 가구

이런 가구가 무엇일까 고민하고 집중하니 답은 그리 멀지 않은 곳에 있었다. 나의 생활 속 가구를 보여주면 그것이 답이 아닐까? 이는 '아트퍼니처' 작가인 나의 일과 크게 다르지 않고 오히려 더 잘할 수 있는 나다운 일이었다.

2019년에 출간한《철학이 있는 목공수업》이 이론과 기본에 집중한 책이라면 이 책은 실기와 활용에 집중한 책이다. 그러므로 이 책을 보기 전에 전작을 먼저 읽어 생소한 목공 기계와 용어들을 익히기를 희망한다.

목공을 가르치는 곳은 많다. 때로는 '이것이 옳다', '저것이 옳다'며 논쟁을 하기도 한다. 전작에서도 말했듯 그것은 중요한 것이 아니다. 목공에 정답은 없다. 작업을 올바로 이끌어갈 수만 있으면 된다. 다만 목공 용어와 사용법은 반드시 알아야 한다. 그것은 의사소통 방법 중 하나이고 나는 그 의사소통의 방법으로서 전작을 세상에 내놓았다. 그 다음 책인 이 책도 당연히 같은 언어로 소통하므로 전작을 먼저 읽는다면 큰 도움이 될 것이다. 물론 그렇지 않더라도 기초적인 목공 지식과 용어 그리고 목공 기계의 사용법에 익숙하다면 이 책만으로도 작업을 진행하는 데 충분하다.

책을 읽기 전에 독자에게 양해를 구할 것이 있다. 그것은 이 책에 쓰인 사진 해상도가 조금 떨어질 수 있다는 점이다. 이 책은 글과 이미지를 통해 목공 기술 및 가구 제작에 관한 이야기를 전함과 동시에 영상을 활용한 콘텐츠를 동시에 제공한다. 때문에 영상을 먼저 찍고 이후 이미지를 추출하는 방식으로 책을 이어나갔다. 책과 영상은 콘텐츠의 특장점이 달라 같은 내용이라도 이해되는 수준과 활용도가 다르다. 책은 해당 내용을 찾아보기 쉽고 깊은 사색을 가능하게 한다. 영상은 영상대로 콘텐츠에 대한 이해도를 높힌다. 따라서 가급적 다양한 각도로 보여주고 싶은 마음에 선택한 방법이니 넓은 마음으로 이해해주길 바란다.

매번 하는 말이지만 목공은 이론만으로는 완성할 수 없는 분야다. 이 책을 읽으며 '이렇게 디자인을 하는구나', '이렇게 만들기도 하는구나' 하는 정도로 끝나지 않았으면 좋겠다. 부디 이 책이 여러분이 필요로 하는 또 다른 디자인으로 응용되어 마침내 여러분의 가구를 만들어내는 지침서로 활용되기를 희망한다.

차 례

1부. 집사 소파

집사 소파 디자인 스케치

집사 소파 작업 스케치

2부. 슈러스 테이블

슈러스 테이블 디자인 스케치

슈러스 테이블 작업 스케치

3부.버블 체어

4부. 리버테이블 블랙

5부. 미니멀 소반

1부

집사 소파

집사 소파 디자인 스케치

우리 집 반려 묘들, 왼쪽부터 별이, 간짱, 간지

고양이와 놀고 있는 딸내미

내 삶에 필요한 가구에 대한 생각

집사, 그 즐거움과 괴로움에 대하여

나는 집사다. 집사가 된 지 벌써 19년째다. 고양이와 함께 산다는 것은 마치 아이를 키우는 것과 비슷하다. 사랑스러운 반려 묘들이 주는 일상의 기쁨은 말로 다 표현할 수 없다. 피곤한 몸으로 집에 들어갔을 때 은근슬쩍 다가와 안기는 작은 생명은 너무나 사랑스럽다. 하지만 얻는 것이 있다면 잃는 것이 있는 법. 반려 묘와 살면서 얻은 행복의 이면에는 치러야 할 불편이 존재한다. 나에게 그것은 소파다.

고양이와 함께 살면서 나는 몇 번이나 소파를 버려야 했다. 그것은 세 가지 불편 때문이다.

첫째는 스크래치이다. 고양이들은 발톱을 간다. 시도 때도 없이 간다. 그래서 대부분의 집사는 스크래퍼를 마련해주는데 스크래퍼 또한 그저 스크래핑 하는 장소 중 하나일 뿐 고양이들은 여기저기 손톱이 걸리는 곳은 모두 긁어 버린다. 특히 우리가 애용하는 소파는 고양이도 좋아하는 공간이기에 소파가 스크래퍼로 바뀌는 데는 그리 오랜 시간이 걸리지 않는다. 주기적으로 고양이의 발톱을 깎아주는 것으로 어느 정도 문제가 해결되는 듯 싶었지만 우리집 막내, 젖도 못 뗀 상태에서 죽어가던 길냥이를 살려 강제 입양한 막내는 성질이 야생이다. 자기가 싫어하는 부위에 손을 대면 수년간 키워준 은혜도 찾아볼 수 없을 만큼 할퀴고 물어버린다. 그 성격 탓에 녀석의 발톱만은 절대 건드릴 수 없는 통제 불가의 영역이 되었고 그 뒤 너덜너덜해진 소파를 당연한 것으로 받아들이고 살아야 했다. 하지만 그까짓 거 집사에게는 문제될 것이 없다. 소파가 보기 흉한 것이 무슨 문제란 말인가.

둘째는 털이다. 고양이가 있는 집안엔 언제나 털이 날린다. 특히 이불, 소파, 입고 있는 옷가지들은 언제나 고양이털로 범벅이다. 털갈이를 하는 시기에는 더하다. 하지만 그까짓 거 집사에게는 문제될 것이 없다. 부지런히 청소하고 롤러를 손에 달고 살면 된다. 우리 애들 털인데 치우면 되지 무슨 문제란 말인가.

셋째는 토사물이다. 사실 소파를 버리고 새로 장만하게 되는 것은 결국 이 문제 때문이다. 고양이들은 그루밍을 한다. 온종일 혀로 털을 고르며 몸단장하듯 자신을 돌본다. 그루밍을 하면 필연적으로 털이 입 안으로 들어가고 일정 시기가 되면 구토를 하여 먹은 것을 토해내어 삼킨 털의 일부를 뱉어낸다. 고양이의 일상으로 보자면 이는 지극히 당연한 일이지만 아무리 집사라도 이것은 좀 힘들다. 바닥이나 이불에 토하면 치우거나 빨면 되지만 소파에 토하면 치우기가 여간 힘들지 않다. 아무리 깨끗이 닦아낸다 해도 쿠션 사이사이로 스며든 토사물은 흔적이 남기 마련이다. 식구들이 깨어 있는 시간대는 별 문제가 없지만 모두가 잠든 사이, 혹은 외출한 사이 그런 일이 벌어진다면 깊게 스며든 토사물 냄새를 지워내기가 참으로 고약하다.

냄새가 지워지지 않는 소파 위에서 딸내미와 반려 묘들이 자는 모습이 보일 때쯤이면 우리 집 소파는 수명을 다한 것이다. 소파 없이 살아본 적도 있지만 그 불편함을 오래 견디지 못하고 또 다른 소파를 들이곤 했다.

이런 이유 끝에 오랜 기간 고민하다 만든 것이 '집사를 위한 소파'다. 짧게 줄여 '집사 소파'라 칭했다. 콘셉트는 반려 묘와 사람이 함께 쓰는 위생적인 소파다. '어디에 구토했는지 몰라 청소도 못하는 비위생적인 환경을 만들지 말자'가 주테마다.

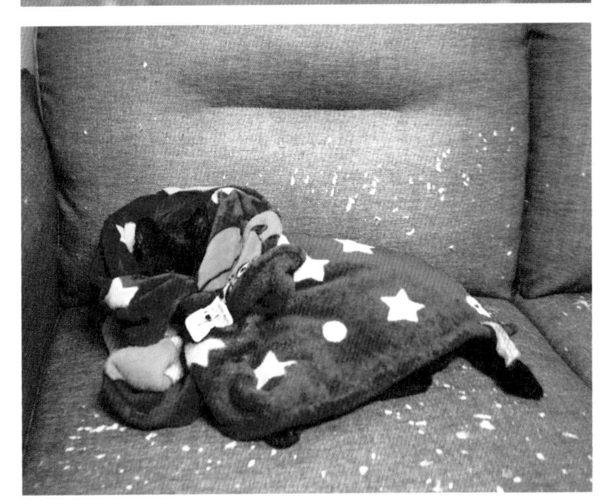

스크레칭으로 엉망이 된 소파

엉망이 된 소파에서 반려 묘와 함께 자는 딸내미

미리 보는 집사 소파

신박한 디자인 따위는 없다. 대부분의 가구 디자인은 철저하게 프로세스를 가지고 탄생한다.

'집사 소파' 역시 소파라는 기존의 소파 디자인을 기본으로 두고 기능성에 역점을 두어 디자인했다. 필요를 구현하는 기술적 요소들을 검토하고 채택하는 과정을 하나하나 쌓아올리다 보니 최종적으로 디자인이 완성된 것이다.

즉 소파라는 전제 위에 콘셉트를 정하고 이를 분석하면서 어떤 기능을 넣을지 혹은 뺄지를 가감한다. 그리고 그중 무엇을 메인 디자인으로 할지 선택하여 대략적인 스케치를 한다. 그런 다음 이를 구현할 기술적인 요소들을 검토하여 좀 더 효과적이고 완성도를 높일 수 있는 설계에 공을 들인다.

설계는 현대 목공의 필수 요소다. 설계만 보아도 작품의 완성도를 가늠할 수 있을 정도이니 제작보다는 설계에 좀 더 시간을 투자할 필요가 있다.

집사 소파 디자인의 메인 콘셉트는 '문을 닫는다'이다. 영업시간 끝난 가게가 셔터 문을 닫듯 우리집 소파도 영업시간이 끝나면, 즉 외출이나 잠자리에 들 때면 문을 닫고 싶었다. 고양이와 함께 살면서 생길 수 있는 비위생적인 상황을 예방하고 스크래치로 인한 소파의 흠집을 미연에 방지하자는 것이다. 물론 가족과 고양이가 함께 있을 때는 다 같이 사용할 수 있는 소파여야 한다.

동영상으로 배우기 집사 소파 풀버전

주름문(템버 도어)

'문이 닫히는 소파'를 메인 콘셉트로 잡았으니 이 콘셉트에 맞는 기능을 생각해 보아야 한다. 먼저 소파의 문을 어떻게 만들어야 할지를 결정해야 할 것이다. 이때 구조상 중요한 점은 소파를 사용할 때는 문이 걸리적거리지 않아야 한다는 점이다. 그래야 소파를 사용할 때 불편함이 없다. 또한 사용하지 않을 때는 완벽하게 닫혀야 한다. 이런 기능성을 구현하기 위해 생각한 것이 '주름문'이다. 주름문은 다른 말로 '템버 도어'라고도 한다.

'주름문' 하면 잘 모를 분들도 있을 것이다. 혹시 텔레비전이 마을에 한두 개밖에 없던 시절, 부자 집에서만 볼 수 있던 TV장을 기억하는 분들이 있을지 모르겠다. 그 텔레비전을 보면 문짝이 달려 있는데 그것이 주름문이었다. 기능으로만 보면 옆으로 밀면 말려 들어가 문이 사라지는 형태로 공간 활용도가 높다.

오른쪽 사진은 오래 전 어린 딸아이의 텔레비전 시청 시간을 최대한 줄이고자 제작한 TV장이다. 주름문을 이용하여 텔레비전을 완전히 감출 수 있었다. 이 주름문은 TV장은 물론 다른 가구를 만들 때도 자주 사용했다. 이번 집사 소파의 문도 '주름문'으로 하기로 결정했다.

주름문은 필요한 경우에는 문을 완전히 사라지게 할 수 있으므로 소파를 사용할 때 문짝 때문에 소파 사용이 거슬리는 일은 없을 것이다.

주름문으로 만든 TV장

주름문 디자인의 구현 방법

소파에 문을 달고 그것을 메인 콘셉트로 하겠다고 결정했으나 디자인 설계 과정은 생각보다 쉽지 않았다. 이를 구현하기 위해 시안을 그리던 중 다시 막힌 부분은 문이었다. 제작하고자 하는 것이 다름 아닌 소파였고 소파는 꽤 덩치가 있는 가구인 만큼 그곳에 문을 단다면 '어떻게 열어야 할까?' 하는 문제를 풀어야 했다.

옆으로 밀어서 열까?
위로 올려서 열까?
아래로 내려 열까?

여러 시안을 놓고 생각해보았다. 각 방법에 따라 디자인이 달라진다. 기본적으로 주름문은 레일을 타고 가야 하기 때문에 여는 방식에 따라 레일의 형태가 결정되어 각각의 디자인이 달라질 수밖에 없다.

결론부터 말하자면 여러 시안 중 나는 위로 올려서 문을 여는 형태로 결정했다. 목공에 정답은 없다. 어떤 시안도 제작이 가능하므로 작업의 편리성과 기능의 충실성을 판단해 각자 선택하면 된다. 검토한 시안의 장단점은 이러했다.

옆으로 밀어 여는 주름문

장점 •내구성 면에서 가장 좋다. 문의 처짐이 발생하지 않는다.
•문의 열고 닫음이 가장 부드럽고 좋다.

단점 •문이 타고 갈 레일 자체가 소파 기능에 방해 요소가 된다.
•소파를 사용하려면 문을 옆으로 밀고 다시 레이판 및 뚜껑을 위로 들어 사용해야 한다.
•불필요한 동작이 많아 디자인 및 설계가 복잡해지고 내구성이 떨어진다.

아래로 내려 여는 주름문

장점 • 적은 힘으로도 열기에 좋다.
• 레일 구조가 간단해 제작하기 편하다.
• 소파 사용에 방해를 받지 않는다.

단점 • 문을 위로 올려 닫을 때 무게를 사람이 고스란히 져야 해서 힘이 든다.
• 문의 무게 때문에 문이 저절로 열릴 수 있다.
• 문의 길이(폭)가 길기 때문에 문의 중간이 처질 수 있다.

위로 올려 여는 주름문

장점 • 문을 열 때 쉽게 열린다.
• 문을 닫을 때 무게가 부담이 될 수 있지만 도르래 원리를 이용하면 어느 정도 수월하게 할 수 있다.
• 레일 구조가 간단해 제작하기 편하다.
• 닫힌 문이 저절로 열리지는 않는다.
• 소파 사용에 방해를 받지 않는다.

단점 • 문의 길이(폭)가 길기 때문에 문의 중간이 처질 수 있다.

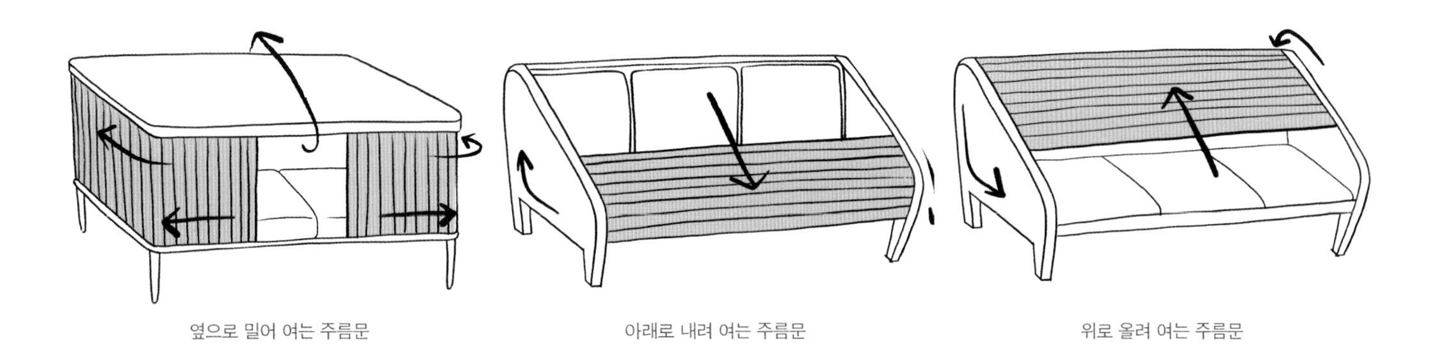

옆으로 밀어 여는 주름문 | 아래로 내려 여는 주름문 | 위로 올려 여는 주름문

어느 방향이든 주름문을 밀어서 열려면 문이 타고 갈 레일이 있어야 한다. 가장 먼저 생각했던 방식은 옆으로 미는 주름문이었는데 여러 디자인에 적용해보았지만 레일의 존재가 소파 사용을 방해했다. 방해가 되지 않도록 레일이 나왔다 숨었다 하는 디자인도 고려해보았는데, 이는 심플하게 풀기 어렵고 내가 지향하는 디

자인과도 맞추기 힘들어 일단 배제했다.

올리거나 내리는 주름문으로 선회해 검토를 하기 시작했다. 이때 중요하게 생각한 것이 문의 무게이다. 주름문은 가볍지 않다. 약 5~6mm의 얇은 졸대들이 모여 완성되는 문짝이라 보기에는 가벼워 보일지 모르지만 생각 이상으로 무겁다. 그래서 주름문은 옆으로 밀어 사용하는 것이 가장 좋다.

올리거나 내리는 문은 하중을 받아야 하고 그것을 최대한 느끼지 못하게 하는 것이 중요하다. 문을 올리거나 내릴 때 무게에 의한 중력을 온전히 사람의 힘으로 감당해야 한다. 그럼 각각의 주름문은 어떻게 힘을 받을까?

아래로 내려 여는 주름문

레일이 소파 하단에서부터 시작하기 때문에 열려 있을 때는 문이 소파 하단에 숨게 된다. 그래서 문을 닫으려면 소파 하단에서부터 들어올리는 문의 무게를 사람이 모두 감당해야 한다. 또한 레일의 끝이 소파의 등받이 상단에서 끝나므로 상단 디자인을 잘못하면 문의 무게 때문에 문이 자동으로 열릴 수도 있다. 고양이들이 문에 올라타 무게를 더하는 경우에도 열릴 가능성이 있다. 열 때는 편하지만 닫을 때는 불편한 구조다.

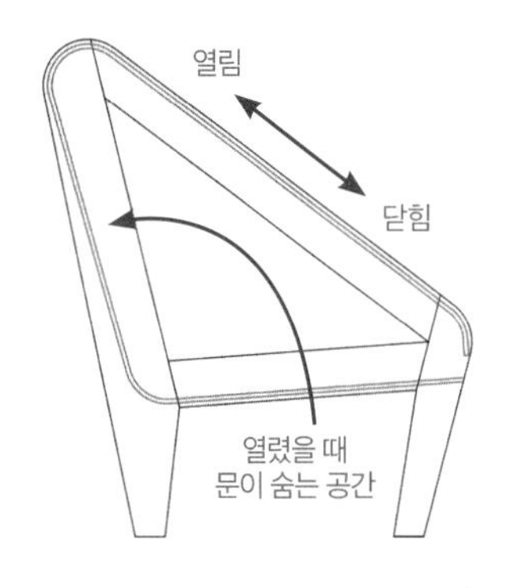

위로 올려 여는 주름문

문을 열었을 때 소파 등받이 부분에 문이 숨는다. 문을 닫을 때는 소파 앉는 부분 끝에서 레일이 끝난다. 따라서 문을 닫고 나면 문의 무게 때문에 열리는 일은 없다. 고양이가 올라타도 마찬가지다. 문을 열 때는 문의 무게 때문에 상대적으로 힘이 들 수 있지만 반쯤 열리면 도르래의 원리로 문이 뒤로 넘어가면서 자연스럽게 열린다.

위와 같은 각각의 장단점을 정리하고 보니 위로 올려 여는 주름문이 가장 실용적이고 사용하기에도 편리해보여 이를 최종 결정했다. 소파의 폭만큼 주름문의 가로 길이가 길어야 해서 문 중간이 처질 수 있지만 그 외에는 구조적으로 간단하고 문을 여닫기 편한 구조이다.

소파 전체의 중심 디자인

집사 소파 전체 디자인을 보면 주름문이 가장 먼저 눈에 띈다. 이 경우 소파의 측면마저 디자인에 힘을 주면 자칫 소파 전체 느낌이 무거워 보일 수 있다. 하여 측면 다리는 디테일을 살려 재미와 균형을 맞추기로 했다.

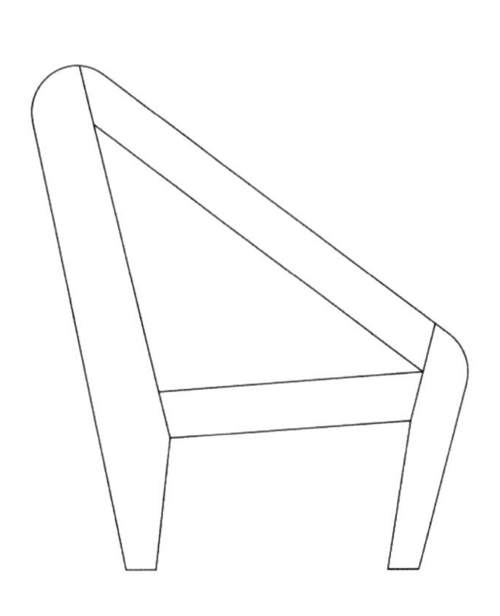

소파 측면 디자인과 결과물

위 도면과 사진은 최종 결정한 소파의 측면 다리 프레임을 보여준다. 소파 측면을 디자인하고 보니 테슬라 사의 사이버 트럭을 연상케 하는 사선 라인이 되었다. 이렇게 디자인을 한 필연적인 이유가 있다. 만약 소파 윗부분이 박스형 구조라면 고양이가 그 위에서 놀고 있을 공산이 크기 때문이다. 올라가 노는 건 좋은데, 혹시라도 문이 아래로 쳐지면 주름문이 레일에서 이탈할 가능성이 생긴다.

사선으로 된 문이라면 올라간 고양이들이 자연스럽게 미끄럼틀을 타고 내려올 수 있고, 제작 과정이 까다로운 주름문의 레일 길이를 조금 더 줄일 수도 있을 것이다.

"목공은 장기와 같다."

전체 공정을 파악하고 어떤 수를 먼저 둘 것인지 어떤 상황이 벌어질 것인지를 예측하고 작업해야 하는 것이 목공이다. 굳이 목공이 아니더라도 이런 과정을 항시 생각하는 것이 일머리를 잡는 것이다.

문의 형태를 결정했고 소파 측면 다리 디자인의 가닥이 잡혔다면 이제 주름문이 움직일 레일을 설계해야 한다. 여기까지 했다면 기능적 측면에서 고민해야 할 요소와 디자인은 80% 가까이 끝냈다고 볼 수 있다.

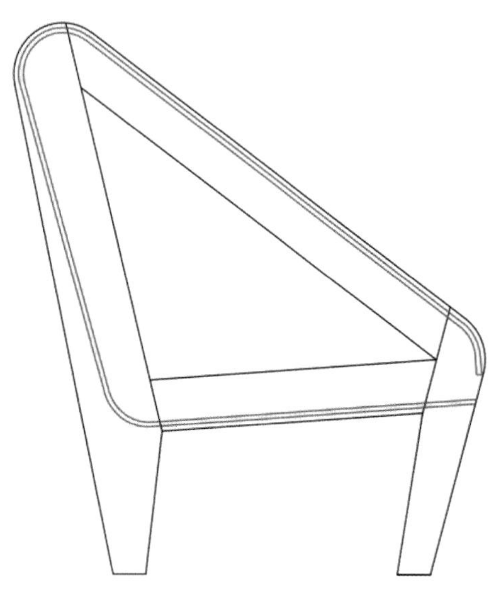

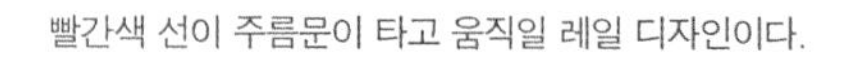

빨간색 선이 주름문이 타고 움직일 레일 디자인이다.

레일 디자인 고려 요소

레일을 디자인할 때 염두에 두어야 할 것은 간섭, 라운드 값, 길이 3가지다.

간섭

레일이 지나가는 길에 걸림이 없어야 한다. 그러려면 등받이와 좌판의 위치를 명확하게 알아야 한다. 간섭을 피해 레일이 지나가야만 기능적으로 아무런 문제가 생기지 않게 된다. 이 점은 측면 다리 프레임을 디자인할 때 미리 고려해야 할 사항이다.

오른쪽 그림은 소파의 측면 도면이다. 등받이와 좌판이 어떻게 붙는지를 알려준다. 도면을 보면 알 수 있듯 등받이와 좌판을 피해 레일이 지나가야 한다.

디자인에 대해 순차적으로 설명하다 보니 등받이와 좌판 디자인에 대해 아직 언급하지 못했지만 옆의 도면과 같은 형태로 다리가 제작되려면 등받이와 좌판이 어떤 형태로 결합될지 미리 정해두어야 한다. 그 결과가 디자인에 반영된 후에라야 간섭 없이 레일이 지나갈 길을 결정할 수 있다.

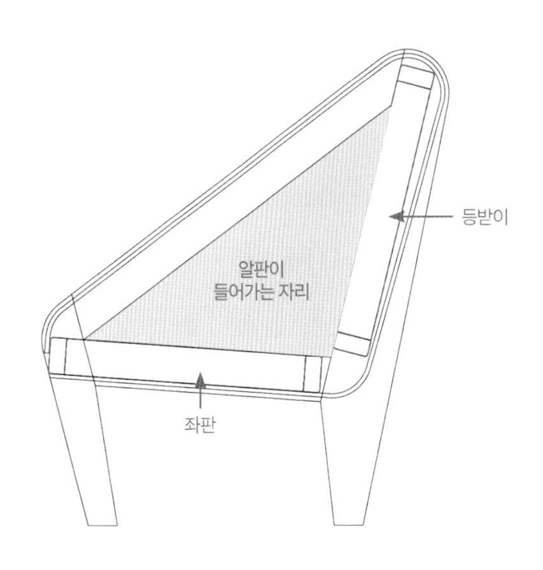

소파의 측면 : 등받이와 좌판의 조립 도면

도면의 빨간색 부분이 등받이와 좌판이다. 자세히 살펴보면 등받이와 좌판이 알판이 들어가는 자리를 가운데 두고 결합되는 것을 볼 수 있다. 또한 등받이와 좌판이 결합된 결과물을 보면 측면 다리 프레임의 라인이 단순히 디자인된 것이 아니라 사람이 의자에 앉았을 때 기능하게 되는 의자의 각도에 맞추어 디자인된 것임을 알 수 있다. 즉 측면 다리 프레임은 이 의자를 사용할 사람이 어떤 각도로 앉을

TIP. 나는 등받이의 각도를 정할 때, 식탁 의자처럼 팔걸이가 없는 의자는 7도, 휴식을 목적으로 하는 의자는 14도 이상으로 하는 편이다.

지, 등받이가 등의 어느 부분까지 커버할지, 엉덩이와 무릎 사이의 좌판은 어디까지 허용할지에 대한 내용을 담고 있다. '휴먼 인터페이스'를 고려한 디자인이라는 뜻이다.

이를 결정하는 것은 작품을 만드는 작가의 재량이며 역량이다. 소파 사용에 관한 '휴먼 인터페이스'는 이미 많은 문헌에서 다루고 있다. 인터넷을 검색해보면 영미권에서부터 시작한 전통적인 다리 길이와 등받이 각도 등을 찾아볼 수 있고, 한국인의 인체 통계에 따른 수치들 역시 쉽게 찾아볼 수 있다. 그 수치들을 적용해도 되고 자신만의 노하우가 담긴 치수가 있다면 그것을 따라도 된다.

그 수치들에 따라 소파의 측면 디자인은 달라질 것이다. 가령 소파 등받이가 등 허리쯤이 아니라 머리도 받쳐주어야 한다면 등받이 길이를 길게 해야 할 것이고, 좀 더 편안하게 등을 받치고 싶다면 등받이 각도가 더 커져야 한다.

등받이나 좌판의 쿠션을 어떻게 할지에 따라서도 모양이 바뀐다. 좌판의 경우 두꺼운 쿠션을 사용하고자 한다면 쿠션이 두께만큼 소파 다리가 짧아져야 한다. 등받이 쿠션에 따라서도 좌판의 세로 길이가 바뀐다. 이 모든 것을 결정하는 것이 디자인의 과정이고 그 결정이 끝나는 순간이 디자인이 완결되는 순간이다. 그러므로 완성된 디자인은 작품을 만드는 작가의 의지가 반영된 작품인 것이다. 앞 페이지에서 본 소파의 측면 도면은 이 모든 것을 결정한 상태에서의 결과물이다. 이런 결과물이 있어야 간섭 없는 레일을 그려낼 수 있다.

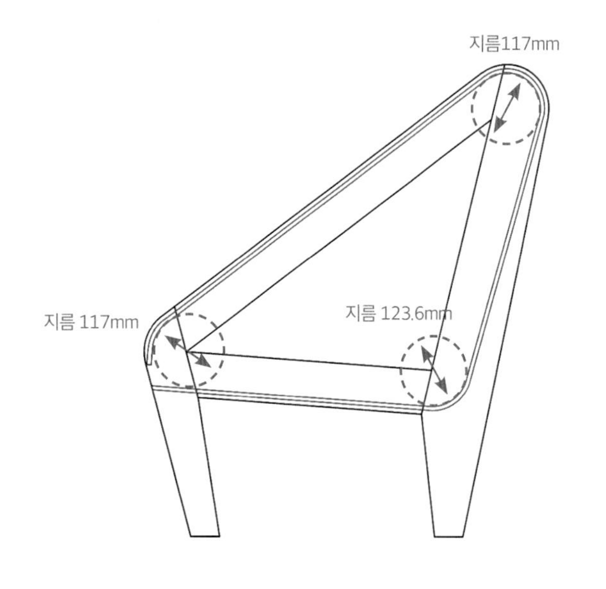

레일의 라운드 값

라운드 값

꺾이는 부분에서 주름문이 자연스럽게 지나갈 수 있는 라운드 값을 만들어내야 한다. 왼쪽 그림을 보면 레일이 꺾이는 부분의 라운드 값을 볼 수 있다. 이 값은 주름문이 부드럽게 움직일 수 있도록 원호를 구한다. 라운드 값이 클수록 움직임이 자연스럽다. 반대로 라운드 값이 작으면 주름문 조각의 폭도 작아져야 해서 작업성도 좋지 못하고 심미성도 떨어진다. 최적의 경우를 살펴 만들어낸 라운드 값은 전면과 상면은 지름 117mm, 뒤로 숨은 부분은 지름 123.6mm이다.

오른쪽 도면은 주름문이 해당 라운드 값의 레일에서 잘 작동하는지의 여부를 확인하는 방법이다. 주름문의 세부 조각 크기는 두께 6mm, 폭 13mm로 만들어 이어 붙일 생각이다. 이를 미리 도면에 그려보면 만들려고 하는 주름문이 이 라운드 값에서 과연 무난하게 움직일지를 가늠할 수 있다. 제일 작은 라운드 값인 지름 117mm 레일 위에 주름문 조각을 연결시켜본다. 이때 레일과 주름문 조각에 간섭이 없다면 이 라운드 값에서는 주름문이 정상적으로 작동하는 것이다. 만약 간섭이 생긴다면 주름문 조각 폭을 줄이거나 라운드 값을 더 크게 수정하여 작업해야 한다.

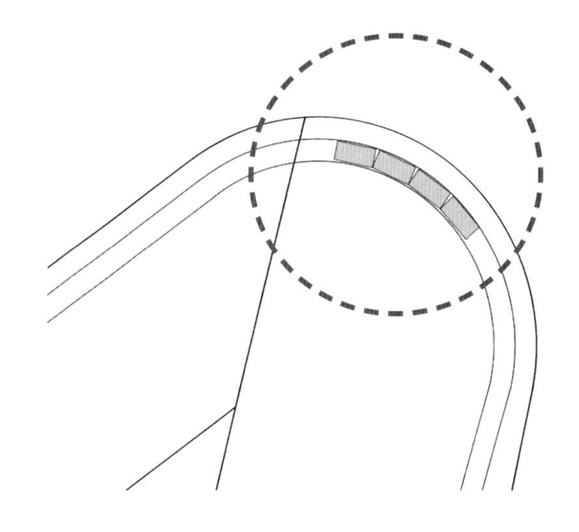

레일에 들어갈 문의 작동 여부 테스트

길이

레일을 통해 들어오고 나갈 주름문의 길이를 말한다. 문이 닫혀 있을 때는 빈틈이 없어야 하고 문을 열었을 때는 완벽하게 열려야 한다. 문을 닫았을 때의 주름문과 레일의 길이를 미리 계산해놓아야 불필요하게 주름문 조각을 더 만들고 붙이는 일을 하지 않을 수 있다. 오른쪽 도면의 빨간색 라인은 적당한 레일 길이를 측정한 것이다. 숫자를 합한 929.2mm(28.2+56+687.9+157.1)로 주름문을 만들면 된다.

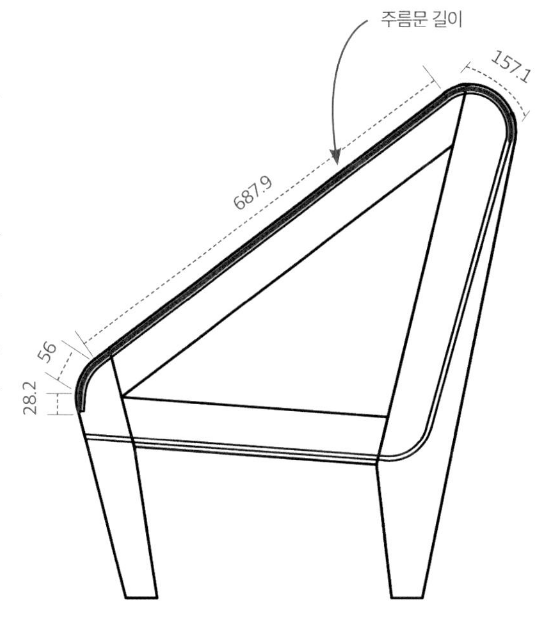

레일을 디자인할 때 지금까지 설명했던 간섭, 라운드 값, 주름문의 길이를 미리 염두에 두면 작품이 완성되었을 때 주름문 작동 여부에서 큰 문제가 생기지 않을 것이다. 레일 디자인 관련해서는 뒤에서 주름문을 만들 때 다시 한 번 설명할 예정이다. 여기서는 이 정도에서 넘어가기로 하자. (92쪽 참조)

등받이와 좌판 프레임 디자인

등받이와 좌판 프레임 디자인은 아래 도면과 같다. 의자의 전체 길이를 1600mm 잡았기 때문에 측면 다리의 두께(40mm×좌우 2개)을 고려하면 등받이의 가로 길이, 즉 사람이 앉는 범위는 1520mm가 된다.

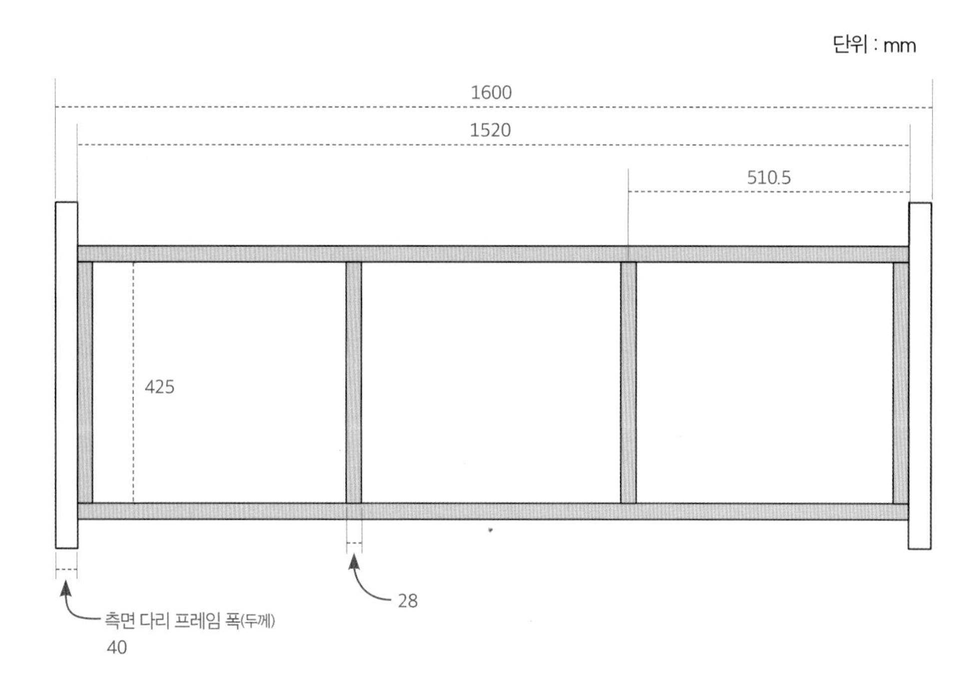

등받이 및 좌판 프레임 도면(등받이와 좌판 도면은 동일함)

3인용 소파치고는 조금 작은 감이 있다. 보통 다인용 의자의 경우 성인 남성의 어깨 넓이와 그 사이 간격을 계산하여 만드는데, 기성 가구의 3인용 의자를 살펴보면 1600mm, 1700mm, 1800mm, 1900mm처럼 어깨 넓이를 제외하더라도 꽤 여유롭다. 특히 쿠션이 깊은 의자는 앉는 동작과 일어서는 동작이 크기 때문에 폭이 넓지 않으면 불편한 것이 사실이고 3인용 소파를 구매하는 소비자들 대부분이 누워서 TV를 볼 수 있는 사이즈를 원해 일반적으로는 조금 큰 사이즈로 제작한다. 이런 측면에서 보자면 1520mm의 소파는 조금 작은 치수처럼 보일 것이다.

하지만 이 또한 작가가 결정할 부분이다. 내가 제작하고자 하는 3인용 소파는 우리집에 있는 세 마리의 반려 고양이 혹은 우리 세 식구가 한 자리씩 차지할 수 있도록 하나의 소파이지만 개별 영역을 구분했다. 무엇보다 미니멀한 사이즈로 제작할 수밖에 없던 근본적인 이유는 주름문의 처짐을 염두에 두었기 때문이다. 소파가 너무 크면 주름문의 가운데 부분이 처져 양쪽 끝 레일에서 이탈할 가능성이 있기 때문이다.

집사 소파
작업 스케치

원목 보관대 옆 각도절단기

부재 준비하기

본격적으로 작업에 들어가보자. 설계 과정을 통해 도면이 최종 완성되었다면 그 도면을 활용하는 첫 작업은 부재를 준비하는 것이다. 부재를 준비하는 방법은 직선 가구든 곡선 가구든 동일하다. 짜맞춤 가공 또는 형태 가공 직전까지 부재 준비 과정은 모두 같다.

내 공방의 작업 동선을 보면 주차장과 연결된 후문이 있다. 후문에서 계단을 내려오면 첫 번째로 자리를 잡은 것이 바로 원목 보관대이다. 원목 보관대 옆에는 가재단 작업에 필요한 각도절단기가 있다. 이와 같은 세팅은 약 14년 전 창업했을 때나 지금이나 조금도 바뀌지 않았다. 이런 구조로 세팅하면 나무를 사입할 때 주차장에 화물차를 주차하고 계단 아래에 있는 원목 보관대로 바로 원목을 옮겨 정리할 수 있다. 원목을 보관함에 채우고 꺼내는 것에 어려움을 겪지 않기 위해 취한 조치인 것이다. 예비 창업자가 공간을 선택할 때나 공방을 세팅할 때 고려해야 할 부분이기도 하다.

부재를 준비하기 위해 먼저 할 일은 적당한 나무를 각도절단기를 이용하여 가재단하는 것이다. 이때 '적당하다'라고 하는 것은 나무의 길이, 폭, 두께 등을 고려하여 되도록 나무의 손실 없이 효과적으로 가공할 수 있게 재단하는 것을 의미한다. 가재단을 하려면 어떤 두께의 나무를 어느 정도의 길이로 자를지를 결정해야 한다.

지금부터 원목 보관대로 가서 나무의 휨과 폭 그리고 두께 등을 고려한 적당한 나무를 고른 후 각도절단기를 이용하여 가재단할 것이다.

동영상으로 배우기 각도절단기 널 어떻게 써야 할까?

설계 도면과 부재 준비표

집사 소파 제작에 필요한 설계 도면 총정리

설계한 디자인을 보여주는 것이 도면이다. 보통 작품을 완성하는 데 필요한 작업을 명시하는데, 가구 도면은 정면, 측면, 윗면 정도만 그리면 대부분 그 내용을 알 수 있다. 그러나 이번 작업처럼 복잡한 구조의 가구는 다음과 같이 필요한 부분만 따로 떼어내 도면을 확장해 적시하면 이해가 좀 더 쉬워진다.

집사 소파 작업에 필요한 도면은 크게 3부분이다. 측면 다리 프레임, 등받이와 좌판 프레임(동일 도면), 주름문. 그 외에는 굳이 도면으로 그릴 필요 없는 등받이와 좌판의 45도 보강목과 가죽으로 된 손잡이 정도이다.

측면 다리 프레임 도면

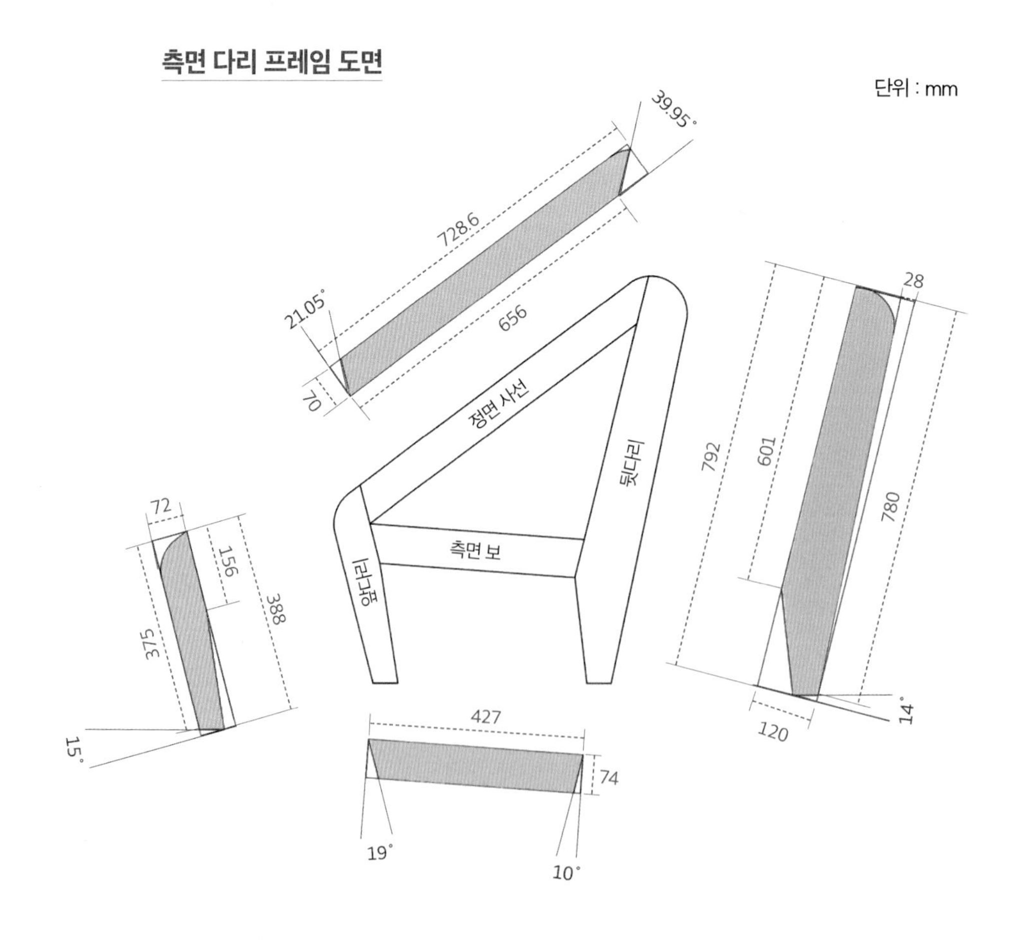

등받이(=좌판) 프레임 도면

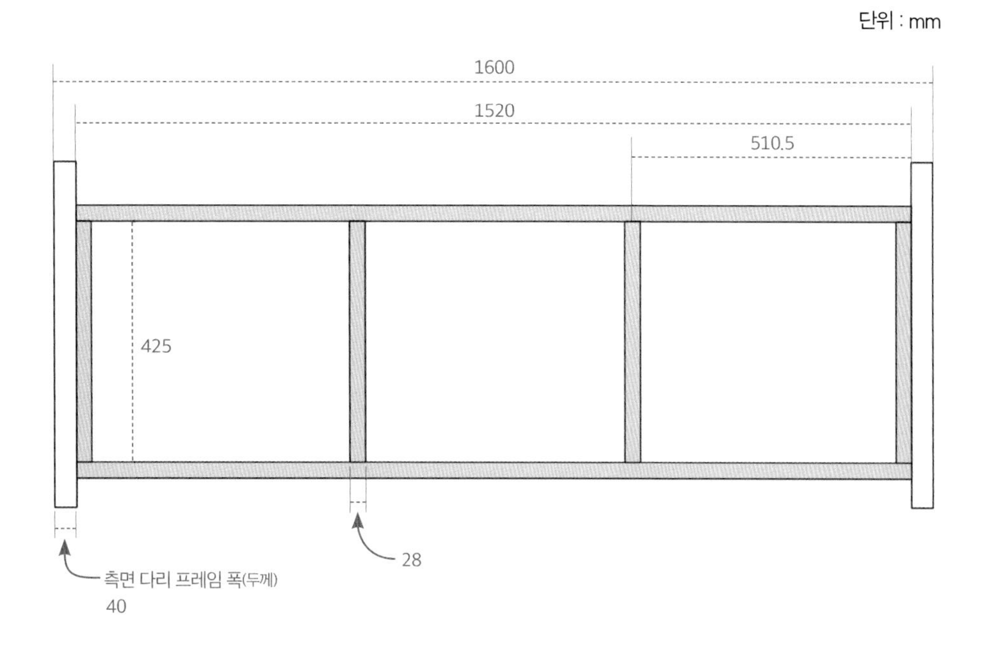

주름문 도면

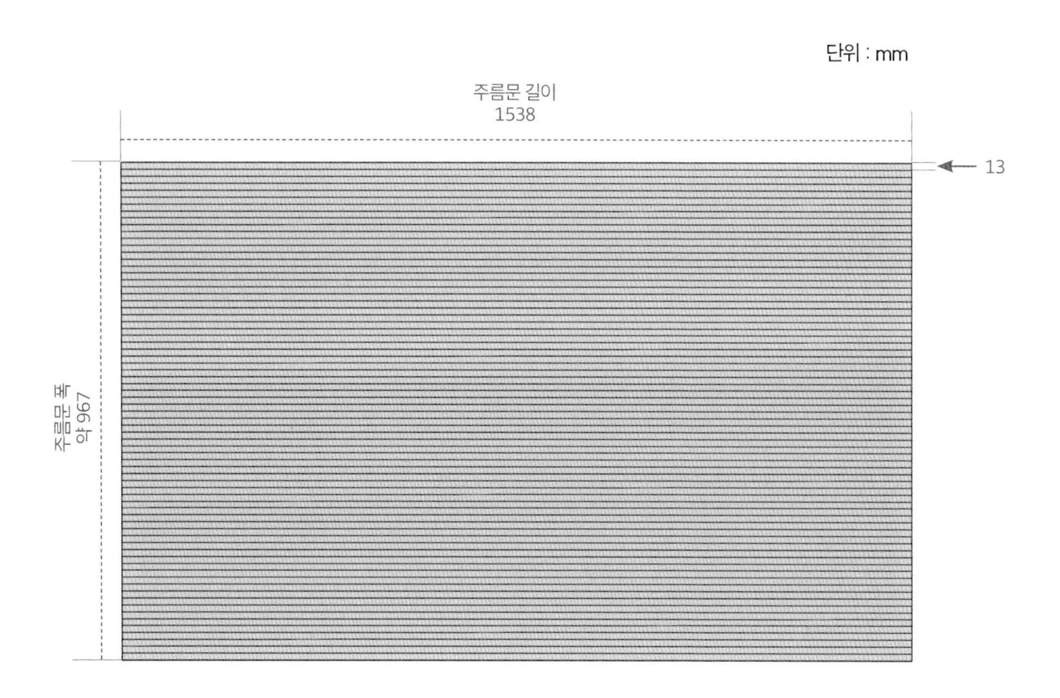

디자인을 확정하고 치수까지 결정된 후 혼자 모든 작업을 진행하는 경우에는 이런 치수와 설명이 있는 도면이 필요하지 않을 수 있다. 하지만 다른 이들과 협업을 하거나 디자인한 시점과 작업하는 시점이 크게 다르다면 자세한 치수와 설명을 써 놓은 추가 도면이 필요하다.

부재 준비표

부재 준비는 준비된 도면을 해석하는 첫 과정이다. 올바르게 준비된 부재는 전체 작업의 밑바탕이 된다. 이 작업을 좀 더 명확히 하기 위해 미리 작업하는 것이 '도면에 따른 부재 준비표'이다. 꼭 이 명칭이 아니더라도 설계된 대로 가구를 만들기 위해 얼마만큼의 재료가 필요하고 가공해야 하는지 자료를 정리할 필요가 있다. 부재 준비표는 각 공정별로 작업하는 것이 통례이고 재료를 어떻게 준비해야 하는지 한 눈에 볼 수 있다.

이번 작품을 만들기 위한 측면 다리 프레임, 등받이와 좌판 프레임, 주름문의 부재 준비표를 살펴보자.

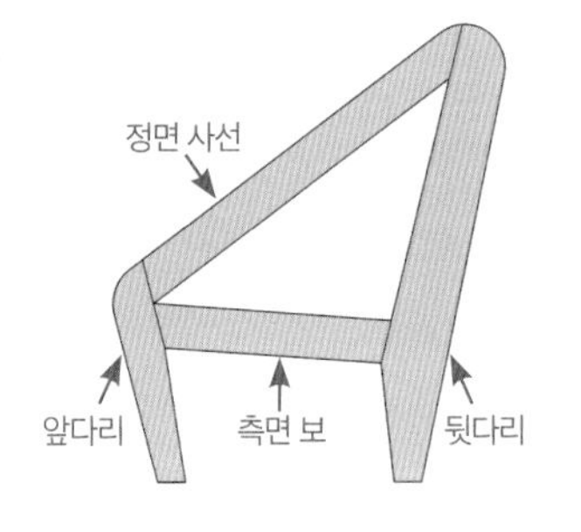

측면 다리 프레임 부재 준비표

단위 : mm

목록	폭×길이	두께(T)	부재 개수	기타
앞다리	72×388	40	2	
뒷다리	120×792	40	2	
정면 사선	70×728.6	40	2	
측면 보	74×427	40	2	

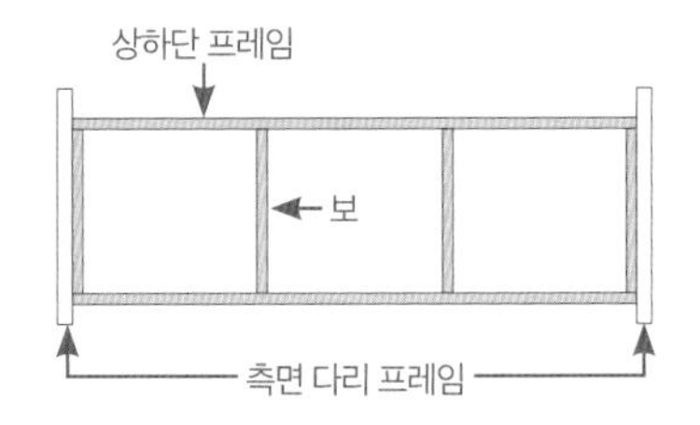

등받이(=좌판) 프레임 부재 준비표

단위 : mm

목록	폭×길이	두께(T)	부재 개수	기타
상하단 프레임	70×1520	28	4	
보	70×425	28	8	

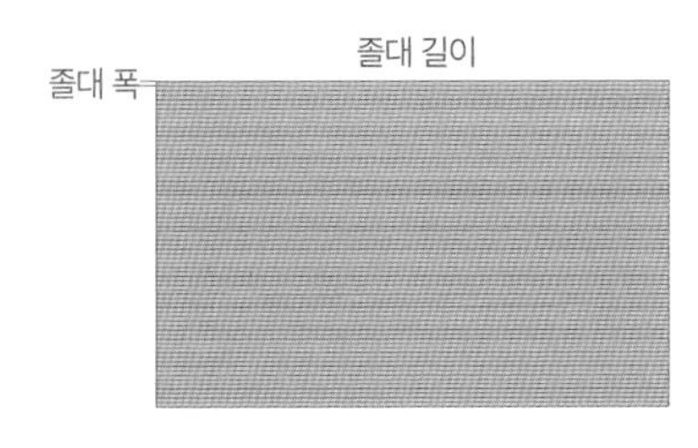

주름문 부재 준비표

단위 : mm

목록	폭×길이	두께(T)	부재 개수	기타
문 졸대	13×1538	6	74	

부재 준비표를 볼 때 가장 중요하게 체크해야 할 것은 '길이'다. 부재 준비에 있어 길이란 결 방향의 길이를 의미하고, 폭은 결의 직각 방향을 의미한다. 대부분의 작업에서 길이가 폭보다 긴 경우가 많지만 설혹 길이보다 폭이 길다고 해서 폭 방향으로 나무의 결을 배치해 재단해서는 안 된다. 따라서 부재 준비표를 작성할 때 길이 방향이 폭보다 작거나 같을 때는 어느 쪽이 길이 방향으로 쓰여야 하는지 다시 한 번 명시해주어야 실수를 미연에 방지할 수 있다.

'두께(T)'는 작업을 시작하는 기준이 된다. 여러 항목으로 준비되는 부재들은 대부분 각 항목별로 유사하거나 동일한 두께를 갖는다. 제법 복잡한 작업에서도 같은 두께들은 동일한 범주의 작업을 의미할 때가 많다. 현재 작성된 부재 준비표에서도 측면 다리 프레임의 두께는 40mm이고, 등받이와 좌판의 두께는 28mm이고, 주름문은 6mm 두께이다.

치목이 안 된 나무를 다듬는 것에서 시작하는 목공은 부재의 두께를 만드는 작업이 재료 준비에 있어 가장 기본이 된다. 부재의 두께를 만든 다음 폭과 길이로 재단하는 것이다. 작업을 효과적으로 통제하려면 같은 두께끼리의 부재를 모아 그 두께를 한 번에 작업하는 것이 바람직하다.

측면 다리 프레임 가재단하기

집사 소파는 측면 다리 프레임을 먼저 작업한다. 측면 다리 프레임부터 작업하는 이유는 등받이와 좌판 프레임이 측면 다리 프레임과 결합되고 그 결과 값으로 주름문의 크기가 결정되기 때문이다.

이는 도면을 보며 어떻게 작업 개요를 잡을지를 해석하는 방법이기도 하다. 도면을 해석할 때는 대개 결합면이 많은 부분 먼저 작업하고, 독립적인 부분은 나중에 작업해야 작업 중 발생할 수 있는 오류에 쉽게 대처할 수 있다. 물론 치수를 반드시 맞추어야 해서 가장 먼저 작업해야 하는 부분도 있을 수 있다.

최종 도면의 수치들을 살펴보자. 여기서 유의할 점은 도면에 적힌 수치는 부재를 가재단하는 수치가 아닌 정재단 수치라는 점이다.

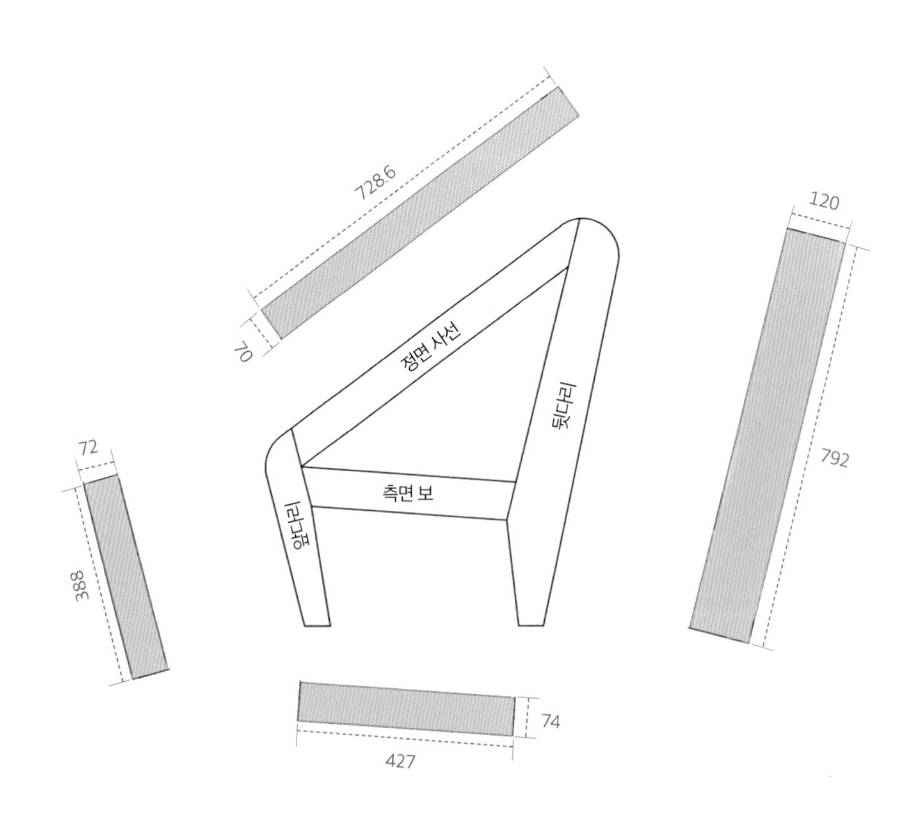

측면 다리 프레임 부재 준비표

단위 : mm

목록	폭×길이	두께(T)	부재 개수	기타
앞다리	72×388	40	2	
뒷다리	120×792	40	2	
정면 사선	70×728.6	40	2	
측면 보	74×427	40	2	

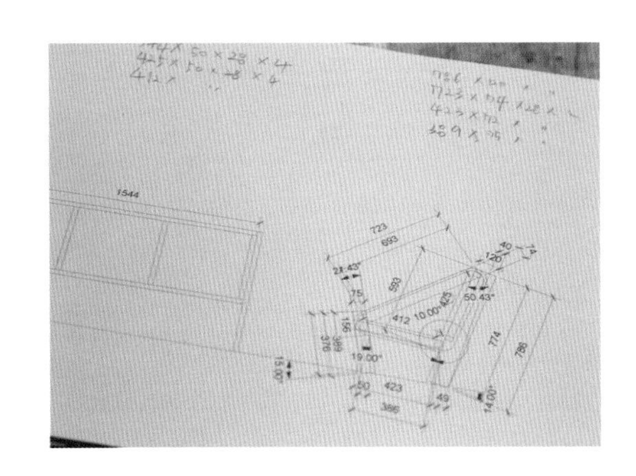

나는 가재단할 때 오른쪽 사진처럼 설계 도면을 출력해 빈 공간에 부재의 가재단 치수를 한 번 더 적어서 사용하는 편이다. 사진 상단을 보면 필요한 부재의 수치와 개수를 미리 적어놓은 것을 볼 수 있다. 이는 원목 보관대에 어떤 나무가 있을지 모를 일이니 현장에 가서 나무 상태를 파악한 후 좀 더 효과적으로 작업하기 위한 나름의 방법이다.

가재단에서 주의해야 할 점은 여유 치수로 작업해야 한다는 점이다. 부재의 거친 면을 다듬은 후 정재단을 해야 하기 때문에 정재단 치수보다 약 20~30mm 여유를 두고 재단한다. 또한 같은 두께로 만들어야 하는 부재끼리는 가급적 한 번에 재단하여 준비하는 것이 오차가 적다.

이번 작업은 '측면 다리 프레임 → 등받이와 좌판 프레임 → 주름문' 순으로 작업할 것이므로 측면 다리 프레임의 좌우 부재를 한꺼번에 가재단하고, 이 작업이 끝나면 등받이와 좌판 프레임을 한 번에 작업하고, 그 다음 주름문을 작업하는 순이 될 것이다. 이런 식으로 어떤 부재를 만들 것인지를 먼저 정하고 작업해야 집중력 있게 일을 마칠 수 있다.

가재단된 부재는 수압대패를 이용하여 기준면을 잡은 후 자동대패로 두께를 맞춘다(42쪽 ❶, ❷ 사진 참조). 여기서 부재의 오차가 생기기 시작하면 다음 과정으로 넘어갈수록 오차가 계속 커질 수밖에 없다. 부재의 미세한 두께 변화는 도면 수정을 통해 해결이 가능하지만 부재의 직각이 틀어지면 수정이 불가능하므로 철저하게 신경 써서 작업해나가야 한다. 이는 반드시 몸으로 익혀야 하는 부분이다. 이 부분에 대한 이해가 부족하다면 아래 QR 코드를 이용해 동영상을 보고 넘어가도록 하자. 수압대패 작업의 중요성과 작업 방법에 대한 영상이니 꼭 시청하길 바란다.

동영상으로 배우기 목공의 중심, 수압대패 / 자동대패 사용 방법 및 세팅

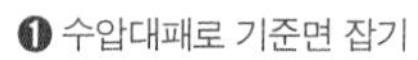

❶ 수압대패로 기준면 잡기

❷ 자동대패로 두께 맞추기

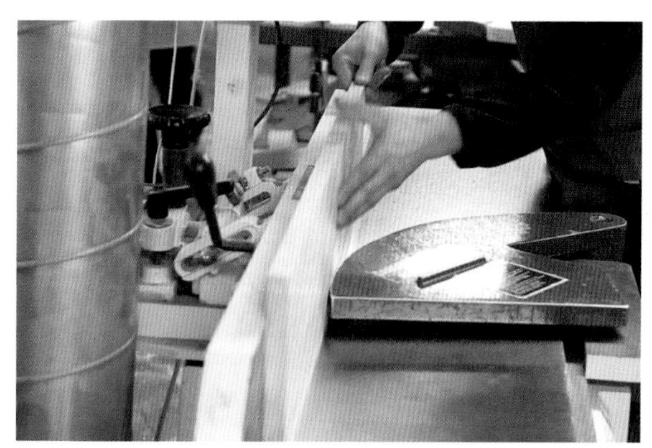

❸ 수압대패에서 부재를 세워 직각 측면 잡기

❹ 테이블 쏘로 판재 재단하기

❺ 두께 집성하기

두께를 맞춘 부재들은 ❸처럼 다시 수압대패를 이용해 직각 면을 잡는다. 펜스를 기준으로 하여 부재를 세워 측면의 직각 면을 잡는 것이다. 이때 중요한 점은 작업 전에 펜스가 바닥면과 직각으로 세팅되어있는지 반드시 직각자로 체크해 올바른 세팅 상태에서 작업을 해야 한다는 점이다.

대패 작업을 통해 판재가 만들어지면 테이블 쏘를 이용해 판재를 재단하여 치수에 맞는 부재를 만들어낸다.

공방 내에 두께별로 모든 부재를 보유하고 있으면 좋겠지만 여러 수종의 나무를 두께별로 쌓아둘 공간적 여력을 갖기란 쉽지 않다. 그래서 대개의 공방은 자주 쓰는 나무를 중심으로 표준적인 두께를 가진 부재를 비치해두기 마련이다. 만일 자신이 보유한 부재보다 두꺼운 부재를 사용해야 한다면 두 개 이상의 부재를 집성해 원하는 두께를 만들어야 한다. 이 경우 해당 두께를 만들기 위해 몇 벌의 같은 부재를 가재단해야 하는지 계산할 필요가 있다.

원하는 두께를 만들기 위한 두께 집성을 할 때도 폭의 여유 치수가 필요하다. 가령 지금 작업하는 측면 다리 프레임에 필요한 부재 중 폭 120mm, 두께 40mm의 부재를 만들려면 1인치 판재를 가공하여 20mm 두께의 부재 두 장을 만들고 이를 집성하여 두께 40mm를 만드는 식이다.

이때 두 장의 부재를 붙이기 위해 ❺처럼 클램프로 조이는데, 접착제의 점성 탓에 부재가 미세하게라도 틀어지게 된다. 이를 수압대패로 다시 기준면을 잡고 자동대패 또는 테이블 쏘를 통해 정재단 폭을 가공해야 한다. 즉 오차를 감안하여 부재의 폭을 어느 정도 여유 있게 작업해야 한다는 뜻이다. 숙련자라면 3mm 정도, 초급자라면 그보다 더 여유를 두어 작업해야 실수를 면할 수 있다.

TIP. 부재와 판재와 각재
하나의 가구가 완성되려면 각각 여러 개의 나뭇조각들이 서로 결합하여 구조를 만들어야 한다. 테이블을 예로 들면 다리 4개 다리를 잡아주는 보 4개와 상판의 결합으로 구조가 완성되는데 이들 하나하나를 '부재'라고 한다. 다리, 보처럼 나무의 폭이 두께보다 2배 이상 넓으면 판재, 그것보다 적으면 각재라고 한다.

집성에는 넓은 판재를 만드는 '판재 집성'과 필요한 두께를 만드는 '두께 집성'이 있다. 지금 과정은 측면 다리 프레임에 필요한 두께 집성이다. 두께 집성을 할 때는 20mm의 부재 두 장이 잘 붙을 수 있도록 촘촘하게 필요한 만큼 클램프로 고정하는 것이 좋다. 몇 개의 클램프로 고정하는 것이 좋은가? 말하자면 길다. 아래에 준비한 두께 집성 영상을 보자.

두께를 집성한 부재의 접착제는 약 40분 정도면 굳는다. 이후 끌이나 대패로 삐져나온 접착제를 제거한 다음 다시 수압대패와 자동대패를 이용하여 정재단 각재를 만들어낸다. 이때 접착제를 완벽하게 제거하지 않으면 단단하게 굳은 접착제가 대패날을 상하게 하거나 대패날 사이로 접착제가 끼어 대패 기능을 저하시킬 수 있다.

지금까지 가재단하여 부재를 준비하는 과정을 살펴보았다. 이 과정은 어떤 가구를 만들더라도 공통으로 진행되는 과정이므로 숙지하도록 한다.

동영상으로 배우기

나무를 붙이는 목공기술, 집성

나무를 붙이는 목공기술, 집성 2탄

측면 다리 프레임 정재단하기

아래 도면은 40쪽에 있는 것과는 다르게 상세한 정보가 담겨있다. 가재단 시에는 부재의 폭과 길이만 알아도 되지만 정재단 시에는 부재를 정밀하게 가공할 모든 정보가 담겨있어야 한다. 앞에서 우리는 가재단을 통해 폭은 맞추고 길이는 가공에 대비해 여유롭게 가재단했다. 이번에는 길이와 각도까지 도면의 치수에 맞추는 정재단을 할 것이다.

도면과 같은 부재를 만들기 위해 정재단하는 순서는 다음과 같다.

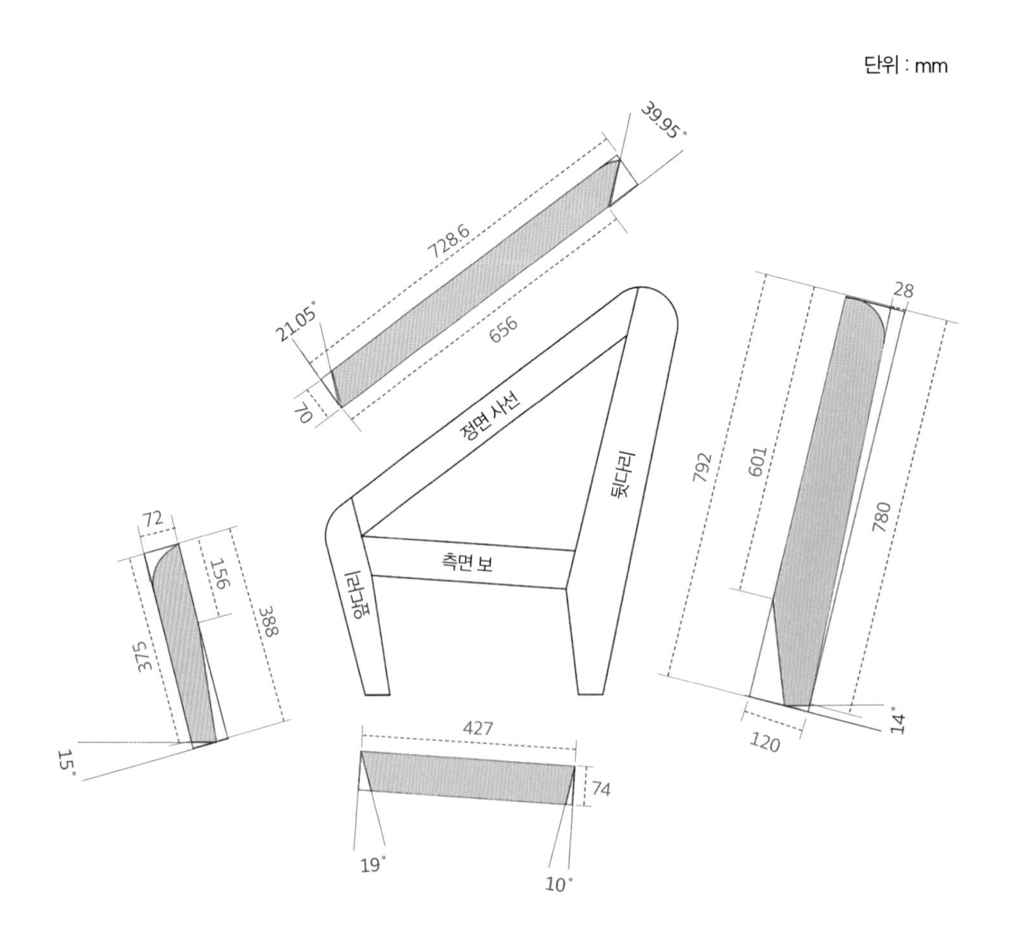

첫째, 90도 각도부터 작업을 진행한다

부재 준비 작업을 통해 모든 부재는 일이 방향을 제외한 4면의 각도가 직각인 각재, 또는 판재가 되어있을 것이다. 정재단의 시작은 이렇게 각이 잡혀있는 부재를 이용해 빠르게 작업할 수 있는 90도 각도부터 작업한다. 테이블 쏘(또는 슬라이딩 쏘)를 이용하여 길이 정재단을 하면 되는데 먼저 톱날이 90도로 세팅되어있는지 확인한 후 부재 한쪽 면이 90도인 부재 모두를 가공한다. 기준면을 잡는 것과 같다. 테이블 쏘를 이용하여 길이 정재단을 한다면 반드시 마이터 펜스를 이용하여 작업한다.

둘째, 작은 각도부터 가공한다

90도로 가공된 한쪽 면이 생기면 그 면을 기준으로 반대쪽의 각도 및 길이 가공을 한다. 이때 도면상 가장 작은 각도부터 가공하는 것이 효과적이다. 90도부터 가공하고 이후 작은 각도 순으로 가공하라는 이야기다. 각도 가공은 크게 톱날을 기울여 가공하는 방법과 마이터 펜스 각도를 이용하여 가공하는 방법으로 나뉜다.

나는 가공될 부재 높이가 테이블 쏘 톱날 최대 높이보다 낮다면 ❶과 같이 디지털 각도 게이지를 이용하여 톱날 기울기를 세팅한 후 작업한다. 경험상 디지털 각도 게이지를 이용한 각도 가공이 제일 정확했기 때문에 이를 믿는다. 디지털 각도 게이지는 소수점 한 자리까지 세팅이 가능하며 그만큼 정확하다.

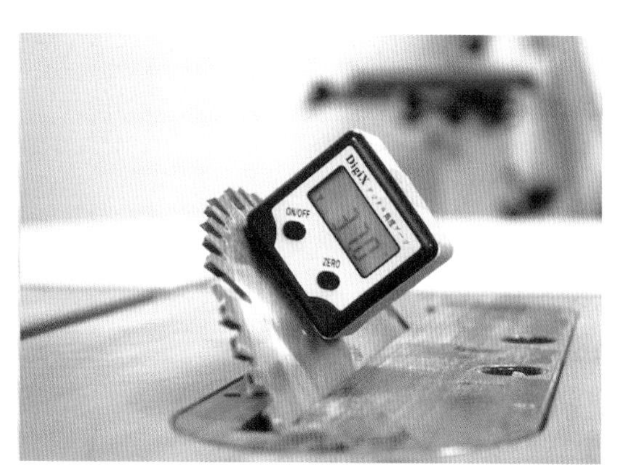

❶ 디지털 각도 게이지를 이용한 톱날 각도 세팅

만약 부재 높이가 톱날 최대 높이보다 높다면 ❷와 같이 마이터 펜스 각도를 세팅하여 가공한다. 마이터 펜스 각도 세팅이 디지털 각도 게이지보다 정확도가 떨어지는 것은 아니다. 단지 내가 좀 더 신뢰하는 방법을 선택하는 것이니 어떤 방법이든 본인이 결정하면 된다.

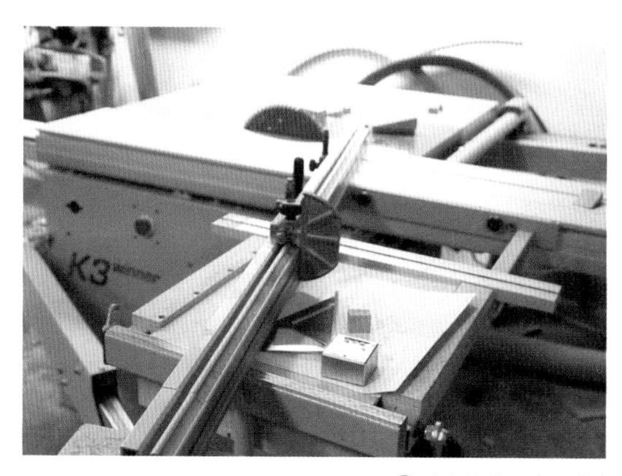

❷ 마이터 펜스 각도 세팅

❸ 마이터 펜스 각도 치수선

마이터 펜스는 ❸에서 보는 바와 같이 펜스 자체에 세팅된 각도 치수선을 이용하여 가공한다. 이를 좀 더 정확하게 사용하려면 먼저 직각자를 이용하여 톱날과 펜스가 90도가 되도록 세팅한 다음 90도 치수선이 어느 위치에 있는지 간격을 파악해야 하는데 나의 경우 치수선 두께까지 포함해 적용하는 편이다. 간격을 파악했다면 그것을 적용한 각도로 세팅하여 가공한다.

❹ 자유자 형태의 각도 게이지

❹와 같은 자유자 형태의 디지털 각도 게이지도 있다. 먼저 필요한 각도를 디지털 눈금을 보며 세팅하고, 움직이지 않게 고정한 상태에서 톱날에 게이지의 한쪽 면을 고정하고, 펜스를 움직여 펜스 면이 게이지에 닿도록 세팅한 후 작업하면 된다.

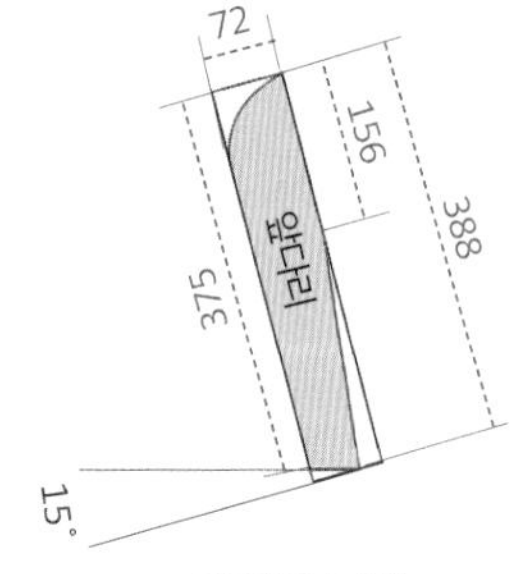

앞다리 도면

TIP. 정면 사선 도면을 보면 39.95도, 21.05도로 표시된 부분이 있다. 두 개의 부재가 만나는 접속 면으로 반대편 부재가 90도 직각으로 만나는 부분이다. 90도 부분이 기준면이 되어 의도와 다르게 소수점이 된 것이다. 즉 결합면의 결합 작업을 용의하게 하고 작업을 단순하게 하기 위해 소수점을 받아들인 결과이다. 그 외에는 모두 소수점이 생기지 않게 설계했다.

셋째, 각도 가공과 함께 길이 정재단을 한다

한쪽 면이 90도이든 다른 각도든 기준면이 만들어졌다면, 이후 반대쪽 각도를 가공할 때는 길이 정재단과 동시에 해야 한다. 앞다리 도면을 보면 375mm라는 값은 기준면으로부터 각도 가공이 되면서 그 길이가 375mm가 되도록 가공해야 한다는 의미이다.

각도 가공이 들어가는 설계에서는 주의해야 할 점이 있다. 설계상 각도 가공에 소수점이 있어서는 안 된다는 점이다. 앞다리 도면을 보면 각도가 소수점으로 떨어지지 않고 최대한 딱 떨어지게 설계하였다. 이는 우연히 만들어진 각도가 아니라 작업자가 의도적으로 작업의 효율을 위해 만든 것이며 작품을 설계할 때 충분히 해결할 수 있는 영역이다.

설계는 이미지 트레이닝과 같다. 대충 손으로 도면을 그리지 말고 가능하면 캐드와 같은 설계 프로그램을 이용해 도면 작업을 해보자. 설계 프로그램을 이용해 도면을 그리다 보면 설계상의 문제점을 찾아낼 수 있을 뿐더러 그 자체가 하나의 이미지 트레이닝과 같아 작업의 진행 순서를 그려볼 수 있게 된다. 설계 프로그램을 다루는 것은 필수다. 공부하자.

각도 세팅이 끝나면 ❺과 같이 한쪽 면의 각을 가공한다. 이후 반대쪽 각을 가공하면서 길이 정재단을 한다. 이때 주의할 것이 있다. 대부분의 마이터 펜스는 90도일 때 펜스에 있는 길이 치수선이 정확히 맞도록 세팅되어있는데, 펜스가 45쪽 ❷처럼 각도 세팅으로 기울어져 있는 경우 길이 치수선이 맞지 않게 된다는 점이다.

❺ 각도 세팅 후 한쪽 면 재단

이때는 무조건 테스트 컷을 해봐야 한다. ❻처럼 펜스의 스토퍼를 고정한 후 스토퍼를 기준 삼아 테스트 컷을 진행해보고 그 오차만큼 이동하여 다시 한 번 길이 가공을 해보는 것이다. 이런 과정을 거치면 정확한 길이 정재단이 가능하다.

❻ 마이터 펜스 스토퍼

부재의 길이 정재단이 끝나면 각도 가공이 정확하게 되었는지 확인하고 넘어가야 한다. 이번 작품처럼 각도가 많을 때는 더욱 그렇다.

각도 가공이 잘 맞았는지 확인하기 위해 ❼처럼 테이블 쏘 정반과 같은 평평한 곳에 부재와 부재의 끝부분을 연결하여 가조립을 해본다. 빈틈없이 가공되었다면 다음 작업을 진행해도 좋다. 이때 테이블 쏘 각도 세팅은 해제하지 않은 상태에서 작업물의 가공 상태를 확인해야 한다. 가조립을 해본 후 작은 실수가 보였을 때 이를 만회하기 위해서이다. 마지막 세팅 값에서 조금만 수정하여 가공한다면 비교적 정확하게 부재 가공을 마무리할 수 있다.

❼ 각도가 잘 맞는지 확인하는 가조립

모든 작업에는 확신이 필요하다. 부재를 가공하기 전에 이 세팅이 맞는지 스스로 점검하는 습관을 가져야 한다. '맞나?'가 아닌 '맞다!'라는 확신이 들 때까지 확인하고 또 확인하는 습관을 들여야 한다. 그러기 위해서는 여유를 가지고 천천히 작업하는 습관이 중요하다.

동영상으로 배우기 부재 준비/집성

작업을 할 때는 일관성이 있어야 한다. 예를 들면 주먹장을 만든다고 할 때 필요한 가공은 '먹금 넣기 → 톱질 → 끌질' 순의 작업이다. 먹금을 넣을 때는 먹금만 넣는다. 모든 부재에 빠짐없이 먹금을 넣었다면 다음은 톱질이다. 톱질이 필요한 모든 곳을 가공한 후 끌질로 마무리한다. 먹금 넣고 톱질하다가 또 먹금 넣고 끌질하는 등 작업 공정에 일관성이 없으면 집중력이 떨어지고 작업 속도도 느릴 뿐더러 나중에는 어느 부분이 잘되고 잘못되었는지 모를 만큼 어수선한 작업이 되기 쉽다.

기계 작업도 같은 맥락으로 이해해야 한다. 집사 소파 작업은 크게 측면 다리 프레임, 좌판 프레임, 등받이 프레임, 주름문, 마지막으로 좌판 패브릭 순으로 작업이 진행된다. 따라서 지금처럼 측면 다리 프레임을 만들 때는 측면 다리 프레임 작업에만 집중하는 것이 좋다. 다리 프레임에 필요한 모든 부재를 한꺼번에 같이 작업하는 것이다.

측면 다리 프레임 도미노 작업하기

측면 다리 프레임 정재단 작업이 끝나면 도미노 작업을 한다. 여기서 도미노는 전통 짜맞춤 과정과 비슷한 현대적 짜맞춤 방식이다. (이에 대한 자세한 내용은 52쪽을 참고한다.)

도미노 작업은 '도미노'라는 기계를 이용해 부재에 도미노를 뚫는 작업을 하는 것이다. 도미노 작업을 할 때는 도미노 작업만 한다. 앞의 도면을 보면 외각 곡선과 다리 사선 가공 작업이 남아있지만 그건 디자인적 형태일 뿐이다. 당장은 곡선과 사선이 없어도 도미노 작업에는 아무런 영향이 없다. 측면 다리 프레임을 결합하기 위한 가공이기 때문에 모든 짜맞춤 가공이 완료된 후 나머지 다리 사선 가공과 외각 곡선 작업을 하면 된다.

이번 작업에서는 두께 10mm, 폭 33mm, 길이는 양쪽 합이 50mm인 도미노 핀을 만들어 사용할 것이다. 이는 가장 큰 도미노 핀 세팅 값이다. 이렇게 큰 도미노 핀을 사용하는 이유는 지금 작업하는 측면 다리 프레임이 소파 전체의 하중을 견뎌야 하는 프레임이기 때문이다.

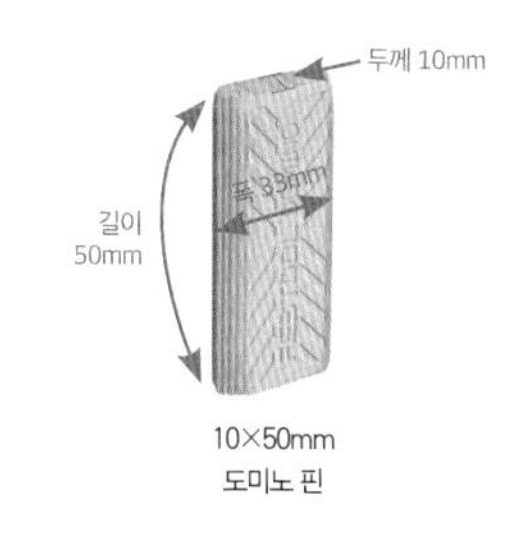

10×50mm
도미노 핀

도미노를 이용해 도미노 가공을 하는 모습

도미노 핀 만들기

나는 도미노 핀을 가급적 만들어 사용한다. 특히 지금처럼 넓은 폭의 도미노 핀은 판매하지 않기 때문에 구할 수도 없다. 같은 목재에서 나온 자투리를 도미노 핀으로 만들어 사용한다면 나무의 손실도 줄일 수 있어 효과적이다. 그리고 같은 나무를 사용하면 변형률을 비롯하여 어느 정도 일체감을 형성할 수 있다. 이번 작품의 경우 구매할 수 있는 도미노 핀이 너도밤나무 한 종류뿐이어서 같은 수종으로 만들어 사용하는 것이 나무의 성질도 맞고 일체감도 이룰 수 있다.

도미노 핀을 만들려면 먼저 원하는 폭과 두께만큼 테이블 쏘로 가공해야 한다. 이때 한꺼번에 많은 양을 만들어 지속적으로 사용하는 편이 좋다. 나는 도미노 핀을 만들 때 다양한 폭으로 한꺼번에 만들어두고 사용하는 편이다.

예를 들어 23mm, 28mm, 33mm 세 종류 폭을 테이블 쏘로 정재단한다. 두께는 약 10.5mm 정도로 조금은 여유 있게 가공한다. 그런 다음 자동대패를 이용해 정확한 두께를 만들어낸다. 도미노 핀은 마이너스 오차 값이 필요하다. 10mm 홈보다 아주 미세하게 작아야 조립이 되기 때문에 두께를 약 9.95mm 정도로 맞추는 편이다. '살짝 작게'라는 느낌으로 한다. 필요하다면 도미노 작업 결과물에 직접 끼워보면서 두께를 맞추는 것이 좋다.

❶ 도미노 부재 준비가 끝나면 라우터 테이블에서 10mm 라운드 비트를 이용해 양쪽 모서리를 라운드로 가공한다.

❷ 양쪽 라운드 작업이 끝나면 도미노 핀을 길이에 맞게 재단한다. 이번 작업에서는 50mm 길이의 도미노 핀이 필요하다. 핀의 길이가 조금이라도 길면 조립이 안 되기 때문에 1mm 마이너스 오차 값을 넣어 49mm로 재단하여 사용했다.

도미노 핀 길이 재단은 테이블 쏘 마이터 펜스를 이용해서 작업하는데 이때 많은 주의가 필요하다.

첫째, 길이가 매우 짧은 부재로 자르는 것이므로 톱날 가까이 손이 가지 않도록 안전에 만전을 기한다. 큰 부재보다 작은 부재를 자를 때 안전사고가 많이 발생한다. 부재가 남았다고 무리하게 작업하다가는 사고가 날 수 있으므로 작은 조각은 과감히 버리거나 꼭 필요하다면 모양이 좀 깨지더라도 톱이나 밴드 쏘를 이용해 안전하게 자르도록 한다.

둘째, 킥백에 주의한다. 킥백에 대비하려면 톱날 반대편에서 부재를 압박하는 조기대 등이 없어야 한다. ❷를 보면 49mm 재단선을 조기대 대신 나무 블럭을 클램프로 걸어 사용했다. 그 위치가 톱날보다 뒤로 물러나 있기 때문에 49mm 재단선을 설정하고 도미노 핀을 재단할 때 톱날 주변에는 톱날 외에 걸리는 힘이 없다. 킥백이 일어나지 않토록 한 것이다. 매우 단순한 장치지만 작업 시 큰 사고를 예방할 수 있는 중요한 사항이다.

TIP. 킥백

고속 회전의 힘을 이용하여 나무를 가공하는 목공기계의 특성상 회전하는 날에 의해 나무가 튕겨 나가는 현상이 일어날 수 있다. 혹은 비트의 작업 방향이 바뀌면서 비트가 역할을 못하고 바퀴처럼 구르는 현상이 일어나면서 킥백이 발생한다. 기계마다 킥백이 발생하는 현상은 다르지만 그 원리와 이해는 비슷하다. 목공 작업 대부분의 사고는 킥백에 의해 발생한다.

동영상으로 배우기 부재 길이 및 각도 가공/
도미노 핀 만들기

도미노

현대 목공의 메카라고 할 수 있는 도미노는 사용하는 핀의 형태가 도미노 모양을 하고 있어 그 명칭을 '도미노'라 하였다. 도미노는 그림과 같이 암장부 구멍을 뚫어주는 기계를 말하며, 페스툴FESTOOL 사에서 만든 전동공구 이름이다.

우리가 짜맞춤 기법을 활용하여 가구를 만드는 이유는 전통을 계승하자거나 좀 더 그럴듯한 모양새를 갖추기 위한 것이 아니라 두 개 이상의 나무를 결합하는 방법 중 구조 강도가 현존하는 그 어떤 방법보다 튼튼하기 때문이다. 그래서 많은 시간과 공을 들여 암장부와 숫장부를 가공하는 것이다.

내구성이 강한 철물이나 나사못 등을 사용한다면 짜맞춤보다 더 튼튼한 구조를 만들 수 있지 않느냐는 의문이 들 수 있다. 하지만 우리가 다루는 재료는 나무이다. 앞서 말했듯 나무는 수축하고 팽창하는 성질이 있으나 고정된 철물은 나무가 오랫동안 숨을 쉬면서 수축하고 팽창하는 것을 잡아줄 수 없다. 이것이 우리가 짜맞춤을 고집하는 이유이다.

짜임의 기본 원리를 보자. 접착력이 없는 마구리면을 장부 촉 혹은 홈으로 가공하여 두 개 이상의 부재가 조립되었을 때 완벽하게 하나로 만들어낸다. 이때 장부 홈으로 들어가는 장부 촉은 부재의 두께와 길이 등의 관계를 고려하여 가장 이상적으로 분할해야 한다.

장부와 장부 촉의 형태들은 옆 사진처럼 오래 전부터 내려오는 전통의 방식이 있다. 그리고 이 형태를 완벽하게 구현하려면 다년간 훈련하고 기술을 축적해야 한다.

전통 짜임

그런데 이 진입장벽을 무너트린 기계가 있다. 바로 도미노이다. 이 기계 덕분에 오랜 시간 연마를 해야만 만들 수 있던 가구 제작이란 영역이 보편적으로 바뀌었다. 도미노는 장부의 촉을 대신하는 '도미노 핀'이 들어갈 자리를 완벽하게 가공해주는 기계이다. 이 기계를 이해하고 잘 다루는 데는 많은 시간이 필요하지 않다. 기계를 사용하는 방법을 익혀 적당히 경험해보면 노하우가 생긴다.

두 개의 부재를 결합해주는 도미노

도미노의 작업물은 초보자이든 전문가이든 완성도에 있어서는 차이가 나지 않는다. 누가 작업해도 똑같은 사이즈의 정확한 홈 가공이 가능하단 이야기이다. 홈과 촉의 관계에 대한 계산적 사고, 즉 나무 두께와 길이에 따라 촉의 두께와 깊이를 계산하는 형태가 아니라서 설계상의 정확한 사이즈와 각도만 안다면 누구나 쉽게 결과물을 낼 수 있다.

도미노 작업은 매우 원초적 방식을 통해 이루어진다. ❶은 두 개의 부재를 ㄴ자 형태로 결합하는 것을 보여준다. 이때 두 개의 부재가 만나는 곳 가운데에 도미노 가공을 위한 안내선을 표시해놓는다. 이렇게 함으로써 양쪽 부재에 각각 도미노 가공을 할 수 있게 된다. 같은 사이즈로 도미노 가공을 해놓으면 이후 도미노 핀을 이용하여 조립만 해주면 결합 구조가 완성된다.

❷는 위와 같은 방법을 통해 장부의 홈을 가공하고, 도미노 핀을 이용하여 조립하는 모습을 보여주고 있다.

짜맞춤의 형태가 이렇게 심플해질 수 있었던 데는 접착제의 발전이 큰 역할을 했다. 접착제의 강성이 나무의 강성을 넘어섰기 때문이다. 이는 나무로 깎아 만든 장부 촉이 견디는 강도와 도미노로 장부 홈을 가공한 후 도미노 핀을 넣어 접착제로 굳힌 장부의 강도가 같다는 의미이다.

여기서 숫장부 역할을 하는 도미노 핀은 도미노 핀, 도미노 핀, 테논 핀, 테논 칩 등 여러 이름으로 불린다. 이는 도미노가 국내 제품이 아니어서 소개되는 과정에서 용어가 통일되지 못했기 때문이다. 테논(tenon)은 숫장부를 영어로 표기한 것이다(암장부(mortise)와 쌍으로 쓰이는 말이다.). 이 책에서는 국내에서 가장 광범위하게 쓰이는 '도미노 핀'으로 그 이름을 통일해 사용할 것이다.

도미노의 최초 모델은 DF 500이다. 이후 좀 더 굵고 긴 가공을 할 수 있는 DF 700 모델이 출시되면서 작업 영역이 확장되었다. 하지만 DF 700 모델은 가구 제작을 위한 용도로는 크기 및 비용적인 면에서 적합하지 않다고 생각한다. 곧 만료되는 특허권을 연장하기 위해 개발했다는 소문이 있는데, 어쨌지 페스툴 사에서만 생산할 수 있다는 독보적 존재임을 대변하는 듯하다. 어쨌든 여기서는 DF 500 모델을 기준으로 이야기를 이어가도록 하겠다.

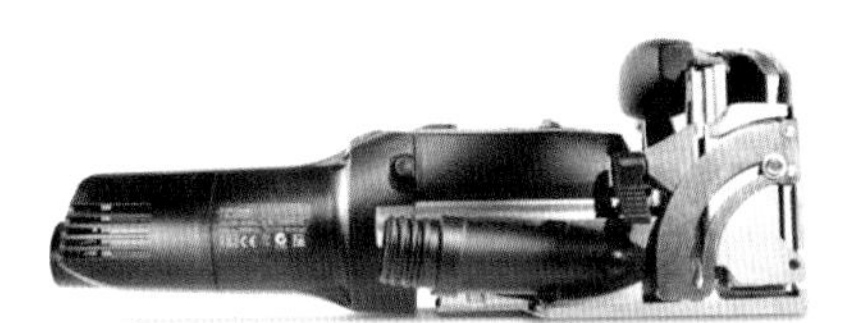

DF 500

DF 700

짜맞춤을 하는 목수 중에는 "도미노 목공은 진정한 짜맞춤이 아니다."라며 도미노를 사용하는 작업 방식을 부정하는 이들이 있다. 이들이 도미노를 부정적으로 보는 이유는 도미노를 단순히 도미노로만 판단했기 때문이다.

도미노를 기반으로 완성한 짜임을 현대 방식의 짜임이라 한다면 전통 가구에 사용되는 짜임은 전통 방식의 짜임이라 할 수 있다. 전통 목수들이 주장하듯 도미노의 구조 강도가 전통 방식의 짜임을 따라가지 못하는 것은 일견 사실이다. 하지만 이는 상대적인 기준일 뿐이다. 쉽게 설명하자면 이는 어린 아이에게 "엄마가 더 좋아, 아빠가 더 좋아?"라는 질문과 다름없다. 우직하게 기본을 지키며 지금까지 해오던 방식으로 만든 가구가 더 좋으냐, 현대 기술의 흐름에 따라 좀 더 심플한 방법으로 만든 가구가 좋으냐는 소비자 입장에서 보면 '엄마도 좋고 아빠도 좋다'고 답할 수밖에 없는 우문(愚問)이라 할 것이다.

도미노에 기반을 둔 현대 목공에서도 최우선으로 두는 것은 '가구로서 가져야 할 견고함'이다. 우리는 도미노의 장점이 더 크기 때문에 도미노를 사용하는 것이다. 그렇다면 도미노의 단점은 어떻게 보완할 것인가? 이는 가구를 설계할 때 해결하면 된다. 즉 '현대 목공은 설계가 뒷받침되어야 한다'는 사실을 명심하자.

전통 짜임의 장점은 장부 촉과 홈의 관계를, 제한되어 있는 공간 내에 가장 이상적으로 분배한다는 점이다. 다시 말해 25mm 각재에 장부 촉이 들어갈 홈을 가공한다는 것은 작업자가 그 공간을 적절히 3등분으로 분배하여 장부 홈을 작업하는 것을 말한다. 이렇게 작업한다면 정해진 공간 내에서 적용할 수 있는 최선의 구조를 완성할 수 있다.

하지만 도미노는 장부 촉을 대신하는 도미노 핀 사이즈가 정해져 있다. 즉 도미도 핀보다 작은 공간에서는 작업이 쉽지 않기 때문에 적용할 수 있는 범위가 좁다고 할 수 있다. 전통 짜임만큼 구조가 완벽하게 나올 수 없다는 이야기다. 하지만 이러한 단점은 설계에서 얼마든지 보완할 수 있다. '어느 공간에 몇 개의 도미노 핀을 넣을 것인가?', '핀의 크기는 어떤 걸 사용할 것인가?' 이런 질문을 설계상에 반영한다면 가구의 견고함을 최대한 높일 수 있다.

여기서 더 중요한 사실은 도미노란 기계는 작업 보조도구일 뿐이라는 것이다. 필요에 따라 전통 짜임 방식처럼 장부 촉 및 장부 홈을 이용하여 부족한 구조 강도를 해결할 수도 있어야 한다는 말이다. 가구의 기본은 '견고함'이다. 한 가지 방식을 고집할 것이 아니라 필요하다면 다양한 방식으로 작업할 수 있어야 한다.

두께에 따른 도미노 핀의 구성

도미노에서 사용할 수 있는 도미노 핀의 구성은 어떻게 될까? 쉽게 이해하자면 비트의 두께 값이 도미노 핀의 두께 값과 같다. 즉 10mm 비트를 사용한다면 10mm의 구멍이 뚫릴 것이므로, 도미노 핀의 두께도 10mm가 되어야 한다. 도미노에서 사용할 수 있는 비트는 10mm, 8mm, 6mm, 5mm, 4mm 총 5가지이다(DF 500 기준). 그러므로 도미노 핀의 두께도 이에 맞추어 5가지가 될 것이다.

아래 사진은 페스툴 사에서 판매하는 5개의 도미노 비트와 6개의 도미노 핀이다. 가장 많이 쓰이는 도미노 핀이라 할 수 있는데, 8mm 비트의 경우 50mm와 40mm 두 개의 도미노 핀이 나온다. 그러나 판매하는 이것들만으로 모든 목공 작업을 만족시키기란 쉽지 않다. 그래서 많은 작업자들이 도미노 핀을 직접 만들어 쓴다. 직접 만들어서 사용하는 이유는 또 있다. 도미노 핀은 가구와 동일한 나무를 사용하는 것이 좋기 때문이다. 시중에 판매하는 도미노 핀은 '비치'로 제작한 것들이 많은데, 가급적이면 오크로 만드는 가구는 오크로, 월넛으로 만드는 가구는 월넛으로 도미노 핀을 제작하여 사용하는 게 이상적이다.

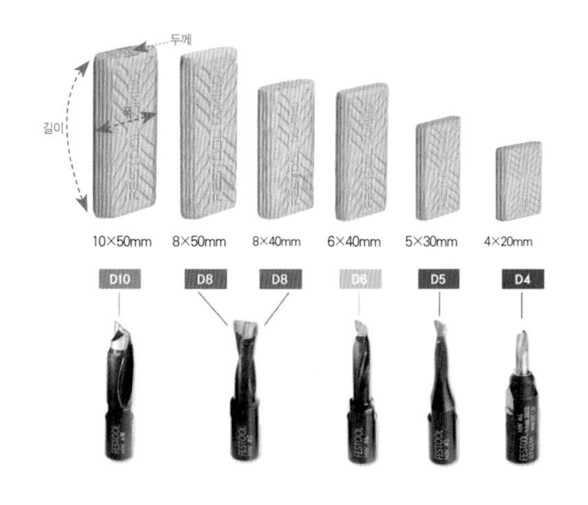

도미노 길이(암장부 깊이) 세팅하기

도미노에 장착하는 비트로 도미노 핀의 두께 값을 결정했다면 이제는 도미노 길이(암장부 깊이)를 세팅해야 한다. 오른쪽 도미노를 보자. 암장부를 뚫을 때 적용할 수 있는 깊이가 표시되어있다. 12mm, 15mm, 20mm, 25mm, 28mm 5가지이다.

이를 두 개의 암장부에 적용하면 조합할 수 있는 경우의 수가 많아진다. 가령 양쪽을 똑같이 20mm씩 뚫었다고 하면 40mm 길이의 도미노 핀이 필요하게 된다. 부재가 얇아 한쪽은 15mm를 뚫고 또 다른 한쪽은 12mm를 뚫었다면 27mm 길이의 도미노 핀이 필요하다. 비트 두께를 8mm로 사용하였다면 40mm 도미노 핀은 판매를 하니 구입할 수 있지만 27mm 도미노 핀은 구입할 수 없다. 이럴 경우 도미노 핀을 길게 만들어 필요할 때 필요한 길이로 잘라 사용한다. 이런 번거로움을 피하고 작업의 통일성을 꾀하자면 설계 과정에서 도미노 핀의 길이를 고려하여 결정하면 견고하고 튼튼한 가구를 만들 수 있다.

단 한 가지 예외가 있다. 4mm 비트의 경우다. 4mm 비트는 비트가 매우 얇기 때문에 안전상의 이유로 뚫을 수 있는 깊이(비트의 길이) 또한 짧다. 이 때문에 4mm 비트는 20mm, 15mm, 12mm 길이 밖에는 뚫지 못한다. 그런데 이 이 치수대로 뚫어도 해당 깊이만큼 뚫리지 않고 더 조금 뚫린다. 정해진 깊이 값으로 세팅을 해도 비트의 길이가 짧아 그 값대로 뚫리지 않는 것이다. 그러므로 4mm 비트를 사용할 때는 기존에 판매하는 도미노 핀을 사용하는 것이 좋다. 판매되는 도미노 핀을 사용할 때는 제일 낮은 값의 깊이인 12mm 세팅으로 작업하여 사용하면 된다.

유의사항 : 앞서 도미노 핀은 직접 만들어서 사용하는 것이 이상적이라 했다. 여기서 직접 제작하는 도미노 핀의 사이즈(폭)는 10mm을 말한다. 나머지 사이즈의 도미노 핀은 구매해서 사용하는 것이 바람직하다. 도미노 폭 10mm 사이즈의 도미노 핀만을 제작하는 이유는 안전상의 문제 때문이다. 도미노 핀의 폭이 좁을수록 날과 가까워지기 때문에 10mm보다 좁은 도미노 핀을 제작할 때는 그만큼 사고 위험률이 높아진다.

나는 구매해서 쓰는 도미노 핀은 5mm만 쓰고 있다. 8mm 도미노 핀을 사용해야 할 상황이라면 설계를 통해 10mm로 변경해 더 튼튼하게 만든다. 즉 도미노가 필요하면 폭의 규격을 10mm로 통일시켜 직접 제작해 쓰고, 작업 범위가 작아서 어쩔 수 없이 폭이 작은 도미노 핀이 필요하면 5mm를 구매하여 사용하는 것이다. 물론 자금에 여유가 있거나 자신만의 작업 스타일이 있다면 10mm, 8mm, 6mm, 5mm, 4mm 모두 적용하여 사용해도 무방하다. 단 만들어서 사용하는 도미노 핀은 안전상 10mm로 제한하기를 권하는 바이다.

도미노의 작동 원리

도미노는 직사각형에 가까운 구멍을 뚫는다. 이런 모양으로 뚫리는 이유는 직선 비트가 드릴과 같은 회전 운동을 하면서 좌우로 움직이며 넓은 타원 운동을 하기 때문이다. 비트가 두 가지 운동을 동시에 하도록 만든 이 점이 도미노가 가지고 있는 원천 특허이기도 하다.

양쪽 부재의 깊이가 합쳐서 50mm이라면, 도미노 핀을 제작하여 사용할 때 그 길이보다 약 1~2mm 작게 만들어야 한다. 도미노 날이 좌우 운동할 때 중심점을 기준으로 원호를 그리며 운동을 하기 때문에 양쪽 끝의 깊이가 살짝 짧아진다.

도미노 폭(암장부 폭) 설정하기

비트의 좌우 운동을 통해 나오는 암장부의 폭은 얼마나 될까? 결론적으로 말하자면, 각 비트 크기에 13mm를 더하면 도미노 비트의 좌우 운동을 통해 뚫리는 도미노 핀의 폭을 알

사이즈별 도미노 비트

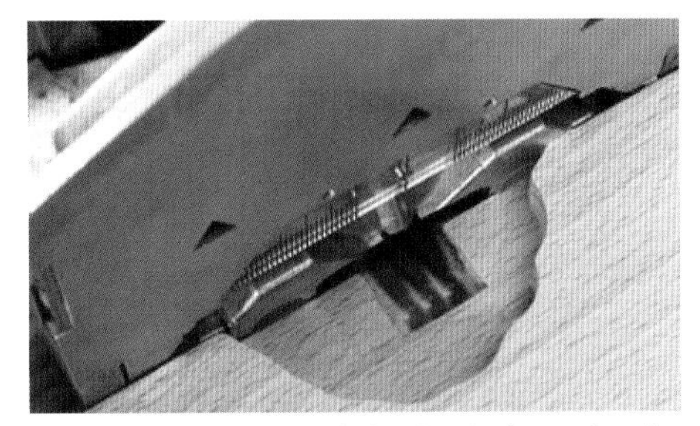

회전과 동시에 좌우 운동을 하는 도미노 비트

수 있다. 이렇게 계산하면 도미노 핀의 모든 재원이 나온다. 4mm 비트는 도미노 핀 폭 17mm, 5mm 비트는 도미노 핀 폭 18mm, 6mm 비트는 도미노 핀 폭 19mm, 8mm 비트는 도미노 핀 폭 21mm, 10mm 비트는 도미노 핀 폭이 23mm.

도미노 핀 두께 = 비트의 두께
도미노 핀 폭 = 비트의 두께 + 13mm
도미노 핀 길이 = 깊이 조절 시스템의 12mm, 15mm, 20mm, 25mm, 28mm를 조합한 값

이렇게 계산해보면 자신이 사용해야 할 도미노 핀의 크기를 가늠해볼 수 있을 것이다. 또한 가구가 받는 하중을 계산해 필요한 도미노 수를 계산할 수 있다.

도미노는 좌우 회전 운동을 3단계로 조절할 수 있다. 아래 사진을 보자.

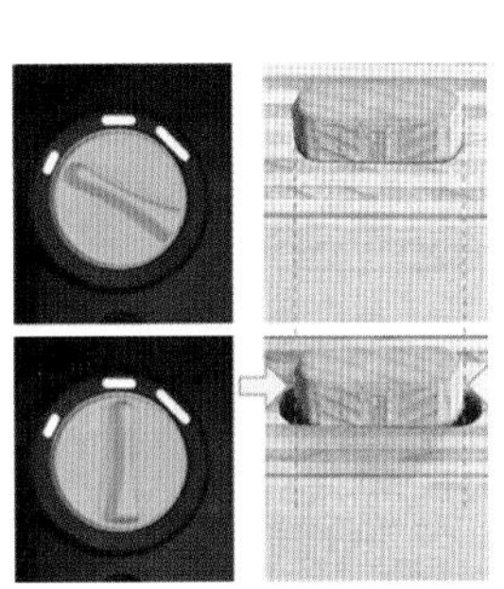

3단계로 표시된 조절 장치가 보인다. 3개의 바 중 1단계는 상업적으로 판매하는 도미노 핀의 크기에 맞춰져 있는 구멍 폭이다. 2단계는 그보다 조금 더 큰 폭을, 3단계는 2단계보다 더 큰 폭의 구멍을 뚫어준다. 설계 시 이상적인 폭을 결정하여 사용하면 좀 더 견고한 작업을 할 수 있다.

암장부 폭을 결정하는 데 있어 나는 중간 폭은 사용하지 않는 편이다. 제일 좁은 폭을 적용하거나 넓은 폭을 적용한다. 10mm 비트를 사용한다면 그 편차 또한 10mm를 넘지 않을 것이기 때문이다. 그렇다면 중간 폭인 2단계는 어떤 상황에서 사용할 것인가? 예를 들면 박스 형태의 판재를 조립할 때 사용한다.

나무에서 휘는 성질은 넓은 판재일수록 그 정도가 심하다. 박스 형태로 판재를 조립할 때 도미노 핀을 일정한 간격으로 4개를 사용한다고 가정해보자. 아마 양쪽 끝은 휨에 따른 간격의 변화가 없을 것이다. 하지만 중간에 사용되는 두 개의 도미노 핀은 판재가 휘어져 있을 가능성이 높고, 때문에 정확하게 장부 홈을 가공했다 하더라도 판의 휨에 따라 직선으로 측정한 거리 값에 오차가 생기게 된다. 이럴 때 도미노 중간 단계의 폭을 이용하여 좀 더 크게 장부 홈을 가공해준다면 여유 공간이 생겨 원활하게 조립할 수 있다. 홈의 양쪽 빈 공간은 접착제를 채워 강도를 완성해주면 된다. 물론 휨이 없는 판재라면 도미노 핀과 같은 사이즈로 홈을 파는 게 아무래도 좀 더 튼튼한 구조 강도를 만들어낸다.

도미노 핀의 폭과 비트의 크기에 따른 도미노 폭

도미노 핀의 폭과 비트의 크기를 고려하여 도미노 폭 크기를 정리하면 다음과 같다.

1단계 조절바 비트 직경에 13mm를 더한 값이 도미노 핀의 폭이 된다.
2단계 조절바 비트 직경에 19mm를 더한 값이 도미노 핀의 폭이 된다.
3단계 조절바 비트 직경에 23mm를 더한 값이 도미노 핀의 폭이 된다.

비트 / 조절바	4mm	5mm	6mm	8mm	10mm
1단계 비트 직경+13mm	17mm	18mm	19mm	21mm	23mm
2단계 비트 직경+19mm	23mm	24mm	25mm	27mm	29mm
3단계 비트 직경+23mm	27mm	28mm	29mm	31mm	33mm

도미노 높이(암장부 위치) 설정하기

도미노 핀의 두께와 폭을 결정했다면, 이제는 부재에 도미노로 가공할 위치(암장부 위치)를 잡아야 한다. 암장부의 위치는 두 개의 부재가 조립되어 만나는 지점을 표시한 마킹과 부재의 두께를 고려한 가공 높이를 고려해야 한다.

도미노의 가공 높이는 각각 다른 두께의 부재를 대패 가공하여 평을 맞췄을 때 나오는 평균 두께를 도미노에 설정된 값에 맞추어 조절하면 된다.

다음 사진을 보면 계단 모양의 높이 조절 시스템이 보일 것이다. 이것을 사용하여 도미노 핀이 위치할 가공 높이를 조절한다.

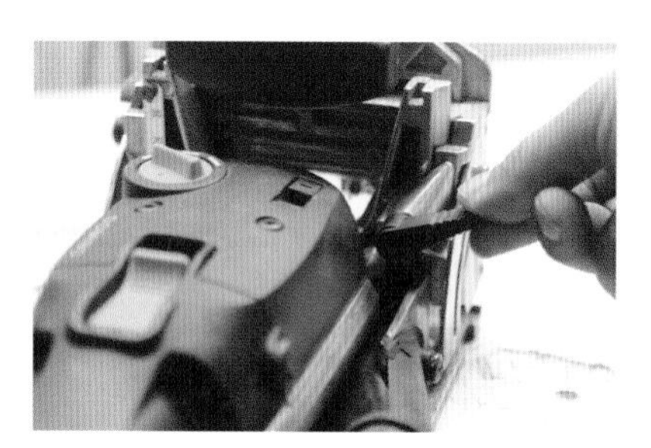

❶ 높이 조절 장금 장치를 풀고 앞 가이드 뭉치를 올린다.

❷ 높이 조절 시스템을 이루고 있는 계단 모양의 조절바를 앞이나 뒤로 옮겨 원하는 높이로 설정한다.

❸ 앞 가이드 뭉치가 높이 조절 바에 닫도록 완전히 내린 후 잠금 장치를 묶어 움직이지 않게 한다. 즉 가이드 뭉치를 미리 세팅해놓은 계단 높이에 걸치게 하여 높이를 조절한다. 높이 조절 시스템에서 설정할 수 있는 높이는 16mm, 20mm, 22mm, 25mm, 28mm, 36mm, 40mm이다.

높이 조절 시스템의 숫자는 실제로 뚫리는 암장부의 위치를 의미하는 것이 아니라 부재의 높이(암장부의 위치)를 의미한다. 즉 높이 조절 시스템에서 20mm를 선택하면 사용할 부재가 20mm 높이이며 그 중앙에 암장부를 뚫겠다는 의미이다. 20mm의 중앙이니 실제로 암장부가 뚫리는 곳은 10mm를 중심으로 하여 암장부가 생기는 것이다.

이런 원리로 보면, 도미노에서 설정하는 높이 조절 시스템은 실제로는 부재 윗면을 기준으로 하여 절반 위치에 뚫린다고 볼 수 있다. 즉 16mm는 8mm, 20mm는 10mm, 22mm는 11mm, 25mm는 12.5mm, 28mm는 14mm, 36mm는 18mm, 40mm는 20mm 부재 상단을 중심으로 하여 암장부가 뚫린다.

도미노 작업 시 높이 조절은 대부분 도미노가 제공하는 높이 조절 시스템을 이용하여 작업한다. 그 이유는 작업이 진행되는 동안 발생하는 진동과 설정 변경의 편리함 때문이다. 도미노는 비트가 회전하면서 동시에 좌우로 운동하기 때문에 진동이 어느 정도 발생한다. 작업 중의 진동으로 기계의 설정 값, 특히 높이 조절이 흔들리게 되면 결과 값이 다르게 나타날 수 있다. 또 임의로 설정된 값이라면 이를 원상복구하는 데 시간이 걸리고(보통 이럴 때는 이전 세팅 값과 완벽하게 일치시키는 것이 불가능하다.), 여러 설정 값을 사용해야 하는 경우 설정 값을 바꿀 때마다 임의의 값을 적용하려면 많은 시간이 걸리기 때문이다.

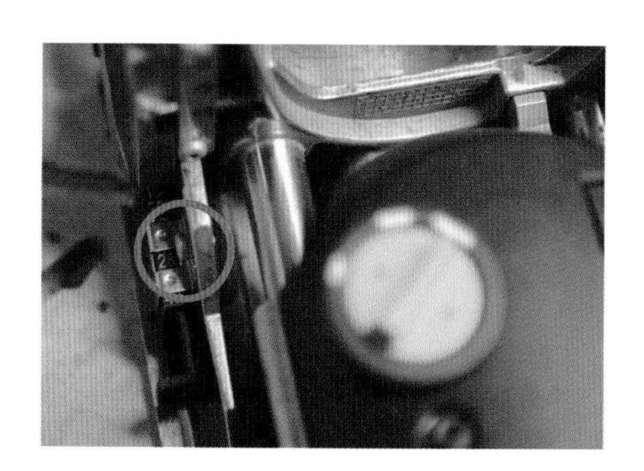

현장의 예를 들면 이런 것이다. 30mm 높이의 부재 정중앙에 암장부를 내려면 부재의 윗면에서부터 15mm 아래를 기준으로 하여 도미노를 뚫어야 한다. 이 경우 도미노가 제공하는 높이 조절 시스템의 28mm를 선택한다. 28mm를 선택하면 부재의 윗면에서부터 14mm 아래에 암장부가 뚫린다. 1mm 정도의 오차가 나지만 구조적인 문제나 조립 시에 문제가 생기지는 않는다. 시스템이 주는 편리함과 정확성을 누리기 위해 근사치로 접근하는 것이다.

도미노의 높이 조절 시스템을 사용하면 이전 세팅으로의 완벽한 복원도 가능하다. 사람이 하는 일인지라 여러 개의 도미노 구멍을 뚫다가 그중 하나 정도를 실수했다고 해보자.

이때 도미노의 높이 조절 시스템을 사용하여 세팅했다면 실수를 만회하기 위한 재가공 시 이전 값으로 완벽하게 도미노 세팅을 할 수 있다.

수동으로 높이를 조절하는 경우

모든 부재를 도미노의 높이 조절 시스템으로 설정하여 사용해야 하는 것은 아니다. 가령 높이가 서로 다른 두 개의 부재를 정확히 정가운데에 암장부를 뚫어 결합해야 하는 경우, 두 부재의 두께가 높이 조절 시스템에서 제공하는 높이와 일치하지 않는다면 어쩔 수 없이 작업자가 임의로 높이를 조절해 정가운데에 암장부가 일치하도록 도미노를 설정해야 하며 이때는 시스템을 이용하지 않고 직접 표시선을 원하는 치수선에 세팅하여 사용한다.

옆 사진에 표시된 부분이 도미노 높이를 알려주는 치수선이다.

예를 들어 도미노의 높이 조절 시스템을 이용하여 28mm에 세팅하였다면 치수선은 28mm의 중앙인 14mm에 표시선이 위치해 있을 것이다. 이와 같은 방식으로 15mm에 치수선을 위치하게 세팅한다면 높이 조절 시스템에 없는 30mm의 세팅이 얼마든지 가능하다. 단 이런 작업 방식의 단점은 완벽한 원상 복구 세팅이 불가능하다는 사실이다.

수동으로 조절할 때의 치수선과 표시선의 관계는 높이 조절 시스템의 수치와는 다르게 정확하게 암장부가 뚫릴 중앙의 높이를 나타낸다.

만약 높이 시스템에 없는 치수인 30mm 높이(암장부 위치)로 가공하고 싶다면 치수선 위치를 임의로 15mm로 맞추면 부재 상단 면에서 밑으로 15mm의 암장부를 만든다. 그러나 이렇게 임의로 높이를 조절하는 방식은 정밀성이 떨어진다. 눈금을 이용한 높이 조절에 대한 배려가 도미노에서는 부족한 편이기 때문이다.

임의로 높이를 조정한 경우에는 진동으로 인한 변동이 생기지 않도록 잠금 장치를 반드시 잠가야 한다. 잠금 장치는 시간이 지나면서 느슨해지는 경향이 있다. 잠금 장치가 느슨해졌다면 분해하여 다시 잘 잠기도록 조정해주어야 한다.

도미노의 바닥면을 기준으로 한 높이 조절

도미노의 높이 조절 시스템과 관련하여 또 다른 방법은 바닥면을 기준으로 조절을 하는 것이다. 이는 도미노 손잡이를 펴지 못하고 접어서 사용해야 할 경우에 쓰인다.

도미노 바닥면을 기준으로 날 중앙 센터까지의 높이는 10mm다. 이 값은 오직 도미노의 바닥면과의 관계에서만 나타나는 수치로 변하지 않는 고정 값이다. 높이 조절 시스템은 상단 가이드를 이동시키는 것이라서 바닥면에서 비트 센터 값인 10mm는 변하지 않는다.

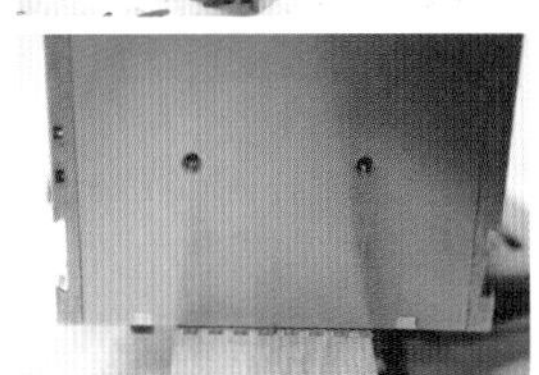

암장부가 뚫릴 기준선을 중심으로 10mm 지점에 선을 긋고 그곳에 도미노 바닥면을 위치시킨다.

옆 사진을 보자. 사진처럼 도미노의 손잡이를 완전히 접어 사용하는 상황이 있을 수 있다. 이 경우 도미노 바닥면 외에는 아무런 기준점이 없게 된다.

이때 뚫어야 할 암장부의 기준점은 무엇으로 잡아야 할까? 먼저 암장부가 뚫릴 중앙에 기준선을 긋는다. 그 기준선을 중심으로 아래 또는 위에 10mm 기준선을 다시 긋는다. 그 선에 도미노 바닥면을 대고 비트를 암장부가 뚫려야 할 기준선 쪽을 향하게 놓은 후 도미노를 작동시키면 정확한 높이로 암장부를 뚫을 수 있다.

여기서 꼭 알아둘 것은 변하지 않는 고정값 10mm는 반드시 도미노 바닥면을 기준선으로 하여 계산하라는 것이다. 도미노 바닥면을 보면 센터 값을 표시한 위치선이 존재한다. 이를 잘 활용하면 도미노가 작업할 수 있는 작업 범위가 넓어진다.

도미노 각도 조절하기

도미노는 0~90°까지 각도 조절이 가능하다. 각도는 앞 가이드 뭉치 옆에 달려 있는 잠금 장치를 풀어 조절하면 된다. 각도를 결정한 후에는 반드시 잠금 장치를 완전히 닫아 움직이지 않도록 해야 한다.

각도를 조절했을 때는 작업에 각별히 조심할 필요가 있다. 각도가 조절되어 있을 때는 높이 조절이 각도를 조절하지 않았을 때보다 직관적이지 않다. 그래서 기준선에서 날이 얼마나 내려갈지 반드시 테스트를 거쳐야 한다. 사선면은 깊이가 제한되어 있기 때문에 장부 홈이 가공되었을 때 최소 3mm는 여유가 남아야 장부가 통째로 뚫리는 사고를 당하지 않을 수 있다. 즉 비스듬한 면에 암장부를 뚫을 때는 도미노 높이 세팅을 최대한 낮은 수치로 한 후 작업을 하도록 한다.

각도 조절 잠금장치

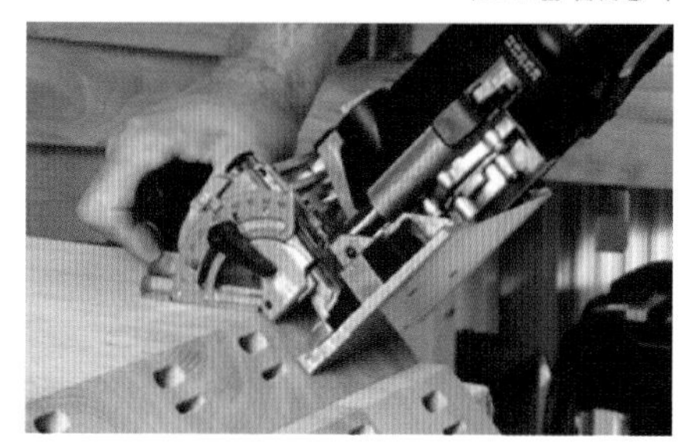

각도 조절 사용 예

올바른 사용자세

도미노를 이용해 정확히 가공하려면 기계를 잡는 파지법과 밀어 넣는 동작 등에 대한 훈련이 어느 정도 필요하다. 특히 밀어 넣을 때는 힘을 쓰기 편안한 자세로 먼저 왼팔을 쭉 뻗은 상태에서 도미노 손잡이 뭉치를 부재에 잘 고정시킨 후 오른손은 도미노 몸통을 잡고 오른쪽 허리춤에 팔을 딱 붙인다. 다리를 벌리고 어깨를 고정한 채 허리의 회전과 손의 힘, 즉 몸 전체를 사용하듯 밀어 넣는다는 생각으로 손잡이를 민다. 그러면 손의 힘이 아니라 몸 전체의 힘으로 밀어 넣는 것이 되어 균일하게 힘이 들어간다. 단 어깨를 고정하라고 해서 몸에 힘을 빡 주라는 뜻은 아니다. 힘을 쓰려면 오히려 어깨에 힘을 빼야 한다.

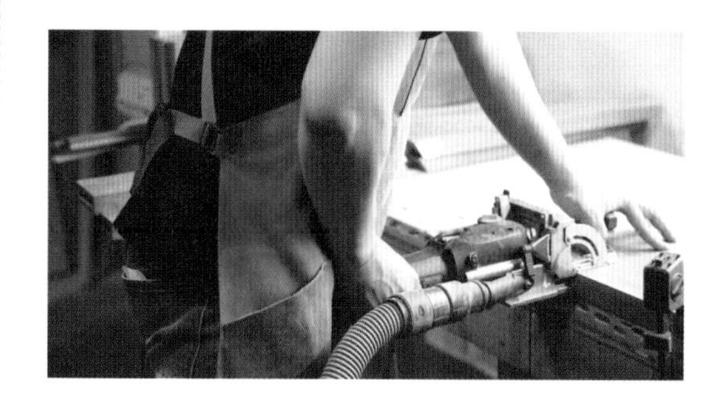

도미노로 부재에 암장부 뚫기

이제 부재에 암장부를 뚫을 차례이다. 방법은 간단하다.

❶ 부재를 고정시킨 후 장부가 뚫릴 위치를 안내선으로 그려넣는다.

❷ 안내선을 보고 도미노를 밀착시킨 후 전원을 켜고 조심스럽게 반대 손으로 손잡이를 밀어 넣는다. 이때 도미노가 흔들리지 않게 앞 가이드 뭉치 손잡이를 잡아 부재 쪽으로 눌러 고정시켜준다.

가공이 용이하려면 기계의 충분한 회전력이 나와야 하므로 도미노를 작동시킨 후 1~2초 정도 기다린다. 특히 마구리면은 가공 시 나무의 다른 면보다 부하가 커지므로 더욱더 천천히 작업해야 깔끔하고 정확하게 장부를 뚫을 수 있다. 도미노 작업은 다른 장비에 비해 위험성이 낮고 반복적인 작업이 대부분이라 빨리 끝내고 싶어 서두르는 경향이 있다. 도미노가 나무를 가공하는 속도보다 전진하려는 손의 속도가 더 빠르면 부하가 걸리고 이내 진동이 발생한다. 그렇게 되면 정확한 위치에 구멍이 뚫리지 않을뿐더러 구멍 자체가 원하는 크기보다 더 커지는 유격이 생긴다. 빨리 하려다가 돌아가는 셈이 된다. 완벽하게 설정된 도미노와 천천히 작업하는 습관은 정확한 위치에 깔끔한 장부를 만든다. 조심할 것은 24mm 두께의 정사각형 각재에 25mm 깊이로 가공할 때이다. 이는 부재의 두께보다 길게 가공하는 것이므로 관통을 의미한다. 이때 관통을 생각하지 못하고 부재를 손으로 잡고 있다가는 사고가 발생할 수 있다. 도미노는 목공 장비 중 안전한 장비이기는 하지만, 이런 부주의는 아무리 안전한 장비라도 위험할 수밖에 없다. 각별한 주의가 필요하다.

도미노 핀 만들기

앞서 말했듯 시판되는 도미노 핀은 너도밤나무(비치)로 제작되어 있으며 도미노 비트의 좌우 회전 운동을 기준으로 5가지 두께의 6가지 길이로 판매된다. 국내에서 판매되지는 않지만 해외에서는 750mm 길이의 도미노 핀을 판매하기도 한다. 이렇게 긴 도미노 핀이 있으면 필요에 따라 적당한 길이로 잘라 사용할 수 있어 편리하다.

도미노 핀을 사용하여 짜맞춤을 하다 보면 소모되는 양이 생각보다 많고 구입비용도 만만치 않다는 것을 느낄 것이다. 그래서 작업 중 나오는 자투리 나무를 이용하여 도미노 핀을 직접 만들어 사용하는 방법은 여러모로 권장할 만하다. 작업하는 나무의 종류와 도미노 핀의 종류를 같게 할 수 있다는 장점도 있다.

도미노 핀을 제작할 때 가장 먼저 계산할 것은 두께와 폭이다. 두께는 비트의 두께대로 일정하게 만들어야 하므로 수압대패와 자동대패를 이용해 깔끔하게 친다. 경험적으로 보면 두께는 버니어캘리퍼스로 쟀을 때 약 0.3mm 정도 작게 만들면 이상적이다. 두께가 딱 맞으면 가조립 시 결합과 분해가 어렵고, 접착제 작업 시 접착제의 수분으로 인해 도미노 핀이 팽창되어 조립할 때 매우 빡빡하다. 특히 주의할 것은 비트 두께보다 도미노 핀 두께가 두꺼우면 절대 안 된다는 점이다. 암장부보다 두꺼운 도미노 핀은 숫장부가 아닌 쐐기와 같은, 즉 부재를 강제로 밀어내어 작업물을 파손하는 결과를 초래할 수 있다.

도미노의 폭은 가능한 한 그대로 사용하되, 이 역시 정해진 치수보다 크지는 않아야 한다. 쐐기가 되면 안 되기 때문이다. 도미노 폭은 앞의 설명을 참조한다. 비트의 좌우 회전 운동에 따른 3가지 폭을 모두 고려하여 자신이 사용할 비트와 원하는 폭을 고르기만 하면 된다.

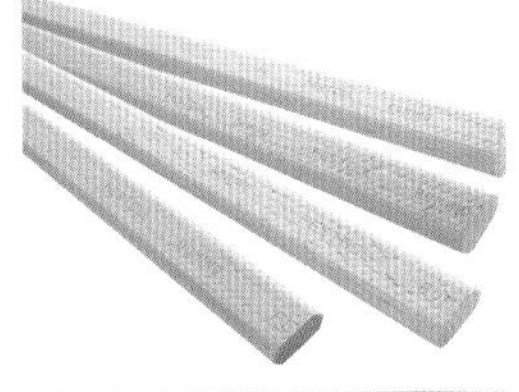

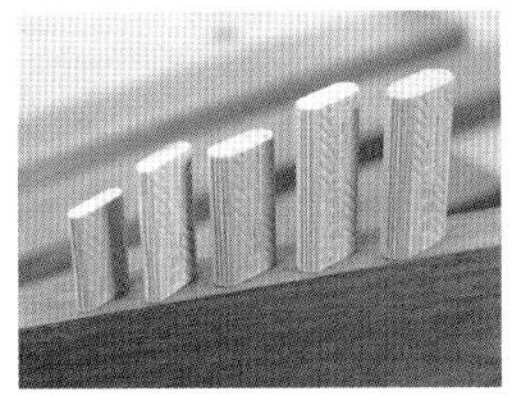

원하는 두께와 폭으로 나무를 가공했으면 시판하는 도미노 핀처럼 모서리를 가공해야 한다. 이때 가장 좋은 방법은 루터 테이블에서 '반원' 비트를 이용하여 모서리를 라운드 형태로 깎아내는 것이다. 트리머 라운드 비트를 이용하여 모서리를 가공하는 방식도 있다. 도미노 핀은 작업할 부재와 동일한 나무로 만들면 좋다. 수분에 대해 같은 변형률을 가진 나무이니 변형과 관련하여 장점을 가질 수 있다.

이렇게 도미노 핀을 다 만들었으면 작업 조건에 따라 도미노 핀을 길이에 맞게 잘라 쓰면 된다. 그런데 여기서 주의할 점이 있다. 40mm의 도미노 핀이 필요하다고 하여, 도미노 핀을 잘라 사용할 때 40mm를 그대로 자르면 안 된다는 것이다. 2mm 정도 작은 38mm 정도로 자른다. 이는 판매하는 도미노 역시 마찬가지인데 2mm 정도의 여유가 있어야 접착제가 들어가 공간을 잘 메우면서 안전하게 결합할 수 있기 때문이다.

이런 이야기는 이미 앞에서부터 반복해서 해온 것들이다. 이처럼 중복되는 과정이 반복되어 적용되는 게 바로 목공이다. 원하는 작품을 만드는 데는 수많은 샛길이 존재한다. 그중에서 자신에게 가장 잘 맞는 길을 결정하여 작업하는 것일 뿐, 목공에 정답은 없다. 그만의 작업 스타일이 있을 뿐이다.

루터 테이블에서 반원 비트로
도미노 핀의 모서리를 가공한다.

앞다리와 뒷다리 사선 가공하기

도미노 작업이 모두 끝났으면 소파 다리의 사선 부분을 가공할 차례이다. 아래 도면을 보자. 사선으로 가공되는 부분을 보면 각도가 표시된 부분과 각도가 표시되어있지 않는 부분으로 나뉘어 있다.

각도가 표시된 부분이 앞에서 재단한 정확하게 각을 맞추어야 하는 부분이라면 각도 표시가 없는 사선은 단순히 형태를 완성하는 부분이다. 따라서 정확하게 잘라낼 필요가 없다. 시작점과 끝부분에 1mm 정도의 +, - 오차 값만 있어도 조립에는 지장을 주지 않는다.

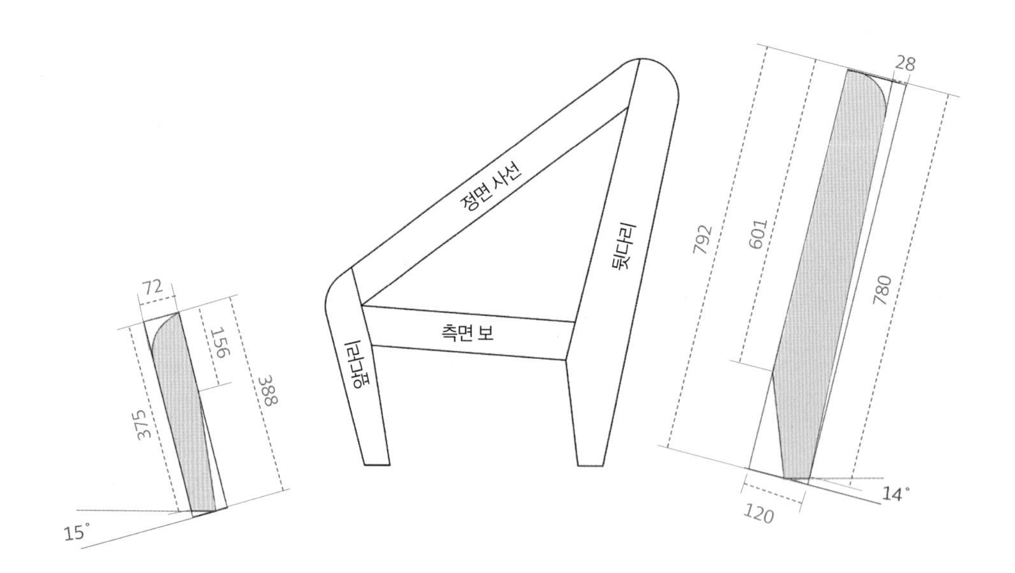

사선 가공 작업에 많이 쓰이는 지그가 있다. 테이퍼 지그이다. 테이퍼 지그는 기성품도 있지만 만드는 방법이 간단해 대부분 직접 만들어 사용한다. 부재를 사선으로 세팅한 후 움직이지 않게 토글 클램프로 고정한 다음 테이블 쏘의 조기대에 의지해 나무를 자르듯 움직이면 된다.

테이퍼 지그의 장점은 한번 세팅하면 동일한 가공 값을 가진 부재의 사선 가공을 무한대로 할 수 있다는 점이다. 그리고 결과물이 깔끔하다.

만약 테이퍼 지그를 이용하지 않는다면, 밴드 쏘 또는 직쏘로 선을 침범하지 않는 범위 내에서 덩어리를 걷어낸 후 손대패로 마무리해도 동일한 결과물을 얻을 수 있다. 이번 작업은 단순히 형태를 다듬는 과정이라서 선을 따라 완벽하게 자를 필요가 없기 때문이다 주의할 점은 오차 값이 비교적 자유롭다 하더라도 부재가 결합되는 부분만큼은 정확하게 가공해야 한다는 점이다.

테이퍼 지그를 이용한 사선 작업

동영상으로 배우기 다리 사선가공, 트리머 홈, 알판 만들기

알판 및 알판 홈 가공하기

측면 다리 프레임을 결합하면 부재가 연결되어 아래 도면처럼 상부에 삼각형 모양의 빈 공간이 생기게 된다. 이 빈 공간에 원목을 그대로 끼워넣으면 나무의 수축·팽창하는 성질로 인해 프레임 자체가 벌어져 터지거나 끼워넣은 원목이 터지는 문제가 생길 수 있다. 이런 문제를 해결하고 막힌 공간을 채워넣는 작업을 '알판'이라 한다.

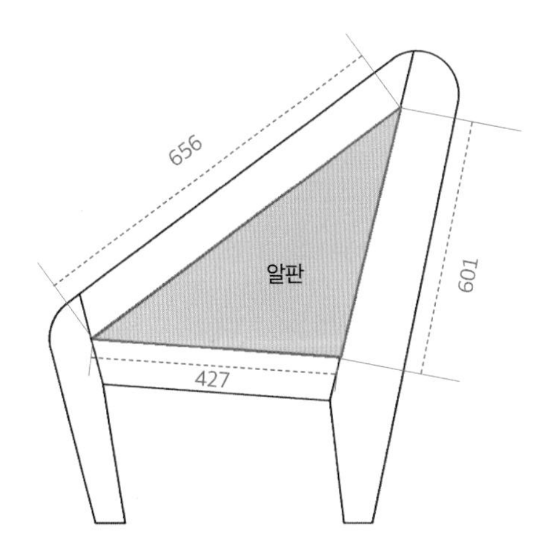

목공에서 말하는 알판이란 막혀있는 부재 사이로 들어가는 얇은 판을 의미하며 결합 시에 상하좌우의 유격이 발생하도록 여유를 두어 나무의 수축·팽창에 대응할 때 사용한다. 여기에 장식적인 의미를 더하고자 한다면 다양한 모양으로 알판 디자인을 할 수 있다. 다만 상하좌우의 유격을 반드시 고려해야 한다. 알판은 구조를 지지하는 역할을 하지는 않는다. 하지만 텅 빈 공간에 알판이 들어차 있으면 구조를 보강하는 역할이 자연스럽게 주어진다.

목공에서 알판이 많이 쓰이는 곳은 서랍 밑판이다. 보통은 밑판이라고 하지만 알판이라고도 한다. 서랍 밑판은 조금 특별하게 취급을 하는데 구조를 요구하지는 않지만 하중은 견딜 수 있어야 하기 때문이다. 즉 서랍 속에 들어간 물체의 무게를 버텨주어야 한다. 작은 서랍은 대부분 하중이 크지 않아 상관이 없지만 장롱이나 서랍장처럼 큰 서랍의 경우에는 신경을 써야 한다.

나는 큰 서랍 밑판은 주로 얇은 자작나무 합판을 사용한다. 눈에 보이는 곳이 아니어서 굳이 원목을 사용할 필요가 없기 때문이다. 자작 합판은 얇지만 튼튼하고 가볍다. 또한 수축 · 팽창으로 인한 문제가 일어나지 않는다. 그래서 나는 완벽하게 밀착시켜 접착제로 고정하여 서랍을 만들곤 한다.

측면 다리 프레임처럼 눈에 보이는 부분에 끼우는 알판은 하중을 고려할 필요가 없다. 단지 가림용이기 때문에 원목을 얇게 집성하여 판재로 만든 후 사용한다.

알판 홈 가공하기

알판 작업을 위해 먼저 하는 작업은 알판이 들어갈 홈을 가공하는 일이다. 알판 작업은 알판을 만드는 작업과 그 알판을 끼울 홈을 가공하는 작업으로 나누는데, 알판을 만드는 작업보다 홈 가공을 먼저 하는 이유는 작업의 효율성 때문이다.

홈 가공은 보통 테이블 쏘 또는 트리머를 통해 작업한다. 테이블 쏘로 작업할 때는 톱날을 홈 깊이만큼 올린 후 조기대 기준으로 원하는 두께만큼 가공하면 된다. 보통 톱날 두께가 3mm 정도라고 했을 때 기준 위치를 잡고 한번 지나간 다음 조기대를 2mm 이동하여 지나가면 5mm 두께의 홈이 간단하게 만들어진다.

얇은 홈인 경우 간단하고 깔끔하게 작업을 끝낼 수 있기 때문에 많이 쓰이는 방법이지만 이 작업의 치명적인 결함은 '중간에 멈출 수 없다'는 것이다. 홈이 부재의 시작부터 끝까지 관통할 때만 가능한 작업이다. 중간에 멈춰서 끌로 마무리하기에는 효율도 좋지 않고 무리가 따른다.

중간에 끊어서 작업해야 한다면 트리머로 작업하는 것이 더 효과적이다. 트리머는 테이블 쏘보다 작업 방식이 조금은 더 까다롭다. 한 번에 깊은 홈을 만들어낼 수 없기 때문에 여러 번 나누어 작업해야 한다. 또한 트리머를 잘못 컨트롤할 경우 결과물을 망칠 가능성도 높다. 장점이라면 시작 지점부터 마지막 지점까지 '위치를 조절해 홈을 만드는 것이 가능하다'는 점이다.

이런 이유로 이번 작업은 트리머로 홈을 가공하는 것이 적합하다. 일단 트리머에 펜스를 부착하여 펜스 기준으로 트리머 비트의 중심이 부재 중앙에 오도록 세팅한 후 홈을 가공한다. 이때 한 번에 깊이 5mm 이상 파지는 않는다. 알판이 수축 팽창할 것을 고려하여 홈의 깊이를 3mm 판 후 다시 4mm를 더 파내 깊이 7mm 홈을 완성한다.

트리머로 알판 홈을 가공하는 모습

여기서 주의할 점은 트리머 펜스의 기준이 되는 면, 즉 닫는 면은 모두 같은 방향(안쪽 면 또는 바깥 면)으로 두고 작업해야 한다는 것이다. 부재마다 같은 기준을 가진 위치에서 홈이 가공되면 부재의 정중앙에 홈이 가공되지 않더라도 조립했을 때의 오차를 줄일 수 있기 때문이다.

트리머로 작업할 때 가공 홈의 시작과 끝 부분에서는 특히 주의해야 한다. 트리머 펜스의 절반 정도만 부재에 지지되기 때문에 자칫 트리머가 꺾여 홈이 삐뚤게 가공될 수 있기 때문이다. 따라서 최대한 직선을 유지하도록 트리머 잡은 손을 잘 컨트롤해야 한다. 가공할 부재를 클램프로 고정한 후 작업하면 그만큼 실수를 줄일 수 있다.

트리머 작업 시 알판 홈의 두께는 가급적 트리머 날 사이즈와 동일하게 하는 것이 좋다. 예를 들어 7mm 두께의 홈 작업을 하는데 5mm 비트를 이용해 여러 번 반복해서 7mm 두께의 홈을 만드는 것은 피하는 것이 좋다는 말이다. 비트가 여러 번 지날수록 깔끔한 홈 작업이 힘들 수 있기 때문이다.

만일 설계 치수가 7mm인데 7mm 비트는 없고 8mm 또는 5mm 비트만 있다면 설계 치수보다 크긴 하지만 8mm 비트로 한방에 작업하는 것이 좋다. 왜냐하면 아직 알판 작업을 진행하지 않았기 때문이다. 전체적인 공정에서 볼 때 이런 경우 알판 두께를 조절하는 것이 작업 효율성이 더 좋다. 같은 자리에 트리머 비트를 여러 번 지나가게 해 홈 라인이 깔끔하지 못한 것보다 자동대패로 알판의 두께를 조정하는 것이 더 수월하기 때문이다. 홈을 먼저 파고 알판을 그 다음에 만드는 것은 이런 부분을 고려한 것이다.

모든 설계에는 예상되는 설계 공차가 있기 마련이다. 이 설계 공차를 최대한 줄

TIP. 만약 알판을 먼저 준비했다면 홈을 알판 두께에 맞춰야 하기 때문에 홈 라인이 깔끔하지 못할 수 있다. 하지만 가지고 있는 비트를 이용해 홈을 깔끔하게 가공한 후 알판 부재를 만들면, 홈 작업 결과물에 맞추어 알판 두께를 가공하면 되니 작업 중 신경 쓸 요소가 줄어든다.

여 설계 치수대로 작업을 해야 하는 영역이 있고 대세에 지장을 주지 않아 작업 중 어느 정도 바꾸어도 되는 공차가 있다. 설계 공차를 제대로 이해하려면 작업자가 직접 설계를 해야 한다. 그렇지 않다면 도면에 이런 사항을 일일이 적어주어야 의사소통에 문제가 없을 것이다.

알판 부재 준비하기

알판은 1인치 부재를 반으로 갈라 7mm 두께로 만들어 사용할 것이다. 1인치 부재를 수압대패, 자동대패로 면을 잡으면 평균 22mm 두께의 부재를 만들어 낼 수 있다. 이를 테이블 쏘를 이용하여 반으로 가르면 톱날 두께 3mm를 뺀 약 9~10mm 두께의 부재가 만들어진다.

휘어진 나무를 자동대패로 가공하다 보면 휘어진 끝부분이 들리는 경우가 많아 나무가 파이는 스나이핑 현상이 발생한다. 이를 대비해 스나이핑이 발생하는 부분을 잘라버리고 사용할 수 있게 부재를 좀 더 여유 있는 길이로 가공하는 것이 좋다.

알판 부재를 준비하는 과정에서 부재가 살짝 휘었다고 큰 문제가 될 건 없다. 집성할 때 잡을 수 있는 여지도 있고 전체가 조금 휘어진 상태라 해도 얇기 때문에 최종 조립에서 힘으로 밀어 홈에 끼우면 되기 때문이다. 홈에 끼워지게 되면 홈이 꽉 잡고 있는 격이니 어느 정도 휜 부분이 바르게 서게 된다.

❶ 10인치 테이블 쏘 톱날 높이를 최대한 올리면 약 75mm 정도가 된다. 약 140mm 판재를 반으로 가를 때는 아래위로 한 번씩 작업하여 부재를 반으로 가른다. 아래위 작업 시 같은 기준면을 조기대에 대고 작업하는 것을 잊지 말아야 한다. 만약 테이블 쏘만으로 가공할 수 없을 만큼 넓은 폭을 가진 부재라면 같은 방법으로 작업한 후 잘리지 않은 부분은 밴드 쏘를 이용하여 갈라지도록 작업한다.

❷ 두께 22mm 부재를 만들기 위한 대패 작업까지 마친 상태라면 양쪽 면 모두 평 작업이 되어있을 것이다. 반을 갈라놓은 상태에서 가르지 않은 반대 면은 모두 평이 잡힌 면이기 때문에 가른 면은 그대로 자동대패를 이용하여 평을 잡을 수 있다. 하지만 테이블 쏘 또는 밴드 쏘로 반을 가른 나무는 대개 가공 시에 발생하는 마찰열로 인해 어느 정도 나무가 휜다. 그렇다 하더라도 자동대패는 앞뒤로 나무를 눌러주는 이송 및 송재 롤러가 있으므로 원하는 두께의 부재를 만들어낼 수 있다.

❸ 알판을 집성하는 과정은 다른 판재들과 동일하다. 단지 부재가 얇으므로 클램프 힘 조절을 잘해야 한다. 얇은 판재는 휘는 성질이 심하고 붙는 면이 적기 때문에 클램프 힘이 과하면 한쪽으로 빠져버릴 수 있다. 이번 작업에서 클램프는 단지 집성할 두 면이 붙어있도록 하는 역할을 할 뿐이다. 살짝 힘을 줬을 때 클램프가 풀릴 정도로 힘을 빼고 클램핑하도록 한다. "힘을 빼는 목공이 좋다." 집성 후 40분 정도면 접착제가 건조된다. 클램프 제거 후 삐져나온 접착제를 끌을 이용하여 제거한다. 이후 손대패를 이용하여 집성 턱을 잡아주면 알판 부재 준비가 끝난다.

알판 정재단하기

TIP. 수축 · 팽창율은 나무에 따라 다르다. 특히 하드우드와 소프트우드의 수축 · 팽창율은 제법 차이가 난다. 여기서 수축 · 팽창율을 1% 기준으로 작업하는 것은 가구에 주로 쓰이는 하드우드를 기준으로 한 것이다.

알판 부재가 준비되었으면 재단을 해야 한다. 원목의 수축·팽창율은 통상 1%를 기준으로 계산해 작업한다. 예를 들어 폭이 400mm였을 때 수축·팽창율을 4mm 내외로 보는 것이다. 따라서 약 7mm 깊이로 홈이 가공되어있기 때문에 내경(안쪽 면) 기준으로 양쪽을 5mm 정도 키워서 알판을 만들면 된다. 이 정도면 수축·팽창에 영향을 받지 않을 것이라 보는 것이다. 물론 이 수치는 지금껏 작업을 하며 얻어낸 경험치일 뿐이므로 정답은 아니다. "목공에 정답이 없다."

❶ 알판을 정재단하려면 먼저 준비된 부재에 재단선을 그어야 한다. 그런데 알판처럼 단순한 작업은 어렵게 계산해서 재단선을 그릴 필요가 없다. 측면 다리 프레임을 가조립한 후 1:1로 대고 부재에 재단선을 마킹한다.

❷ 최종 재단선은 앞서 그어진 선을 기준으로 5mm 확장시켜 다시 그린다. 수축·팽창에 여유를 주고 가공하는 것이므로 1mm 내외의 오차로 러프하게 작업해도 무관하다. 이 작업은 밴드 쏘로 하면 좀 더 간단할 수 있지만 밴드 쏘는 결이 뜯어지고 직선이 불안하다는 단점이 있다. 나는 테이블 쏘의 조기대를 치워버리고 재단선을 기준으로 작업을 했다.

❸ 왼쪽 사진은 그 방법을 보여준다. 테이블 쏘 톱날을 최대한 올린 후 재단선을 따라 잘라준다. 최대한 올린 톱날 자체가 직선이라서 밴드 쏘보다 직선 가공이 유리하다. 다만 이 방법을 사용하려면 테이블 쏘를 자유자재로 다룰 줄 아는 숙련자여야만 한다.

목공 기계 중 가장 많은 사고를 일으키는 것이 테이블 쏘이다. 가장 많이 쓰이는 기계이니 당연할 수도 있지만 그만큼 주의해야 한다. 특히 ❸처럼 톱날이 매우 높게 올라와 있어 직선 가공에는 좋지만 매우 위험하다. 게다가 부재가 톱날 방향으로 똑바로 움직이지 않고 흔들리는 경우 부재와의 마찰력으로 킥백이나 튐이 발생할 수 있고 이는 큰 사고로 이어질 수 있다. 그러니 숙련이 안 된 사람은 밴드 쏘나 직 쏘로 작업하는 걸 추천한다. 초보자에게 자주 이야기하는 말이 있다.

"본인 스스로가 지금 이 작업이 안전하고 정확하게 작업하고 있다는 확신이 서지 않으면 작업을 멈춰라. 잘하는 것인지 잘못된 것인지 알 수 없는 작업은 사고를 불러일으킨다."

알판 가조립하기

알판 정재단이 끝나면 조립이 원만하게 이루어지는지 알판까지 넣어 가조립을 해본다. 혹시나 조립이 안 될 경우를 대비하는 것이다. 작업 중 확인은 언제나 옳다.

알판 가조립

동영상으로 배우기 알판 가공및 측면 다리 프레임 조립

측면 다리 프레임 조립하기

1차 샌딩하기

측면 다리 프레임 부재 가공이 모두 끝났다. 이어서 할 작업은 조립이다. 조립을 위한 첫 과정은 샌딩이다. 샌딩까지 마쳐야 조립에 들어갈 수 있다. 조립 전에 샌딩을 하는 이유는 조립 후에 샌딩하기 힘든 면을 조립 전에 미리함으로서 품질을 높이기 위해서다. 샌딩은 이후에도 완성을 위한 여러 과정을 거치는 동안 수차례할 것이다. 통상 조립 전에 하는 샌딩을 1차 샌딩이라고 한다. 1차 샌딩에서 역점에 둘 것은 크게 두 가지이다.

첫째, 조립 후 기계로 샌딩하기 불가능한 부분을 중점적으로 샌딩해야 한다. 조립 후에 할 수 있는 부분은 나중에 해도 되므로 굳이 여기서 힘을 뺄 필요가 없다.

둘째, 부재가 조립되어 만나는 짜임 부분은 샌딩을 최소화해야 한다. 그 부분은 아예 샌딩을 하지 않는 편이 좋다. 표면을 곱게 다듬는 샌딩 작업의 단점은 평면을 미세한 곡면으로 만든다는 것이다. 가조립할 때는 딱 맞았는데 샌딩 후 조립했을 때 틈이 벌어진다면 샌딩을 너무 많이 하지 않았는지 생각해볼 필요가 있다.

❶ 연필 자국을 지우개로 지우기

❶ 샌딩하기 전에 연필 자국 등을 지우개로 미리 지우는 것이 좋다. 샌딩으로 연필 심 자국을 지우려면 생각보다 오래 걸린다. 이 말의 뜻은 연필 심이 그어진 부분이 더 마모되어 곡면이 된다는 뜻으로 심한 경우 손으로 만졌을 때 높이의 차이를 느낄 정도다. 그렇게 되면 샌딩으로 전체적인 면의 밸런스를 무너뜨리는 꼴이니 미연에 방지하는 것이다.

❷ 알판 샌딩하기

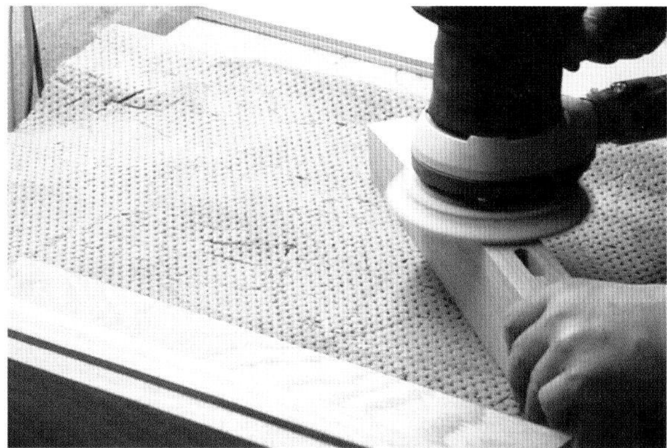
❸ 프레임 샌딩하기

샌딩을 잘하려면 넓은 면을 먼저 하고 차차 좁은 면을 한다. ❷와 ❸처럼 알판을 먼저 샌딩하고 프레임 부재를 샌딩하는 식이다. 그 이유는 샌딩페이퍼 때문이다. 샌팅페이퍼는 사용할수록 마모된다. 따라서 넓은 면부터 샌딩하여 페이퍼의 모든 면을 천천히 균일하게 마모시켜야 품질을 유지하고 페이퍼를 조금이라도 오래 사용할 수 있다.

샌딩을 위한 또 하나의 팁은 손대패를 사용하는 것이다. 부재의 거친 면이나 부풀어 오른 부분 등을 종이보다 얇게 밀어 가공하는 것으로, 대패 날을 아주 미세하게 세팅하여 부재를 다듬는다. 샌딩으로는 잘 잡히지 않거나 오래 걸리는 면은 손대패로 마무리해놓으면 샌딩하기가 훨씬 수월하다. 다만 대패질을 하고 나면 정말 칼같이 면이 다듬어지는데 마치 #1000 이상의 샌딩을 한 것처럼 표면에 광이 날 정도일 때가 있다. 이럴 경우 오일 마감이 잘 안 될 수가 있다. 나무 표면에 틈이 없어 오일 흡수가 더딘 탓이다. 결국 이런 부분은 샌딩 작업을 추가하여 오일 흡수가 잘 되도록 해주어야 한다.

마지막으로 톱자국, 탄자국 등은 손대패로 다듬은 후 샌딩하는 것이 좋다. 연필심 자국과 마찬가지로 이런 자국은 샌딩기로 없애는 데 오랜 시간이 걸리고 부재의 평면이 곡면으로 변하는 미세한 차이를 만들기 때문이다.

조립하기

샌딩이 모두 끝났다면 조립을 할 차례이다. 측면 다리 프레임은 부재의 개수가 그리 많지 않지만 여러 각도가 만나 만들어지는 만큼 신경 써야 할 부분이 많다.

목공 조립은 블록을 쌓아올리는 형태로 진행한다고 생각하면 된다. 짧은 시간 안에 작업을 완료해야 하기 때문에 조립 전에 작업의 순서를 정하고 어떻게 작업할지 미리 계획을 세운다.

조립 전 이미지 트레이닝은 필수이다. 필요한 모든 부재와 결합 도구를 가져다놓고 결합 순서에 맞게 이미지 트레이닝을 통해 작업 순서와 조립 방법을 점검한다. 조립했을 때 부재 방향이 바뀌지 않도록 배열도 미리 해놓는다. 결합면이 헷갈릴 수 있다면 연필로 결합면을 구분하여 표시를 하기도 한다. 작업 순서를 함께 보자.

❶ 뒷다리의 결합면에 접착제를 바르고 도미노 핀 역시 접착제를 발라 구멍에 삽입한다. 블록을 쌓아올리듯 작업하는 것이 좋으므로 세워서 조립한다.

❷ 정면 사선 부재를 접착제로 발라 결합한 후 알판을 넣는다. 알판은 접착제를 사용하지 않고 결합한다.

❸ 측면 보를 끼워넣고 앞다리가 결합될 수 있도록 윗면에 접착제를 바른다. 블록을 쌓아올리는 것처럼 말이다.

❹ 모두 결합된 부재가 완전히 결합되도록 클램프로 조인다.

이렇게 블록을 쌓듯 작업 순서를 정하고 조립하는 이유는 접착제가 마르기 전에 빠르고 신속하게 작업을 마쳐야 하기 때문이다. 수많은 목공인이 애용하는 타이트사의 접착제는 5분 정도면 건조가 시작된다. 즉 5분 이내에 조립해서 클램프로 고정시켜야 한다는 이야기다.

접착제가 굳기 시작하는 5분의 시간은 결코 긴 시간이 아니다. 조립을 하다 보면 몇 분이나 지났는지 모를 만큼 정신이 없는 경우가 생긴다. 나는 이를 해결하기 위해 작업 중 음악을 듣는다. 보통 한 곡의 플레이 타임이 3분 정도이므로 2곡이 끝나기 전에 조립을 끝내려고 노력한다.

부재들을 5분 안에 조립할 수 없을 때 할 수 있는 또 다른 방법은 나눠서 조립하는 것이다. 이때는 각도를 잘 체크하면서 부분 부분 조립해야 하는데, 이때도 가급적 한 번에 모든 부재를 조립하는 것이 좋다. 같은 프레임의 부재들을 한 번에 조립했을 때 전체 각도가 자연스럽게 맞아 들어가기 때문이다. 오차가 생기더라도 서로 그 오차를 나누어 갖는 형태라서 최대한 균일하게 조립을 할 수가 있다. 따로 조립을 할 경우 각도가 틀어지면 다음 부재 조립 시 틀어진 각도가 새롭게 맞물리는 각도와 정렬되면서 이미 굳었던 처음의 접착제가 터질 수도 있다.

조립할 때 나무끼리 서로 닿는 곳은 붓을 사용하여 양쪽 모두 접착제를 발라주도록 한다. 가끔 도미노 작업한 곳에 접착제를 충분히 발랐다며 도미노 핀에는 바르지 않는 경우가 있는데 바람직하지 않다. 특히 도미노 작업한 곳에 접착제를 너무 많이 넣으면 도미노 핀을 넣었을 때 그 압력 차로 말미암아 도미노가 끝까지 들어가지 않을 수 있다. 또한 반대편 도미노의 깊이가 조금이라도 얕다면 그 압력차로 인해 나무가 터질 수도 있다. 따라서 도미노 작업한 곳은 붓으로 최대한 얇고 빈틈없이 접착제를 발라주어야 한다.

클램프는 두 개 이상의 부재에 칠해진 접착제가 완전히 건조될 때까지 고정하는 역할만 하면 된다. 때문에 너무 강한 힘을 주어 클램핑하는 것은 좋지 못하다. "힘을 빼는 목공이 좋다." 클램핑은 두 개의 부재가 서로 밀착되도록 해주면 충분하다.

클램핑을 강하게 해야 비로소 부재 면이 밀착된다면 이는 작업 중 무언가가 잘못된 것이다. 예를 들어 부재 가공이 잘못된 것은 아닌지, 클램프를 한쪽 방향으로 치우치게 고정한 건 아닌지 살펴보아야 한다.

조립이 완료되어 클램핑까지 무사히 끝났다면 1시간 정도 건조시킨 후 클램프를 푼다. 1시간 정도면 외부와 내부 일부까지 접착제 건조가 완료된 상태라서 큰 충격을 주지 않는 한 다른 작업을 진행할 수 있다. 다만 장부 깊숙한 곳까지 굳는 완전 건조까지는 시간이 더 걸리므로 조립 부분에는 큰 충격을 주지 않도록 주의한다. 시간과 공간이 허락한다면 충분히 오랫동안 클램핑을 풀지 않고 잡아두어도 좋다.

등받이 및 좌판 프레임 작업하기

등받이 프레임 및 좌판 프레임은 같은 크기로 디자인했기 때문에 도면이 같다. 동일한 부재를 두 개 만드는 것이므로 작업이 조금은 수월하다.

도면에 보이는 치수대로 부재를 준비한다. 측면 다리 프레임을 만들기 위해 했던 것과 같은 작업이다. 적당한 나무를 골라 가재단한 다음 수압대패, 자동대패, 테이블 쏘를 이용하여 부재를 정재단한다. 준비할 부재의 두께도 5/4인치에서 나올 수 있는 평균 두께인 28mm를 그대로 사용하면 되므로 따로 두께 집성을 할 필요는 없다.

등받이(=좌판) 프레임 부재 준비표

단위 : mm

목록	폭×길이	두께(T)	부재 개수	기타
상하단 프레임	70×1520	28	4	
보	70×425	28	8	

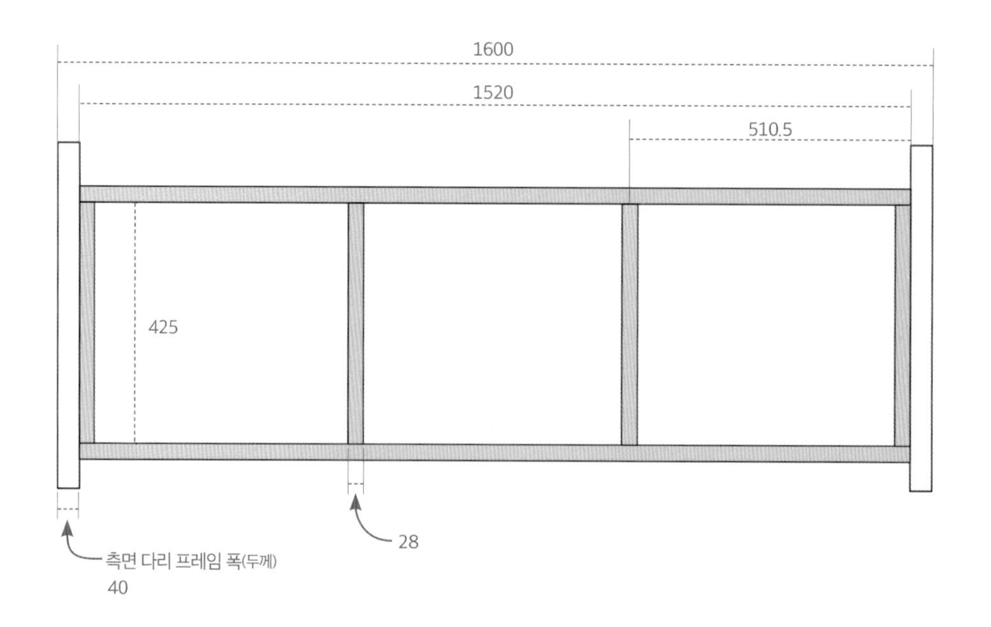

등받이 및 좌판 프레임 조립하기

부재 정재단이 완료되면 도미노 가공을 하고 샌딩한 후 조립을 한다. 앞에서 한 측면 다리 프레임 작업 과정과 비슷하다. 단지 이전 작업에 비하면 각도에 따른 사선 가공이 없어 빠르고 수월하게 작업할 수 있을 것이다. 다만 좌판과 등받이 프레임은 조립 과정에서 직각이 틀어질 수 있으므로 클램프 작업이 끝남과 동시에 직각이 잘 맞았는지 체크해주어야 한다. 부재의 길이가 맞고 조립되는 부재들이 빈틈없이 잘 밀착되었다면 직각은 자연스럽게 맞아 떨어질 것이다.

좌판과 등받이 프레임 조립이 끝났다면 끌로 접착제를 제거한 후 다리와 조립되는 프레임의 끝 부분이 단차 없이 잘 조립되었는지 확인한다. 이때 미세한 턱이 생겼다면 직자로 평을 체크해가면서 손대패로 잘 다듬어주도록 한다. '잘 다듬어야 한다'라는 말은 이 부분이 다리와 붙는 면이기 때문에 좀 더 신경을 써야 한다는 뜻이다. 필요하다면 슬라이딩 쏘를 이용하여 다시 한 번 미세하게 정재단해주는 것도 좋다. 이 작업으로 인해 작품 전체 사이즈가 미세하게 줄어든다 해도 문제될 것은 없다. 우린 아직 주름문을 제작하지 않았기 때문이다.

등받이 및 좌판 프레임 조립하기

어라? 이 이야기는 조금 전에 들은 것 같은데! 그렇다. 측면 다리 프레임 제작 시 알판 작업과 같은 원리이다. 만약 주름문이 제작되어있는 상태라면 등받이와 좌판 프레임의 사이즈 변화가 큰 문제가 되겠지만 우린 아직 주름문을 제작하지 않았다. 전체 공정을 이해하고 그 오차를 줄여나가기 위해 어떤 작업을 먼저 해야 하는지를 파악해야 하는 이유다. "목공은 장기와 같다."

턱 작업하기

이제 등받이 및 좌판 프레임을 만들 때만 하는 작업을 살펴보자. 이른바 '턱 작업'이다. 등받이 및 좌판 프레임에는 패브릭(천)이 들어간다. 따라서 프레임에 패브릭이 들어가서 자리 잡을 수 있도록 턱을 만들어주어야 한다.

이런 턱을 만들어내기 위해 내가 자주 이용하는 도구는 라우터이다. 그리고 이 라우터 작업에 제격인 비트는 '라베팅' 비트이다. 날의 지름과 베어링 지름의 단차만큼 턱을 만들어주며 사용하기도 편하고 결과물도 잘 나오는 편이다.

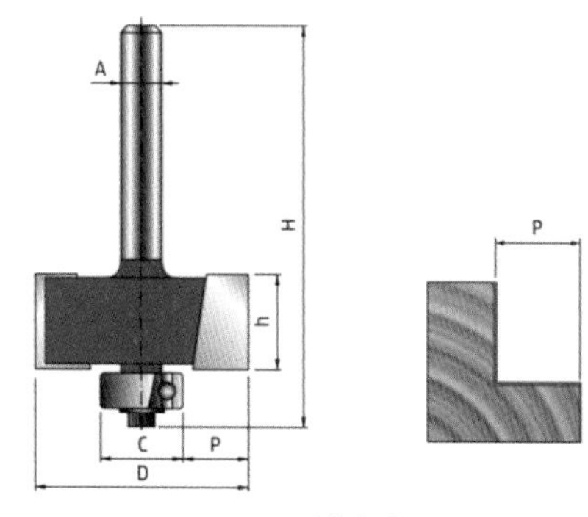

라베팅 비트(출처 : 프라우드)

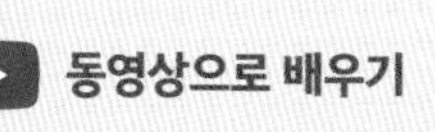

프레임 턱 가공 및 도미노 작업

라우터 작업 시 주의해야 할 점은 라우터 베이스가 부재를 따라 흔들리지 않게 하는 것이다. 그런데 도면을 보면 등받이 및 좌판 프레임 폭이 30mm 이내의 좁은 기준면을 가지고 있어 흔들리지 않게 작업하기가 불가능하다.

해결책으로 생각한 것이 라우터 베이스의 면적을 넓히는 것이다. 프레임 전체 면을 타고 갈 정도로 라우터 베이스가 넓어지면 되지 않을까 생각해보니 마침 공방 구석에 원형으로 가공되어 지그로 사용되었다가 용도 폐기된 합판이 있었다. 쓰지 않는 자투리인데다 크기도 작업하기에 안정적이었다.

❶은 그렇게 큰 베이스를 장착한 라우터의 예시다. 이처럼 큰 라우터 베이스를 만들려면 먼저 ❷처럼 합판 중앙에 라베팅 비트 사이즈보다 조금 더 큰 구멍을 포스트너 비트와 같은 큰 보링 비트로 뚫어준다. 그리고 라우터를 중앙에 올려놓은 후 ❸처럼 라우터 베이스 끝부분을 나사못으로 라우터 베이스와 합판이 딱 붙어 움직이지 않도록 한다. 다만 완벽하게 고정하는 게 아니라 움직였을 때 빠지지 않을 정도로만 고정한다.

작업 준비가 끝났으면 ❹처럼 라우터 가공을 시작한다. 라우터 작업은 리듬이 중요하다. 부재를 가공하기 시작할 때는 천천히, 가공이 진행되면서는 조금 빠르게, 그리고 마무리 즈음에는 다시 천천히 작업 속도를 조절해야 작업 중 부재가 터

❶ 라우터 베이스를 넓게 만든 상태

❷ 지그 홀 작업

❸ 나사못을 이용하여 라우터와 합판을 고정하는 모습

❹ 라베팅 비트를 이용한 프레임 턱 작업

지거나 타는 현상이 줄어든다. 가공해야 할 깊이는 15mm이다.

라베팅 비트는 비교적 지름이 넓은 비트에 해당되기 때문에 라우터 회전 속도를 평소보다 조금 줄여 사용하는 것이 좋다. 원의 중심에서 바깥으로 멀어질수록 회전 반경이 멀어지기 때문에 속도가 더 빨라진다. 속도가 빠르면 부재가 타버린다. 라우터를 구입할 때 스펙을 미리 찾아보면 속도 조절 여부를 알 수 있다. 비교적 저렴한 라우터는 속도 조절 기능이 없다. 속도 조절 기능이 없으면 힘 조절이 되지 않아 회전 조절이 필요한 경우 결과물이 좋지 않을 수 있다. 싼 게 비지떡이다.

이번 작업은 마침 자투리 합판이 있어 라우터 확장 베이스로 응용해 사용했다. 이 작업의 단점은 비트가 합판에 가려 보이지 않는다는 점이다. 투명한 아크릴이었다면 작업에 더 용이했을 것이다. 하지만 이번 작업에 필요한 두께와 넓이의 아크릴은 비용이 제법 한다. 동일한 작업을 계속할 것이라면 모르지만 일회성 작업이라면 이 정도도 쓸 만하다. 다만 비트가 보이지 않으니 '이쯤 되면 깎이기 시작하겠군.' 하는 본인만의 감을 가지고 작업해야 할 것이다.

아무 생각 없이 라우터를 컨트롤하면 라우터가 이리저리 부딪힐 수 있어 좋지 못한 결과물을 만들어낸다. 회전하는 비트가 나무에 처음 닿는 속도가 빠르면 터질 가능성이 높으니 주의해서 작업하는 것이 좋다.

TIP. 가공 깊이 15mm는 뒤에 만들 페브릭 작업을 위해서이다. 여기서 15mm는 페브릭을 잡아줄 합판의 두께를 15mm로 예정했기 때문이다. 사용할 합판의 두께가 달라진다면 그 두께로 가공 깊이를 설정하면 된다.

각 프레임의 마감과 도미노 작업하기

다음 작업은 ❶처럼 트리머의 라운드 베어링 비트를 이용하여 등받이와 좌판 프레임의 모서리를 5mm 라운드 값으로 둥글게 다듬어주는 것이다. 몸과 직접 맞닿는 부분이므로 최대한 부드럽게 만들어준다.

라운드를 만드는 작업을 끝으로 등받이와 좌판 프레임 작업이 끝났다. 이 작업을 하는 동안 앞서 조립해두었던 측면 다리 프레임은 접착제가 말라 견고해졌을 것이다. 클램프를 해제하고 끌을 이용해 접착제를 제거해준다. 이후 ❷와 같이 손대패로 결합면의 미세한 턱을 잡은 후 다음 작업으로 넘어간다.

❶ 트리머를 이용한 프레임 모서리 라운드 작업

❷ 다리 손대패 작업

동영상으로 배우기 좌판 및 등받이 프레임 만들기

❸ 프레임 도미노 작업

❸ 측면 다리 프레임과 등받이, 좌판 프레임이 마무리되었다면 이를 연결시켜줄 도미노 작업을 한다. 굳이 각 프레임을 먼저 조립한 다음 도미노 작업을 하는 이유는 작업 중 일어날 수 있는 오차를 줄이기 위해서다. 직각으로 이루어진 작업이라면 굳이 이럴 필요가 없지만 기준점을 정확히 잡는 것이 여의치 않은 부정형 작업은 각 조립이 끝난 상태에서 1:1로 맞춰보고 도미노 작업을 하는 것이 실패 확률을 줄일 수 있다. "목공은 확률 싸움이다." 조립했을 때 틀어질 수 있는 확률을 최소화하려면 이 정도의 불편은 큰 것이 아니다.

프레임끼리 도미노 연결하기

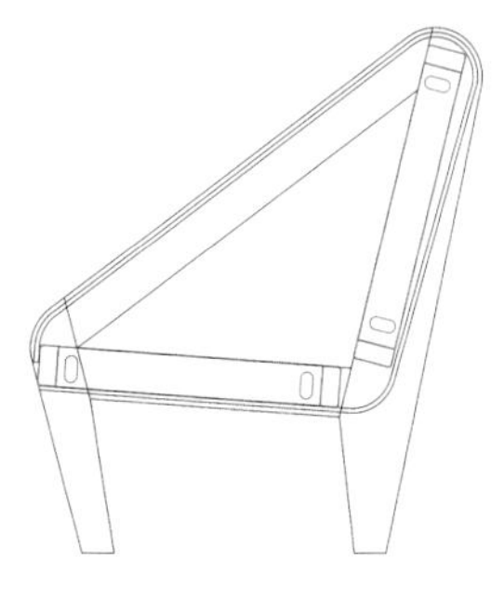

다리 프레임과 등받이, 좌판 프레임 조립 도면 (도미노 연결)

프레임끼리 도미노로 결합한다. 먼저 등받이와 좌판 프레임의 도미노 가공을 한 다음 가공된 등받이와 좌판 프레임의 도미노 위치를 정확하게 실측해 표시할 것이다.

도면을 참조하여 측면 다리 프레임에 등받이와 좌판 프레임의 위치를 잡고 ❶처럼 1:1로 실측해 도미노가 가공될 자리를 표시한 후 도미노 가공을 한다. 이때 도미노를 세워 작업하는데 도미노 바닥면의 센터 표시 선이 기준이 된다. 여기서 유념할 것은 도미노 바닥면과 도미노 비트의 센터 값은 10mm 절대 값이란 것이다. 즉 정확하게 가공해야 하는 부재의 센터에서 10mm 떨어트린 기준선을 그린 다음 그 선에 맞추어 도미노 가공을 해야 원하는 위치에 도미노 작업이 가능하다. 좀 더 정확한 작업을 위해서는 ❷와 같이 직각이 잘 맞은 자투리 나무에 센터 표시를 한 후 임시 펜스를 만들어 사용하는 방법도 있다. ❸은 이렇게 작업하여 만들어낸 결과물이다.

❶ 다리 프레임과 등받이와 좌판 프레임 1:1 실측 표시

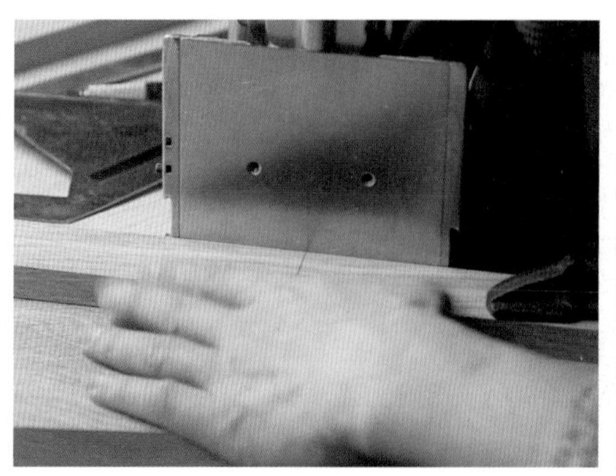

❷ 바닥면 표시선 기준 도미노 작업

❸ 실측 선과 도미노 작업 결과물

주름문 레일 홈 작업하기

이 작품의 핵심인 주름문 레일을 만드는 작업이다. 레일 작업은 생소하기도 하지만 정밀도를 요구하는 작업이라서 매우 큰 주의가 필요하다.

주름문 레일 홈 템플릿 만들기

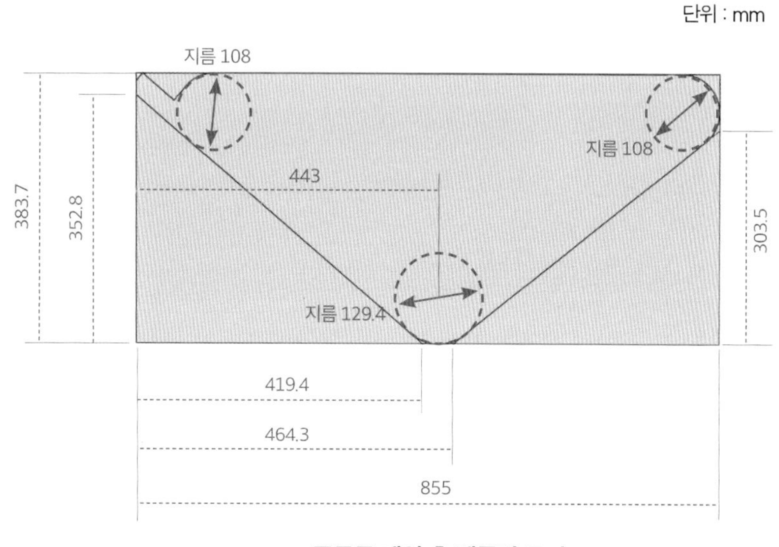

주름문 레일 홈 템플릿 도면

TIP. 이 도면은 28쪽 도면에 표시된 홈을 라우터로 파기 위한 템플릿이다. 이 템플릿은 비트와 부싱 가이드의 크기를 반영해 수치가 결정되었다.

작업의 첫 시작은 주름문 레일 홈을 파기 위한 템플릿 가이드를 만드는 것이다. 템플릿 가이드를 만들 때는 위 도면을 1:1로 출력하여 만드는 방법도 있지만 사이즈가 크고 비교적 간단한 작업이라면 합판에 직접 그려 만들어도 된다.

어떤 방법을 선택할지는 작업의 정확도를 고려하여 결정하면 된다. 템플릿이 매우 정확해야 부재 조립에 정확성을 기할 수 있다면 도면을 출력해 정밀도를 높여 작업해야 한다. 하지만 이번 작업처럼 주름문이 간섭 없이 부드럽게 열리는 기능만 하면 되는 경우 부드럽게 연결되는 곡선에만 신경 쓰면 된다. 따라서 이번 작업은 합판에 직접 그려 템플릿을 만들도록 할 것이다.

❶ 주름문 레일 홈 템플릿 도면을 출력하여 합판에 직접 그린다.

❷ 합판에 템플릿 선을 모두 그렸다면 밴드 쏘로 최대한 선과 밀접하게 가공한다.

❸ 밴드 쏘로 가공한 템플릿의 거친 선을 다듬는다. 이때 직선 부분은 손대패로 다듬는다.

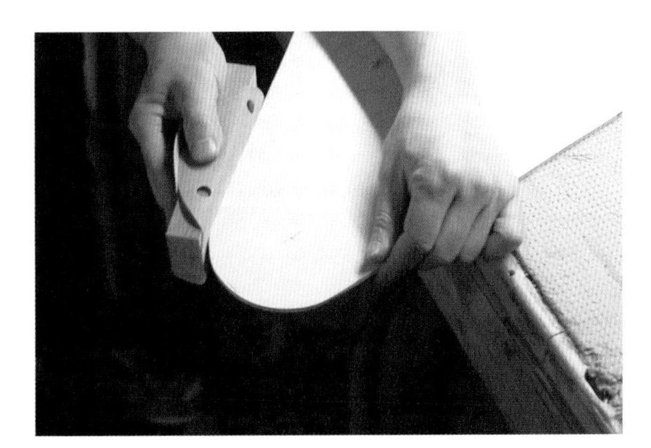

❹ 곡선은 손사포를 이용하여 마무리한다. 라운드는 벨트샌더와 같은 기계로 다듬으면 실패할 확률이 높다. 최대한 기계 의존도를 버리고 작업하는 것이 좋다.

❺ 주름문 레일 홈 템플릿이 완성되었다.

부싱 가이드를 이용한 템플릿 작업

이제 부재 위에 템플릿을 고정시키고 라우터 7mm 일자 비트를 이용하여 레일 홈을 가공한다. 이때 사용하는 방식은 부싱 가이드를 이용한 템플릿 작업이다.

오른쪽 사진은 템플릿에 부싱 가이드를 붙여 이동하면서 부싱 가이드 속에 들어 있는 비트로 가공하는 예시이다. 이때 부싱 가이드의 외경과 사용 비트의 지름 또는 외경의 단차에 2분의 1만큼 템플릿에서 떨어져 홈이 파인다. 부싱 가이드를 사용하면 베어링이 없지만 있는 것처럼 일자 비트를 사용할 수 있다. 하지만 홈이 파이는 정확한 위치를 파악하려면 부싱 가이드와 비트의 단차를 알고 있어야 제대로 쓸 수 있다.

부싱 가이드를 이용한 템플릿 가공

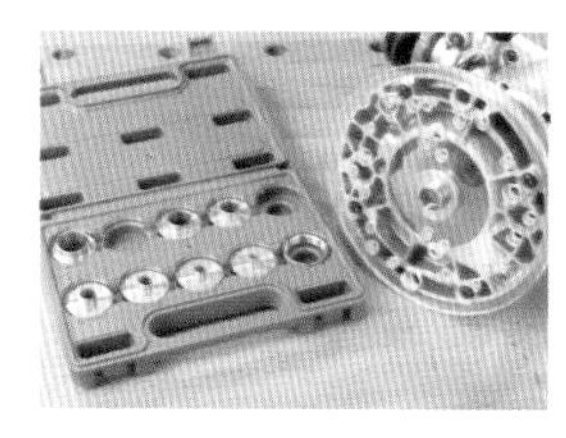

라우터 부싱 가이드

현재 우리는 이미 템플릿을 만든 상태이다. 매우 정밀할 필요는 없지만 정확한 작업을 해야 하는 상태에서 이미 만들어놓은 템플릿은 어떻게 해석해야 할까? 이는 앞서 제시한 템플릿 도면이 이미 사용할 비트의 두께가 몇 mm이고 사용할 부싱 가이드가 몇 mm일지 계산된 상태임을 의미한다. 부싱 가이드와 비트에 따라 홈의 파이는 위치가 바뀔 수 있는데 그것을 정하지 않고 템플릿을 만들 수는 없다. 현재 만들어진 템플릿의 전체 크기는 부싱 가이드의 외경과 비트 지름 단차만큼 작게 만들어졌다.

만일 본인의 디자인으로 비슷한 작업을 해야 한다면 반드시 이런 단차를 이해하고 템플릿 작업을 해야 할 것이다.

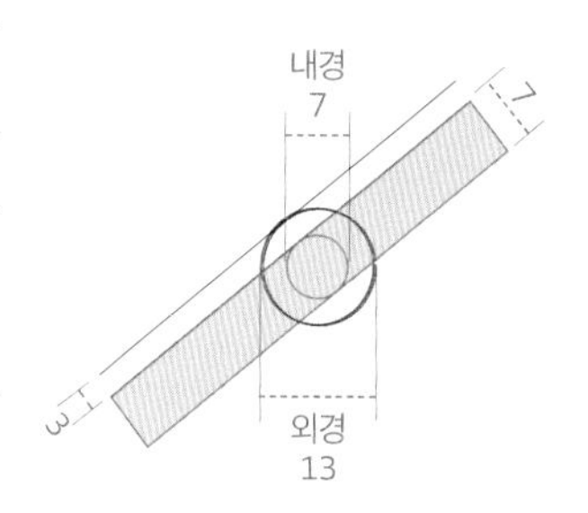

부싱 가이드 단차를 보여주는 도면

TIP. 외경 13mm의 부싱 가이드에 7mm 라우터 비트를 사용할 경우 준비된 템플릿을 기준으로 3mm 떨어진 곳에서 홈이 가공됨을 보여준다. 즉 이와 같은 조합을 사용할 경우 템플릿은 전체적으로 3mm 작게 만들어야 원하는 결과를 얻을 수 있다는 뜻이 된다.

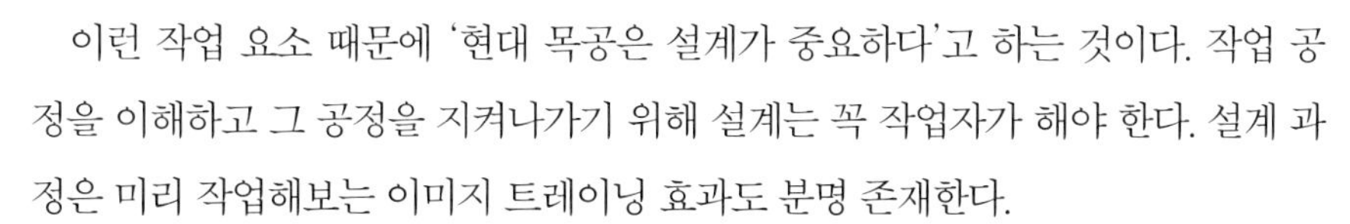

이런 작업 요소 때문에 '현대 목공은 설계가 중요하다'고 하는 것이다. 작업 공정을 이해하고 그 공정을 지켜나가기 위해 설계는 꼭 작업자가 해야 한다. 설계 과정은 미리 작업해보는 이미지 트레이닝 효과도 분명 존재한다.

설계 작업은 전체 공정을 어떻게 이끌어갈지에 대한 토대를 쌓아가는 것이고 그 최종 결과가 도면이다. 그래서 설계자는 이 모든 것을 미리 계산해야 하는데 그러려면 전체 작업 공정에 대한 이해와 경험이 필요하다. 이것은 작업량이 쌓일수록 해결될 일이다.

동영상으로 배우기 주름문 레일 홈 작업

주름문 레일 홈 가공하기

템플릿에 부싱 가이드를 이용하여 진행하는 라우터 작업은 실수 없이 한방에 해내야 하는 고난이도 작업에 속한다. 작업 중 흐트러지면 홈 라인이 망가지면서 작업 전체를 망치고 만다. 작업을 완벽하게 소화하려면 몇 가지 주의해야 할 점이 있다.

부싱 가이드를 이용한 라우터 작업 모습

첫째, 템플릿을 타고 가는 라우터 베이스가 절반 밖에 템플릿에 닿지 않으므로 한쪽으로 기울지 않게 잘 컨트롤해야 한다.

둘째, 부싱 가이드는 템플릿에 딱 붙어서 가야 한다. 템플릿과 떨어지게 되면 바로 홈의 라인이 무너진다.

셋째, 무엇보다 중요한 것은 컨트롤의 중심이 되는 몸의 자세를 잡는 것이다. 다리를 안정적으로 벌린 상태에서 몸을 최대한 고정하고 작업에 집중한다면 완벽하게 작업을 해낼 수 있을 것이다.

이 세 가지에 주의하여 작업하는 데도 뭔가 불안하다면 날을 빼지 않은 상태에서 실전처럼 연습을 해보는 것도 좋다. 연습이더라도 라우터의 전원을 올린 상태에서 해보길 권한다. 날이 나오지 않은 상태라 홈이 만들어지지는 않겠지만 라우터의 진동에 베이스가 기울지는 않는지, 부싱 가이드에 딱 붙어 가공이 되는지, 긴 활주 거리를 끝까지 이어갈 수 있는 몸의 자세를 취했는지는 살펴볼 수 있다. 몇 번 연습해보면 어떤 부분을 조심해서 컨트롤해야 하는지 감이 올 것이다.

홈은 최종 10mm 깊이로 가공했다. 보통 옆으로 밀어 사용하는 주름문은 하중이 아래로 집중되기 때문에 주름문이 들려 빠지는 일이 없다. 그래서 약 3mm 정도 깊이만으로도 충분하다. 하지만 위아래로 작동하는 주름문은 좌우 여유 공간이 더 필요하므로 좀더 깊이를 주어 작업하는 것이다. 홈의 깊이가 충분해야 길이가 긴 주름문이 처져 빠지는 현상을 예방할 수 있다.

레일 형태를 보면 아래쪽에서 들어가는 관통 홈을 시작으로 한 바퀴 돌아 끝부분은 관통되지 않고 마지막에서 멈췄다. 이는 템플릿 자체에 '멈춤 턱'을 만들어놓았기 때문이다. 부싱 가이드가 멈춤 턱에 도착하면 라우터 작업을 끝내면 된다.

밑 부분을 관통한 홈이 있는 이유는 눈치가 빠른 사람이라면 이미 알아차렸을 것이다. 바로 주름문이 들어갈 자리다.

레일 홈을 가공해야 할 측면 다리 프레임은 좌우가 대칭이다. 이는 템플릿을 뒤집어 사용하는 것으로 좌우 대칭을 해결할 수 있다. 좌우 대칭의 경우 하나의 템플릿으로만 작업해야 한다. 그래야 정확한 대칭이 되어 레일이 움직일 때 문제가 발생하지 않는다.

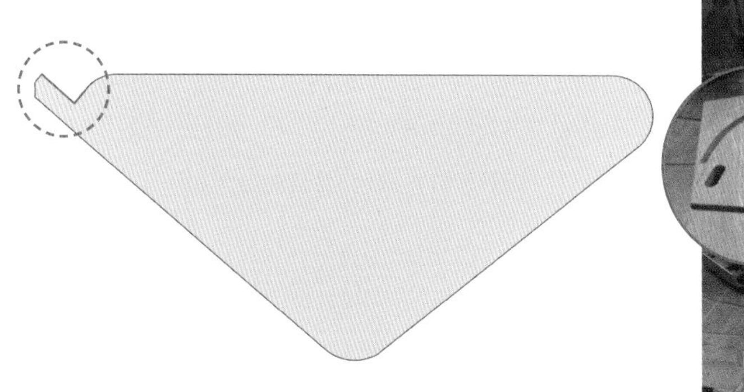

빨간 부분이 부싱 가이드가 멈추도록 한 '멈춤 턱'

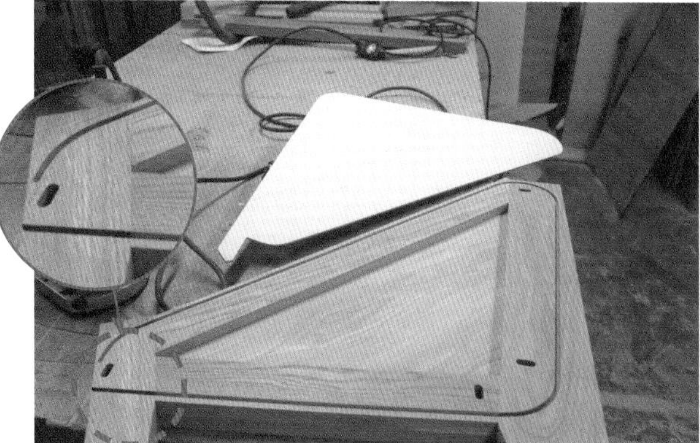

레일 홈 작업 결과물

측면 다리 프레임 모서리 라운딩 처리

레일 홈 가공이 끝나면 이제까지 미루어두었던 측면 다리 프레임의 모서리 부분을 라운딩 처리한다. 이 작업을 위해 먼저 가공에 필요한 재단선을 그린 후 밴드 쏘로 덩어리를 덜어내고 라우터 작업을 통해 모서리를 다듬어줄 것이다.

❶처럼 밴드 쏘로 덩어리를 덜어낸다. 이제 부재에 템플릿을 고정하고 베어링 일자 비트('패턴 비트'라고도 부른다)를 이용해 라우터 작업을 마무리할 텐데 베어링 일자 비트를 사용하려면 베어링이 타고 갈 템플릿이 필요하다. 미리 그려놓은 재단선에 맞게 템플릿을 고정시키고 ❷처럼 베어링 일자 비트가 달린 라우터를 템플릿을 따라 이동시킨다.

❶ 측면 다리 프레임 라운드 밴드 쏘 작업

❷ 템플릿을 활용하여 라우터로 모서리를 라운드로 가공하는 모습

동영상으로 배우기 다리 라운드 작업 그리고 땜빵

모서리 라운딩 처리는 자주 하는 작업이므로 각도에 따른 템플릿을 미리 구비해놓으면 필요할 때마다 쓸 수 있어 편리하다. 부싱 가이드 템플릿 작업은 부싱 가이드의 외경과 비트 지름의 단차를 고려해 템플릿을 제작해야 하지만 베어링 일자 비트는 1:1로 가공된다.

보통 베어링 일자 비트는 부재의 면을 깔끔하게 가공할 때와 템플릿의 모양대로 부재를 가공할 때 사용한다고 생각하면 된다. 하지만 이것이 꼭 정답은 아닌 것이 응용해 사용하면 그 가능성이 무한하다. 베어링 비트의 장점은 일반 면이나 마구리 면이 깔끔하게 작업되는 것이다.

단점이라면 결이 한방에 뜯겨나가 터질 수 있다는 것이다. 그것은 아무리 작업을 잘해도 어쩔 수 없을 때가 있다. 여러 부재를 최종 조립하고 나면, 특히 이번 작업처럼 사선으로 결합되는 경우에는 결합면이 엇결로 붙어있는 경우가 있는데 이는 곧 라우터의 비트가 지나갈 때 하나는 순결이어서 문제가 없지만 바로 붙어있는 쪽은 엇결이 되어 터질 수 있다는 점을 의미한다. 이번 작업에서도 측면 다리 프레임 중 하나는 별 이상이 없었지만 다른 하나는 ❸처럼 부재가 터져버렸다. 이럴 때는 당황하지 말고 현실적인 대응 방법을 찾아야 한다. 목공을 잘하는 사람이란 작업 중 변수가 발생했을 때 대응 능력이 높은 사람이다. 나는 문제를 해결하기 위해 터진 부분의 직선 면을 ❹처럼 수압대패로 전부 밀어버렸다.

이렇게 처리하면 프레임 폭이 줄어든다. 물론 이것을 그대로 두지는 않을 것이다. 줄어든 폭 만큼 최대한 결이 비슷한 나무를 ❺처럼 집성하여 붙인 후 다시 라운드 가공을 해서 해결했다. 일부러 알려주지 않으면 부재가 터졌는지 아닌지 알 수 없을 만큼 정교한 땜빵으로 문제를 해결한 것이다. 땜빵도 목공 기술의 하나이다.

나무는 재료 자체가 가지고 있는 변수가 많기 때문에 언제든 이런 일이 발생할 수 있다. 그래서 땜빵 능력이 곧 목공 실력이라고 말하는 사람도 있다.

❸ 라우터 작업에 의해 부재가 터진 모습

❹ 터진 부분 수압대패로 면 잡기

❺ 수압대패 작업 면에 나무 붙이기

측면 다리 프레임 모서리 가공하기

다음은 측면 다리 프레임 바깥쪽 면, 알판과 측면 다리 프레임의 경계면 모서리를 트리머를 이용해 45도로 가공하는 작업이다. 이 부분을 작업할 때는 조립 전에 가공을 할 것인지, 조립 후에 가공을 할 것인지를 미리 생각해두어야 한다. 만일 조립 후에 트리머로 45도 가공을 하는 데 아무런 문제가 없다면 조립 후에 하는 것이 이상적이다. 그래야 두 개 이상의 부재가 만나는 모서리 부분이 자연스럽게 마무리지어질 뿐더러 실수할 확률도 줄어들기 때문이다.

그러나 알판과의 거리 때문에 조립 후에 트리머로 작업할 수 없다면 부득이 조립 전에 작업해야 한다. 하지만 이 작업은 많은 주의를 요한다. 부재가 조립되는 부분은 어떠한 경우에도 그 상태 그대로 보존되어야 한다. 샌딩도 하지 말아야 할 것이다. 그런데 조립 전 트리머로 모서리 작업을 할 때 멈춰야 할 이곳을 정확하게 파악하고지 못해 실수하는 경우가 많다. 이는 되돌리기 힘든 뼈아픈 실책이므로 주의를 요한다.

❶ 이번 작업은 트리머 비트의 베어링이 미세한 차이로 알판과 간섭하지 않아 조립 후 모서리 가공을 진행했다. 만약 알판이 베어링과 간섭이 있을 것이라 예측된다면 조립 전에 미리 모서리 가공을 해야 한다.

❷ 부재가 만나는 모서리 부분은 자연스럽게 라운드로 처리가 될 것이다. 이 형태가 디자인적으로 어색하지 않고 자연스럽다면 그대로 마무리해도 된다. 하지만 만족스럽지 못하다면 끌을 이용해 확실하게 마무리해야 한다. 45도 작업된 모서리와 연결되는 선을 그린 후 끌을 이용하여 순결 방향으로 천천히 다듬어주어 깔끔하게 선을 연결시킨다.

동영상으로 배우기 프레임 45도 모서리 가공

샌딩 및 전체 프레임 조립하기

측면 다리 프레임, 등받이와 좌판 프레임 작업이 모두 끝났다. 이제 남은 작업은 조립이다. 조립 직전에 해야 하는 일이 있다. 그렇다. 샌딩이다.

앞서 하나의 프레임을 결합하기 전에 샌딩을 한 적이 있으니 이번 샌딩은 2차 샌딩이 된다. 샌딩은 앞으로도 많게는 3~4차까지 할 수 있다. 귀찮다고 건너뛰지 말고 꼭 하고 넘어가는 습관을 들이도록 하자. 알고 보면 이런 과정 하나하나가 결국 시간을 단축시키는 일이다. 하지 않고 넘어간 작업은 결국 마지막에 어떤 식으로든 되돌아오기 때문이다. 그때는 더 많은 시간과 노력이 필요하게 된다.

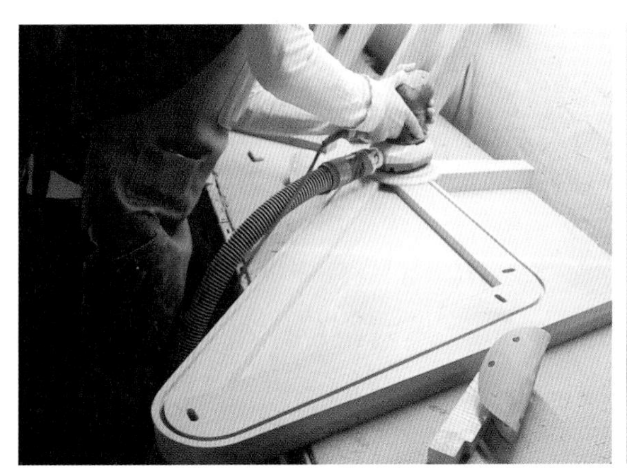

❶ 측면 다리 프레임 샌딩하기

❷ 등받이와 좌판 프레임 샌딩하기

샌딩은 샌딩 페이퍼를 샌딩기에 붙여 사용하는데, 샌딩 페이퍼의 사포 거칠기는 숫자로 표기되어있다. 숫자 단위는 '방'이다. 즉 샌딩 페이퍼에 120이 적혀 있으면 '120방 사포'라고 부른다. 이는 가로/세로 1인치 사각형 안에 120개의 돌기가 있는 거칠기의 사포라는 뜻이다. 이것을 글로 쓸 때는 숫자 앞에 '#'자를 붙여 표시한다. 즉 120방 사포는 '#120'으로 표기한다.

샌딩 시 사포의 방수를 결정하는 기준은 무엇일까? 목공에서 샌딩 작업을 할 때 사용하는 방수는 주로 #60~120이다. 지금과 같은 제품을 제작할 때 나는 #120으로 작업한다. 사포 방수를 결정하는 것 또한 본인만의 철학이다. 조금 어렵게 말하자면 그 기준이 '공예 정당성'이라 할 수 있다.

내가 말하는 공예 정당성이란 '내가 하고 있는 이 일이 무슨 일인지를 알아야 한다'는 이야기다. 지금 하고 있는 작업이 일상에서 쓰일 가구를 만드는 것인지, 소장을 위한 작품을 만드는지를 구분해 행동해야 한다는 것이다.

일상에서 쓰일 가구를 만들 때는 #120으로 샌딩을 시작해 마무리까지 짓는다. 이 경우 나무 표면에 돼지꼬리 자국, 일명 '스웰링 자국'이라 불리는 미세한 샌딩 자국이 생긴다. 일반 소비자들은 콕 집어 알려줘도 잘 모를 정도의 나뭇결과 비슷한 지극히 자연스러운 자국이다.

샌딩 방수가 높을수록 표면이 곱게 정리된다. 표면이 곱다는 말은 오일 마감을 할 때 오일이 침투할 나무의 구멍이 작아진다는 말이다. 그렇게 되면 오일 침투가 깊게 이루어지지 않아 오일 도막이 얇아진다. 마감 코팅이 얇다는 것은 사용 목적이 우선시되는 제품으로서의 기능이 떨어진다는 뜻이다. 천연 재료인 오일 마감은 시간이 흐를수록 닳는데 도막이 얇게 되었다는 것은 코팅력이 떨어진다는 말과 같다. 그래서 나는 돼지꼬리 자국이 남더라도 낮은 방수로 샌딩을 마감함으로써 오일 침투 가능성을 높여 도막을 두껍게 형성하는 데 좀 더 집중한다. 하지만 공예로써의 작품을 만들 때는 #320까지 높여 스웰링 자국이 없는 고운 표면을 만든다. 별것 아닌 것처럼 보일 수도 있는 샌딩 또한 '공예 정당성'의 기준을 가지고 작업에 임하는 것이다.

#120, #320 작업 모두 가구가 완성된 최종 표면 질감은 같다. 최소 3회 이상 오일 작업을 하는데 2차 오일 작업부터는 표면의 거친 면을 잡기 위해 #600 이상으로 손 샌딩을 하여 표면을 한 번 더 다듬기 때문이다. 오일을 바르고 나면 나무에 침투하고 남은 오일이 다시 표면으로 나오는데 공기 중에 떠다니는 미세한 먼지가 흡착하면서 거칠어진 면을 잡는 것이다. 이때의 샌딩은 빡빡 문지르는 게 아니라 표면을 부드럽게 한다는 생각으로 손의 힘으로만 샌딩한다. 그렇게 마무리하면 #120으로 하든 #320으로 하든 작업 최종 표면 질감이 동일하게 나온다. 이것이 정답이라고 말하지는 않겠다. 다만 내가 이제까지 다져온 내 작업 스타일이라 하겠다.

그렇다면 샌딩 방수의 기준은 무엇일까? 정답은 없다. 작품을 만들어가면서 자신만의 기준을 세워보면 될 것 같다. #1000까지는 해야겠다는 생각이 든다면 차근차근 방수를 올리면서 거기까지 하면 된다.

"목공은 정답이 없다." 단지 작업 스타일이 다를 뿐이다. 그렇기 때문에 작업에 철학이 필요한 것이다. 2차 샌딩이 끝났다면 이제 대망의 조립이다. 물론 전체 공정에서 보면 지금까지 절반 정도 진행되었을 뿐이지만, 조립하는 순간은 뭔가 하나 이룬 듯한 느낌이 들어 뿌듯하다. 아무리 잘된 작업이라도 사람이 하는 일이니 잘 맞을까라는 긴장감도 들고, 그 모든 것이 명쾌하게 딱 맞아 조립되면 성취감 또한 느낄 수 있다.

조립은 블록을 쌓듯 아래에서 쌓아올리면서 진행한다. 음악을 들으면서 조립하면 시간을 가늠하기 좋다. 그러나 2곡이 끝날 무렵인 5분 이내에 클램프를 완전히 고정시켜야 하므로 결코 느긋하게 해서는 안 된다. 조립 전 충분한 이미지 트레이닝을 통해 좀 더 빠르고 효과적으로 진행할 수 있도록 준비해야 한다. 특히 부재가 바뀌지 않게 조립 전 잘 배열해두는 것이 중요하다.

❸ 측면 다리 프레임, 등받이와 좌판 프레임을 아래에서 쌓아올리듯 조립하기

등받이 및 좌판 프레임 양쪽 끝 부분은 측면 다리 프레임의 방향에서 보면 가로 방향, 즉 프레임 마구리면에 도미노를 넣어 조립하는 것이다. 등받이와 좌판 프레임 중앙의 세로 보는 구조를 버티는 역할도 하지만 패브릭 쿠션을 끼워 넣기 위한 턱을 만들기 위해서도 쓰였다.

등받이 및 좌판 프레임과 측면 다리 프레임은 한 면에 단지 두 개의 도미노 핀을 사용하여 조립하였는데, 그러다 보니 소파에서 대부분의 하중을 받아야 할 부분이 너무 약한 것이 아닐까 염려될 수도 있다.

그러나 등받이 및 좌판 프레임과 측면 다리 프레임의 접합은 조립이면서 집성 면이기 때문에 이 정도의 작업으로도 충분한 힘을 발휘한다. 다만 집성을 하듯 접착제를 충분히 사용하기만 하면 된다. 여기서 도미노는 힘을 쓰는 구조 역할도 하지만 각 프레임의 위치를 잡아주는 역할이 더 중요한데 그것은 면과 마구리가 만나는 조립이 아닌 면과 면이 만나는 집성 면이 더 큰 강성을 보여주기 때문이다.

❹ 조립을 완료하고 클램핑하기

동영상으로 배우기 프레임 조립

45도 보강목 제작과 설치하기

45도 보강목 만들기

다음 작업은 가구 구조에서 견고함을 담당하는 45도 보강목을 만드는 일이다. 45도 보강목은 박스 형태의 프레임 모서리 4면에 조립하여 직각으로 결합되는 두 개의 부재를 잡아줌으로써 가구의 견고함을 높여준다. 보통 다리가 조립되는 프레임 모서리에 4개 정도만 잡아줘도 효과를 볼 수 있다. 하지만 이번 작업에서는 등받이와 좌판을 포함해 총 6개의 프레임에 4개씩 달기로 결정했다. 총 24개나 되는 단순하고 지루한 작업이다.

이러한 단순 반복 작업을 할 때는 사고 날 확률이 높다. 단순 노동은 정신을 느슨하게 만들어 작업 중 딴 생각을 하기 십상이며, 이때가 정말 위험하다. 그리고 부재가 작아 킥백이 발생할 확률이 높기 때문에 위험도도 증가한다. 그런데도 24개나 과하게 보강 작업을 하는 이유는 이 보강목이 가구의 견고함은 물론, 패브릭을 고정하는 고정 장치 역할도 하기 때문이다.

양쪽으로 각각 45도 각이 있는 보강목 부재가 준비되면 드릴 프레스를 이용하여 나사못 머리가 들어갈 공간을 만들어준다. 보강목은 보통 나사못으로 조립해 사용하는데 조립 후 45도 기울어진 면에 나사못 길을 내어주기란 여간 까다로운 일이 아니다. 그래서 조립 전에 드릴 프레스를 이용하여 나사못 머리 자리를 미리 만들어놓는 것이다. 그러면 조립 후 직각으로 나사못 머리 자리가 만들어져 있어 나사못 길을 내는 드릴링 작업이 용이해진다.

드릴 프레스는 한번 세팅해놓으면 같은 위치에 같은 깊이로 가공이 가능하다. 먼저 드릴 프레스 정반 높이를 ❷처럼 부재의 사선 면을 기준으로 시작 위치에 비트가 가까이 닿도록 높이 조절을 한 후 정반을 고정한다. 그리고 임시 펜스를 설치하여 사선 면이 바닥으로 가도록 세워 비트 날에 닿으면 지정한 위치에 자연스럽게 올 수 있도록 세팅한다. 이후의 드릴 가공 깊이는 드릴 프레스 스토퍼 기능을 이용하여 원하는 깊이만큼 가공한다. 그러면 아무리 많은 개수의 부재라도 같은 위치, 같은 깊이로 가공이 가능하다.

드릴 프레스에는 스토퍼 기능이 기본적으로 장착되어있으니 어느 부분이 스토퍼 역할을 하는지 알아보고 사용하기를 바란다. 만약 스토퍼가 없는 드릴 프레스를 사용한다면 드릴 비트에 마스킹 테이프로 깊이를 표시한 후 사용해도 좋다. 이때는 톱밥이 잘 배출되지 않는 불편함이 따르지만 작업하는 데는 크게 지장이 없다.

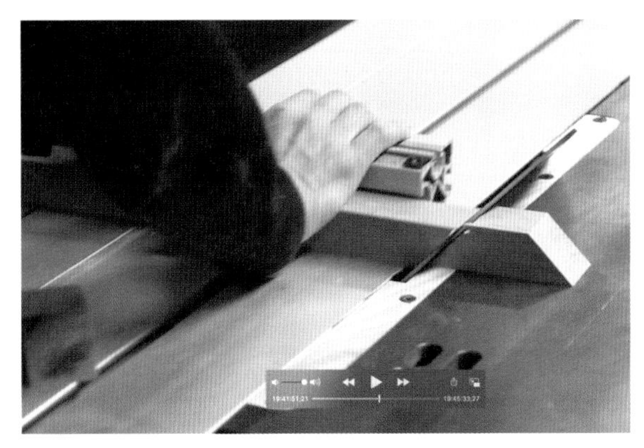

❶ 45도 각이 있는 보강목 부재를 24개 준비한다.

❷ 드릴 프레스를 이용해 나사못 머리가 들어갈 자리를 만든다.

❸ 45도 보강목에 패브릭을 고정할 때 쓰일 나사못 구멍도 미리 가공한다.

❹ 완성된 45도 보강목이다.

프레임에 45도 보강목 조립하기

이제 보강목을 좌판 및 등받이 프레임에 조립할 차례이다. 보강목을 조립할 때는 접착제로만 조립한다. 접착제가 완전히 건조되면 3mm 드릴 비트로 나사못 길을 내어준다. 그런 다음 적당한 길이의 나사못으로 고정한다. 나사못은 한 면당 두 개가 좋다. 한 개만 고정할 경우 회전하는 힘을 잡을 수 없기 때문이다.

보강목이 고정될 때, 즉 접착제가 완전히 건조되는 약 40분 동안 클램핑을 해야 하는데 이번 작업에서는 클램프의 각도가 나오지 않아 개별로 클램핑하기가 불가능했다. 그래서 나는 ❷처럼 어윈 퀵 클램프 하단 뭉치를 반대로 돌려 (조이는 방식이 아닌) 밀어내는 방향으로 세팅한 후 양쪽 대각선 방향으로 서로 밀어 클램핑하는 방식으로 진행했다.

접착제가 완전히 건조되면 클램프를 풀어도 잘 고정되어있을 것이다. 보강목 끝이 마구리면이기 때문에 접착제가 잘 붙지 않을 것 같지만 견디는 힘이 약한 것일 뿐 붙는 건 일반 면과 비슷하고, 견디는 힘을 높여주기 위해 나사못으로 고정하는 것이다.

접착제가 굳으면 ❸처럼 3mm 드릴 비트로 나사못 길을 내어준 다음 나사못으로 고정한다. 나사못 길을 내어주는 이유는 하드우드의 경우 나무가 단단하다 보니 나사못 길을 내주지 않고 나사못으로 고정하면 나무가 쪼개지든 나사못 머리가 부러지든 둘 중 하나의 상황에 부닥치게 되기 때문이다.

나사못을 고정할 때는 꼭 나사못 길을 먼저 내어준 다음 해야 한다. 나사못 길을

❶ 접착제를 이용해 45도 보강목을 프레임에 고정한다.

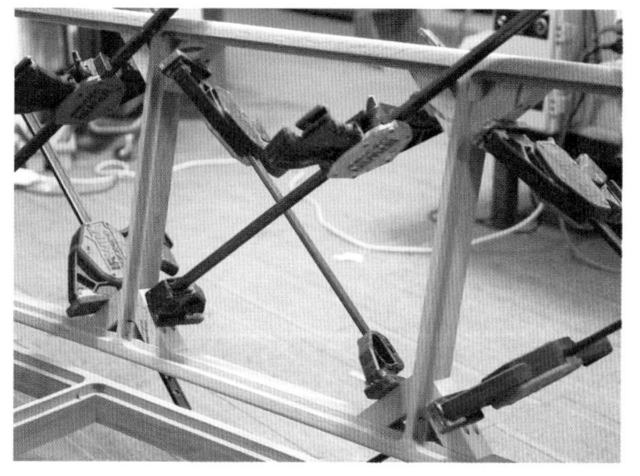

❷ 퀵 클램프를 이용하여 보강목을 고정한다.

❸ 3mm 드릴 비트로 나사못 길을 내어준 후 보강목에 나사못을 고정한다.

❹ 조립 후 접착제를 제거한다.

냈다면 적당한 길이의 나사못을 골라 드릴로 박는다. 보통 보강목은 눈에 안 띄는 안쪽 구조에 설치하는데, 나사못 구멍을 메울 것인지 그대로 둘 것인지는 각자 선택하면 된다. 나는 그냥 두는 편이지만 나와 다른 결정을 한다고 해서 그것이 틀린 것은 아니다. 그저 작업 스타일이 다를 뿐이다.

조립을 완료한 후 틈 사이로 삐져나온 접착제는 언제 제거해야 할까? 접착제를 제거하는 방법은 여러 가지가 있다. 클램핑 직후 칫솔에 물을 듬뿍 묻혀 빡빡 닦아내는 방법, 물티슈로 제거하는 방법, 접착제가 완전히 굳은 후 끌로 톡톡 쳐서 떼어내는 방법 등 작업을 하다 보면 자기만의 노하우가 생기기 마련이다. 나는 가급적이면 조립 후 40분 정도가 지났을 때 삐져나온 접착제가 완전히 굳지 않고 말랑한 상태에서 끌로 제거한다.

접착제를 제거한 후 필요하다면 손대패로 잘 맞지 않는 미세한 턱을 다시 잡고 부분 샌딩을 한 다음 ❺처럼 오일을 바른다. 오일과 접착제의 나무 침투력은 비슷한 면이 있어서 오일을 먼저 바르면 접착제가 잘 먹지 안고, 접착제가 묻어있는 면에는 오일이 제대로 침투하지 못한다. 따라서 조립 후 완벽하게 접착제를 제거한 다음 오일을 발라 마감해주어야 한다. 게다가 오일 바르는 시기를 더 늦출 수 없는 것이 최종 조립까지 했는데 누군가가 오염된 손으로 작품을 만지기라도 한다면 손때가 묻어 샌딩을 다시 해야 할 수도 있기 때문이다. 또 건조한 계절에는 다 만들어놓은 작품의 나무가 갈라지는 불운을 만날 수도 있다.

나는 리베론 피니쉬 오일을 시작으로 아우로 126을 거쳐 지금은 오스모 1101 오일을 사용하고 있다. 셋 모두 성질은 비슷하다. 이들 중 오스모 1101 오일은 가장 비싸지만 품질 역시 지금껏 써본 오일 중 제일 좋았다. 물론 나의 취향이니 다른 이들은 다르게 생각할 수 있다.

TIP. 나는 천연 오일 이외에 다른 마감재는 사용하지 않는다. 천연 오일은 일단 바르는 과정에서 실패할 확률이 전혀 없고 그만큼 작업성이 좋다. 또 3회 이상 발랐을 때는 천연 마감재의 단점을 보완한 화학적 마감재의 기능을 어느 정도 기대할 수 있어 굳이 다른 마감재를 사용할 필요를 느끼지 못한다. 가끔 자작 합판에 바니쉬를, 서핑 보드에 에폭시 작업을 하기도 하지만 이는 엄연히 용도에 따라 마감재를 달리하는 것뿐 나의 주 마감재는 천연 오일이다.

❺ 오일을 발라 마감한다.

동영상으로 배우기 45도 보강목 작업 및 마감

주름문 만들기

이번 작품의 핵심이 되는 주름문 작업을 살펴보자. 단순 반복 작업 탓에 조금은 지루하지만 섬세하게 이루어져야 한다. 주름문의 부재 준비표는 다음과 같다.

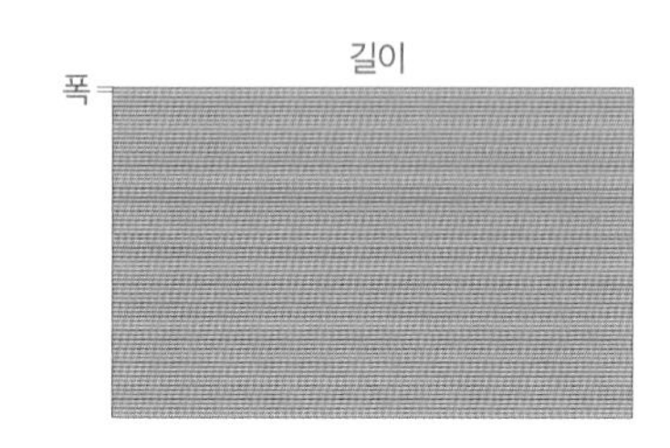

주름문 부재 준비표

단위 : mm

목록	폭×길이	두께(T)	부재 개수	기타
문 졸대	13×1538	6	74	

주름문 부재 준비

주름문을 만들기 위해서는 가늘고 얇은 졸대들이 필요하다. 그것들을 '캔버스 천' 위에 하나하나 붙여 길게 연결해 문짝을 만들 것인데, 졸대의 두께와 폭은 이미 설계상에서 결정되었다. 나에겐 이전의 여러 경험에 의해 나름대로 주름문 재원의 고정 값이 있는 것도 사실이다.

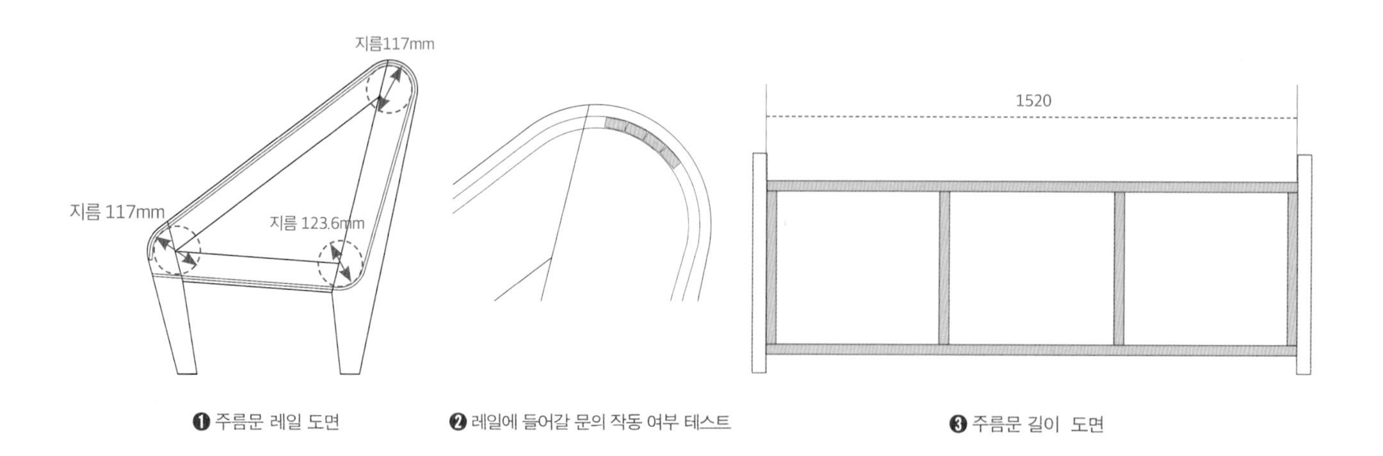

❶ 주름문 레일 도면 ❷ 레일에 들어갈 문의 작동 여부 테스트 ❸ 주름문 길이 도면

내가 주로 사용하는 주름문은 두께 6mm, 폭 13mm이다. 두께는 레일 폭이 7mm이기 때문에 1mm 정도 얇게 만드는 것이 헐렁하지도, 빡빡하지도 않을 것이고, 폭 13mm를 선호하는 이유는 졸대가 이보다 넓으면 둔탁한 느낌이 들고 이보다 좁으면 작업량이 너무 늘어나기 때문이다.

작업에 들어가기 전에 설계한 레일 홈 내에서 주름문이 잘 움직이는지를 체크해야 한다. 매 작품마다 다른 설계에서 적용되므로 이를 확인하는 것은 필수이다.

먼저 ❶처럼 각각의 모서리에 알맞은 라운드 값을 잡는다. 이는 전체 디자인에서 심미성을 고려한 값이다. 다음으로 레일 홈의 라운드 구역에서 주름문 조각들이 자연스럽게 움직이는지 체크해본다. ❷처럼 두께 6mm, 폭 13mm 조각을 이어 붙여 작동 여부를 체크하면 바로 알 수 있다. 그림처럼 블록들이 레일 홈 라인 안쪽에 위치한다면 이 라운드는 문제없이 작동할 것이고, 라운드 선에 걸치게 된다면 주름문은 작동하지 않을 것이다. 문제가 발생할 것 같으면 모서리의 라운드 값을 더 키우거나 졸대 폭을 줄이면 된다. 전자의 방법은 전체 디자인을 다시 해야 하는 상황에 처하고 후자의 방법은 졸대가 더 많이 필요하다. 해결책을 만들어가는 것 또한 본인의 선택이다. 도면이 확신을 준다면 주저할 필요가 없다. 그냥 그렇게 밀어 붙이면 된다.

라운드와 주름문의 원활한 움직임에 대한 확인이 끝나면 주름문에 쓰일 졸대들을 알맞게 준비하기 위해 조금의 계산이 필요하다. 주름문 부재 준비의 핵심은 길이가 아닌 폭이 얼마만큼 필요한지를 계산하는 것이다. 주름문 길이는 ❸의 도면에서 좌판이나 등받이 프레임의 길이를 참고하면 된다. 지금은 가재단 단계이기 때문에 내경 길이 1520mm에서 양쪽 레일 홈 깊이 총 20mm를 더한 1540mm보다 약 20~30mm 크게 여유를 주고 가재단하면 된다.

그렇다면 필요한 주름문의 폭은 어떻게 계산해야 할까? ❹는 주름문에 필요한 직선 부분과 라운드 값을 표시한 도면이다. 이를 다 더하면 주름문에 필요한 총 길이가 약 929.2mm(26.2+56+687.9+157.1)임을 알 수 있다. 이 정도 폭의 주름문이 나와야 소파 문을 닫았을 때 전체가 가려지는 것이다. 따라서 필요한 주름문 폭은 929mm에서 약 40mm 여유를 준 969mm를 사용하면 된다.

폭이 계산되면 필요한 졸대 개수를 알 수 있다. 969mm 나누기 13mm을 하니 약 74조각의 졸대가 필요하다. 하지만 아직 거친 면을 잡지 않은 상태의 부재를 생각하면 앞에서 이야기한대로 좀 더 여유가 있어야 한다. 이를 염두에 두고 생각해보자.

판재 하나를 반으로 갈라 사용할 경우 나는 가급적이면 폭이 140mm 이하인 것을 사용하는 편이다. 그 이유는 내가 가지고 있는 10인치 테이

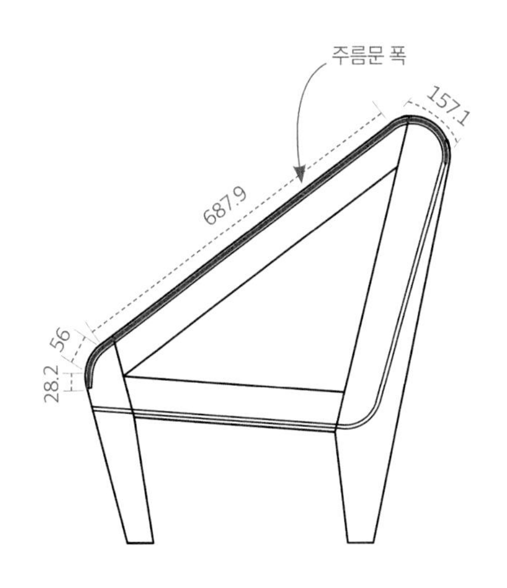

❹ 필요한 주름문 폭을 계산하기 위한 도면

동영상으로 배우기 주름문 부재준비

블 쏘만으로 부재를 가르기 위해서이다. 톱날을 최대한 올린 후 부재를 세워서 한 번, 그리고 반대로 한 번 더 작업하면 부재를 반으로 가를 수 있다. 앞에서 알판 작업을 할 때와 동일한 방법이다. (65쪽 ❶을 참고)

자, 다시 계산해보자. 톱날 두께 약 3mm에 졸대 폭 13mm을 더하니 16mm다. 140mm을 16mm로 나누면 약 8개다. 140mm 폭의 부재를 반으로 갈라 작업하면 졸대 16개가 나오는 것이다. 우리가 필요한 졸대 개수는 74조각이니 5개의 판재가 있으면 정확히 80개의 졸대를 얻을 수 있다.(판재 5×판재당 얻을 수 있는 졸대 16=80)

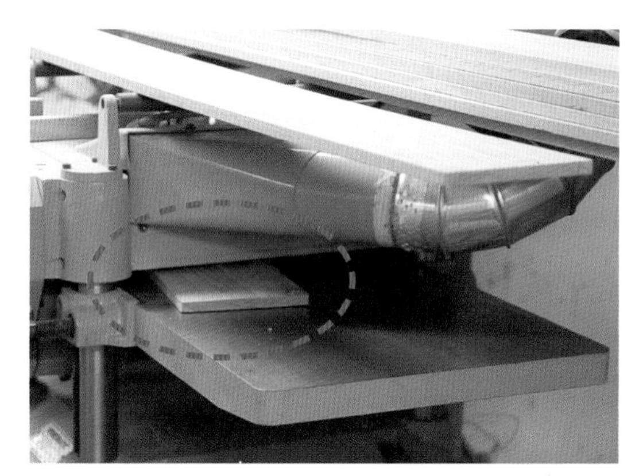
❺ 부재 자동대패 작업

수압대패와 자동대패 그리고 테이블 쏘를 이용하여 1인치 부재의 면을 잡으면 약 22mm 정도 두께의 부재를 만들어낼 수 있다. 그걸 다시 세워서 테이블 쏘로 반을 가르면 약 9mm 정도 두께를 가진 부재가 만들어지는데 이때 테이블 쏘의 가공 열로 인해 부재가 휘는 현상이 발생한다. 하지만 크게 걱정할 일은 아니다. 이미 부재 면을 모두 잡아놓은 상태이므로 ❺처럼 자동대패를 이용해 테이블 쏘의 거친 면을 잡으면 6mm 두께의 부재를 만들어낼 수 있다.

테이블 쏘로 부재를 반으로 가를 때는 부재의 순서가 바뀌지 않게 정리해주면 좋다. 대칭으로 결을 연결시키면 주름문의 심미성을 높일 수 있기 때문이다. 나는 따로 순서를 정하진 않고 그냥 쌓는 순서를 지켜가며 대칭을 연결시킨다.

❻ 다음 작업은 샌딩이다. 주름문을 완성한 후에 해도 상관 없지만 먼저 샌딩을 해놓으면 결이 좋은 부재가 겉으로 나오게 표시해둘 수 있다. 즉 나무의 상태가 좋고 결이 좋은 면만 샌딩하는 것이다. 반대 면은 어차피 천에 붙는 부분이니 샌딩을 하지 않는다. 샌딩 면을 기준으로 부재(졸대)의 겉과 속이 뒤집히지 않도록 하기 위한 응용이다.

❼ 샌딩이 끝나면 바로 길이 정재단을 한다. 양쪽 여유 치수를 각각 1mm로 두고 전체길이 1540mm에서 2mm 뺀 1538mm로 정재단한다. 이렇게 빡빡하게 재단하면 자칫 레일 홈에 '안 들어가지 않을까?'라는 걱정이 들 수 있지만 그때는 다시 테이블 쏘로 조금 더 자르면 된다.

처음 주름문 작업을 할 때 나 또한 가재단하듯이 여유 치수를 주고 주름문이 완성되면 정재단하여 사용했지만 경험치가 쌓인 결과 지금의 방법이 더 효과적임을 터득했다. 졸대를 캔퍼스 천에 붙이는 작업이 남아있기 때문이다. 붙일 때 잘 붙이

❻ 주름문 샌딩

❼ 주름문 길이 정재단

❽ 주름문 테이블 쏘 작업

❾ 마스킹 테이프로 순서대로 정리

면 걱정하던 일들이 더 쉽게 풀린다. 기준면을 확실히 두고 붙인다고 해도 작업 중 생길 수 있는 오차 값은 작아질 일이 없기 때문에 미리 정재단을 하는 것이다. 조각들을 완벽하게 붙여야 오차 값이 0으로 나온다. 하지만 조금 삐뚤게 붙였다 해도 얼마든지 바로 잡을 수 있다.

❽ 길이 정재단이 끝났다면 13mm 폭으로 정재단할 순서이다. 반을 가른 부재의 무늬를 잘 연결하고 순서를 지키면서 테이블 쏘 작업을 준비한다. 조기대를 폭 13mm가 잘려서 나오도록 세팅하고 처음부터 하나하나 부재를 켜면서 주름문 부재를 완성해나간다. 이때 톱날과 조기대 사이는 13mm라는 위태로운 좁은 폭이므로 푸시스틱을 이용해 작업해야 한다. 부재를 최대한 조기대에 밀착시켜 시작과 끝부분의 폭 사이즈에 오차가 없도록 집중해서 작업한다. 이 작업은 계속되는 반복 작업이기 때문에 집중력이 떨어지면 사고가 날 확률이 높다.

❾ 조각이 많으면 순서를 맞추는 것이 힘들다. 그래서 나는 반으로 가른 대칭되는 판재 두 장을 테이블 쏘로 13mm 재단한 후 가공이 끝날 때마다 마스킹 테이프

로 묶어준다. 그런 다음 순서가 바뀌지 않게 차근차근 부재를 펜스 반대편으로 규칙을 정해 옮겨놓는다. 그렇지 않으면 80조각에 가까운 부재의 순서를 맞추는 것이 결코 쉽지 않다.

또 13mm 테이블 쏘 작업을 하다 보면 무시할 수 없는 일이 발생한다. 판재였을 때는 반듯하던 것이 오징어처럼 휘어져 나올 수 있다는 사실이다. 하드우드라 해도 얇은 판재를 폭이 좁게 자르면 이런 현상이 나타날 수 있다. 당황스럽겠지만 조금 휘더라도 충분히 처리 가능하니 걱정할 필요는 없다. 캔버스 천에 졸대를 붙이면서 바로 잡을 수 있기 때문이다. 두께가 얇은 판재를 폭이 좁게 자르면서 휜 것이니 그것을 당겨 다시 펴는 것은 그리 어려운 일이 아니다.

캔버스 천에 졸대 붙이기

❶ 주름문을 만들 때 사용하는 천은 그림 그릴 때 사용하는 캔버스 천이다. 비교적 두껍고 빳빳하며 늘어나지 않아 주름문으로 활용하기에 적당하다. 인터넷으로도 구매할 수 있지만 재질을 확인하고 싶다면 화방에 가서 직접 보고 고르도록 한다.

❷ 캔버스 천도 정재단해서 사용해야 한다. 길이 방향으로 양쪽으로 10mm씩 총 20mm 작게 재단한다. 주름문 부재 정재단이 1538mm이었으니 이보다 20mm 작은 1518mm를 커터 칼로 자르면 된다. 길이 방향 치수를 줄여 재단하는 이유는 주름문이 레일을 타고 갈 때 나무만 타고 가야 부드럽기 때문이다. 이 또한 여러 번의 작업 끝에 얻은 노하우인데, 천으로 감싸진 나무가 레일을 타고 가면 뻑뻑해서 느낌이 좋지 못하다. 천을 유심히 살펴보면 접착제로 한번 발라 놓은 듯한 면이 있다. 마치 얇은 실리콘 고무 같은 느낌인데, 그 면에 졸대를 붙여 주름문을 완성할 것이다.

❸ 졸대를 붙이는 작업을 시작하기 전에 자투리 나무나 철자 등을 이용하여 주름문의 시작과 천의 시작 부분을 잡아주는 임시 펜스를 만든다. 나는 철자를 이용하여 펜스를 만들었다. 임시 펜스를 시작으로 틈이 벌어지지 않도록 펜스 방향으로 졸대를 하나씩 붙여나갈 것이다.

❹ 졸대를 붙이는 요령은 매우 간단하다. 나무가 붙을 위치의 천 위에 얇고 가늘게 접착제를 짠다. 그냥 얇은 선을 그린다는 느낌으로 길게 짜면 된다. 그 접착제 위로 졸대를 올려놓고 펜스 쪽으로 골고루 꾹꾹 눌러준다. 붙었다는 느낌이 손끝으로 전달될 것이다.

❺ 졸대가 붙는 면에 다시 접착제를 바르고 같은 방법으로 다음 졸대를 붙인다. 이때 앞서 붙였던 졸대까지 계속 펜스 방향으로 눌러가며 붙인다. 앞에 붙인 졸대들은 이미 접착제가 굳었거나 굳는 시간에 가까워졌을 것이므로 어느 정도 고정이 됐다고 생각하며 계속 이어붙이면 된다.

이때 주의할 점은 접착제 양이 너무 많아 나무와 나무 사이로 접착제가 삐져나오면 안 된다는 것이다. 삐져나온 접착제 양이 많으면 나무와 나무끼리 붙어버려 주름문의 기능이 상실된다. 졸대 밑면만 캔버스 천에 붙어있고 졸대 사이는 접착이 되지 않은 상태여야 천이 접히면서 주름문 역할을 할 수 있다. 따라서 접착제 양에 각별히 주의해서 작업해야 한다. 처음 하는 작업이라면 숙련도가 떨어져 마음처럼 되지 않을 수 있지만 그리 어려운 작업이 아니므로 이내 그 느낌을 찾을 수 있을 것이다.

만일 졸대를 붙이는 접착제 양을 도저히 가늠하기 어렵다면 조금 귀찮고 오래 걸

주름문에 사용한 타이트 사의 몰딩 접착제. 건조 시간이 짧아 따로 클램핑을 하지 않아도 밀착성이 좋다.

리더라도 테이블 쏘로 졸대 재단이 끝난 후 순서가 바뀌지 않도록 다시 마스킹 테이프로 묶은 상태에서 측면에 미리 오일을 바르고 작업한다. 오일로 코팅이 되어있으면 접착제의 접합 강도가 낮아져 접착제가 삐져나오더라도 쉽게 떼어낼 수 있다.

❻ 마지막까지 졸대를 붙인 후에는 약 30분 정도 무거운 물건을 위에 올려 클램핑을 해준다. 졸대를 붙일 때는 손으로 눌러가며 클램핑을 했다면 마지막은 이런 방식으로 접착제가 굳는 시간을 두는 것이다. 졸대를 붙이는 작업에 나는 약 3시간 정도가 소요되었다. 이런 작업은 중간에 멈추기가 애매하다. 작업의 특성상 손바닥이 붓고 허리도 아파온다. 보통 작업이 아니므로 마음을 단단히 먹고 작업에 임해야 할 것이다.

❼ 졸대 붙이는 작업이 모두 끝나 접착제가 완전히 굳으면 남은 캔버스 천을 커터 칼로 잘라 깔끔하게 정리한다. 그런 다음 졸대를 한 조각씩 반으로 접어가며 모서리 부분이 너무 날카롭지 않게 샌딩을 해준다. 혹시나 졸대가 서로 붙었다면 툭툭 치면서 분리해주도록 한다. 필요하다면 끌로 떼어내야 할 수도 있다.

주름문 마감하기

주름문은 기본적으로 졸대를 붙이는 반복 작업이라서 강한 집중력이 요구된다. 마무리된 주름문은 오일을 발라 완벽하게 건조되도록 기다린다.

오일을 바르기 전에 주름문과 소파 본체를 가조립해보는 작업자가 종종 있다. 오일 작업은 목공에서 마지막 작업이기 때문에 마감 전에 제대로 작동되는지 알아보려고 하는 것이니 이는 자연스러운 일이다. 그런데 주름문의 경우는 조금 다르다. 오일을 바르기 전에 가조립을 해보면 주름문이 매우 빡빡하게 들어가거나 전혀 작동되지 않는 상황에 봉착할 것이다. 나 역시 처음 주름문을 이용한 작품을 만들 때 가조립을 하다가 실패하고 말았다. 가조립을 해보니 주름문이 너무 빡빡하고 제대로 작동하지 않아 손대패와 샌딩기 등을 이용해 주름문 끝부분을 다듬어 두께를 줄여버리는 치명적 실수를 저지르고 만 것이다.

주름문에 오일 바르기

그래서 가조립을 하기 전에 오일을 바르는 것이다. 오일이 완전히 마른 상태에서 가조립을 해보면 오일을 바르지 않고 가조립을 했을 때와는 달리 부드럽게 주름문이 작동하는 것을 확인할 수 있다. 조금 뻑뻑하다고 생각되면 왁스나 양초를 바르는 것만으로도 대부분의 문제가 해결된다. 그런 다음에도 문제가 있다면 부재를 준비하는 과정에서 무언가 소홀한 점이 없었는지 생각해보아야 한다. 그럴 때는 어쩔 수 없이 손대패나 샌딩기를 이용해 보정 작업을 해야 할 수도 있다. 하지만 부재 준비부터 주름문의 접착까지 모든 과정을 올바르게 진행했다면 오일을 바르는 것 외에는 따로 보정 작업이 필요치 않을 것이다.

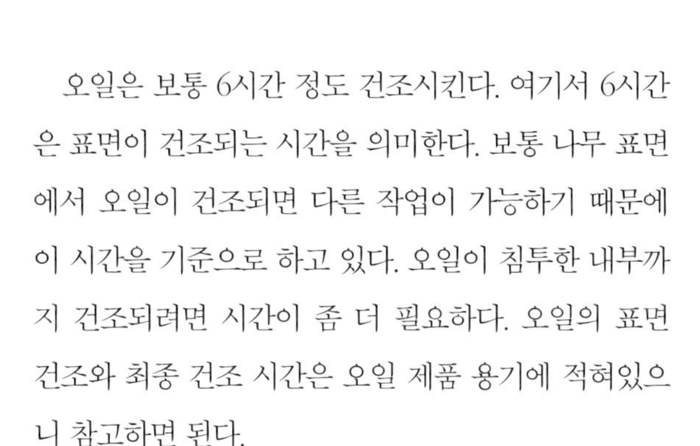

주름문 오일 건조

오일은 보통 6시간 정도 건조시킨다. 여기서 6시간은 표면이 건조되는 시간을 의미한다. 보통 나무 표면에서 오일이 건조되면 다른 작업이 가능하기 때문에 이 시간을 기준으로 하고 있다. 오일이 침투한 내부까지 건조되려면 시간이 좀 더 필요하다. 오일의 표면 건조와 최종 건조 시간은 오일 제품 용기에 적혀있으니 참고하면 된다.

오일이 건조되면 #600 손사포로 가볍게 샌딩한다. 완벽하게 건조되었다면 샌딩 시 하얀 가루가 나올 것이다. 오일은 보통 최소 3회 도포하는데 1회 오일 건조가 끝날 때마다 #600 이상의 손사포로 골고루 면을 잡아 작품의 표면 느낌, 즉 거칠기를 곱게 만든다. 가볍게 표면을 정리할 때 나오는 하얀 가루는 굳이 제거할 필요가 없다. 손 샌딩이 끝나고 오일을 다시 바를 때 천에 오일을 묻혀 걸레질하듯 닦아내면 사포질로 나온 흰색 가루가 천에 묻어 깨끗이 지워질 것이기 때문이다. 흰색 가루는 오일이 확실하게 발렸는지를 표시해주는 역할을 하기도 한다. 오일은 3회 이상 바른다.

동영상으로 배우기 주름문 만들기

보통 오일 작업 전 사포 방수를 높여야 표면이 곱게 된다고 생각하는데 실제 작업을 해보면 꼭 그렇지만은 않다. 오일 건조 후 #600 이상의 손사포로 골고루 샌딩하여 표면을 잡아도 같은 효과를 얻을 수 있다. 그 이유는 두 가지 때문이다.

첫째, 나무가 오일을 흡수하고 어느 정도 시간이 흐르면 다 흡수하지 못하는 오일을 다시 뱉는 현상이 발생한다. 즉 뱉어낸 오일로 면이 거칠어진다.

둘째, 오일이 마르기 전 공기 중 먼지가 흡착하여 작업 면이 거칠어진다.

이런 두 가지 이유로 거칠어진 면을 보완하기 위해 고운 손 사포로 표면을 정리하면 부재의 표면이 매끄러워진다.

주름문 가조립하기

최소 3회에 걸쳐 오일을 바르고 건조까지 끝나는 시간은 이론상으로 보면 약 18시간이다. 1회 바르고 건조 후 손사포질을 하고, 다시 2회를 바르며 마르기를 기다리는 시간이 그러하다. 손사포질을 하는 시간까지 생각하면 20시간 가까이 된다. 보통 이틀 정도를 예정하고 작업해야 한다.

오일이 다 마르고 나면 드디어 가조립을 할 시간이다. 단번에 원하는 대로 작품이 완성될지, 아니면 보정 작업을 해야 할지 결정되는 순간이다. 모든 것이 생각한 대로 딱 떨어질 때의 느낌은 정말 좋다. 하지만 잘 되지 않더라도 차분히 무엇이 문제였는지 파악해보고 보정 작업을 하면 원하는 작품을 만들 수 있다.

주름문 가조립하기

주름문에 손잡이 달기

주름문을 가조립한 후 마지막으로 해야 할 작업은 주름문에 손잡이를 다는 것이다. 열고 닫아야 하는 문이니 당연히 이를 보조할 손잡이가 필요하다.

오른쪽 사진은 오래 전 제작했던 주름문의 손잡이다. 이때의 주름문은 쓰임새나 디자인상 단조 손잡이가 적합하다고 판단했다. 이처럼 철물로 된 손잡이가 아니더라도 나무로 디자인하여 달아도 되고 문의 홈을 파는 형식으로 만들 수도 있다. 손잡이의 기능성과 심미성을 고려하여 다양한 선택지 중에 적합한 것으로 결정하면 된다. 이는 오로지 그 작품을 대하는 작가의 철학과 스타일을 반영한다.

주름문 단조 손잡이

집사 소파 손잡이를 어떻게 만들지 고민해보았다. 일반적인 주름문은 좌우로 움직이지만 이번 작품의 주름문은 들어올려 열고 아래로 당겨 닫는다. 그리고 문을 열어 소파로 사용할 때는 손잡이의 걸리적거림이 없어야 한다.

가죽 앞치마 어깨끈. 집사 소파 손잡이로 쓰기에 모양이 괜찮았다.

이럴 때 선택할 수 있는 몇 가지 방법이 있다. 홈을 파는 것도 한 방법이고, 튀어나오는 손잡이를 달더라도 손잡이마저 수납되는 공간을 만들면 된다. 내가 선택한 방법은 가죽이다. 가죽을 잡을 수 있게 만들어 달면 들어올리거나 밑으로 당길 때 걸리적거리지 않을 것이다. 스케치라도 해볼까 생각하던 중 마침 눈에 들어오는 가죽이 있었다. 공방에서 사용하던 가죽 앞치마였다. 어깨끈을 연결시켜주는 부분이 마치 손잡이처럼 모양이 잡혀있었던 것이다. 마음에 드는 디자인을 만났으니 새로 디자인하는 품을 들일 필요가 없어졌다. 다행히 우리 공방에는 손잡이로 쓸 만한 앞치마가 제법 있었다.

손잡이가 들어갈 홈 작업하기

주름문 손잡이를 달 공간을 만들어야 한다. 주름문 시작 부분을 자세히 보면 하얀색 캔버스 천이 보이는데 아무리 잘 잘랐다 해도 대부분은 마감이 깔끔하지 못하다. 이 부분을 깔끔하게 하려면 마지막 졸대를 ㄷ자로 꺾어 붙여야 한다. 그 전에 손잡이 가죽 끈이 들어갈 홈 부분을 ❶처럼 작업하여 손잡이가 고정될 홈을 만든다.

❷ 그런 다음 작업된 마지막 졸대를 안쪽으로 접어 끝부분을 마무리한다. 미리 만들어놓은 홈에 가죽 손잡이를 끼워넣어 손잡이가 잘 장착되는지 살펴본다. 가죽 손잡이 폭과 가죽 두께에 맞게 홈이 만들어졌는지 살펴보고 모자라면 끌을 이용하여 좀 더 깊게 홈을 파준다. 6mm 두께의 얇은 졸대이므로 가죽 두께를 조심스럽게 잘 맞추어야 할 것이다. 이제 가죽을 홈 속으로 넣어본다. 적당히 빡빡하게 들어가면 성공이다.

❶ 가죽 손잡이가 들어갈 홈을 작업한다.

❷ 가죽 손잡이를 홈에 넣어 가조립해본다.

❸ 가죽 손잡이에 나무못을 단다.

❹ 나무못을 단 가죽 손잡이를 홈에 끼운다.

이대로 나사못을 고정할까 하다가 아무래도 6mm 졸대는 고정하는 힘이 그리 튼튼하지 못할 것이라는 생각이 들었다. 졸대가 쉽게 부러지지는 않겠지만 뭔가 보강할 것이 없는지 찾던 중 ❸처럼 가죽이 걸려 빠져나오지 않게 나무못을 걸치는 방법을 생각해냈다. 어설픈 실력이지만 잘 박히지 않는 박음질로 나무못을 고정했고 ❹처럼 다시 가조립해보았다. 안쪽에서 이렇게 걸쳐지면 손잡이가 빠지는 일은 결코 없을 것이다.

손잡이에 나사못 박기

주름문의 손잡이를 고정하기 위해 나사못을 박을 차례이다. 가죽 손잡이가 있는 부근과 졸대 양 끝 사이를 적당한 간격으로 고정해주면 손잡이가 튼튼히 달릴 듯하다. 그런데 여기서 또 문제가 발생했다.

공방에서 사용하는 가장 짧은 나사못이 20mm였던 것이다. 6mm 두께의 주름문을 접어 홈을 만들고 손잡이를 끼워넣었으니 그 두께는 12mm이다. 나사못이 튀어나오지 않도록 1mm 여유를 주면 11mm 길이의 나사못이 있어야 한다. 기성품이 없으니 필요한 길이에 맞게 나사못을 잘라 사용해야 한다.

그럼, 11mm 길이의 나사못을 만들어보자.

❶ 두께 11mm 자투리 나무를 준비한다. 3mm 홈을 미리 뚫고 이 나무에 나사못 머리가 튀어나오지 않을 만큼 깊게 나사못을 박아넣는다.

❷ 나무에 나사못을 다 박았으면 자투리 나무가 움직이지 않도록 단단히 고정하고 그라인더에 절단석을 장착하여 자투리 나무에서 튀어나온 나사못을 전부 잘라낸다.

동영상으로 배우기 주름문 손잡이

❸ 이렇게 하면 나무 두께만큼 나사못이 일정하게 잘려 원하는 길이의 나사못을 만들 수 있다.

❹ 길이가 줄어든 나사못은 끝부분이 거칠기 때문에 원활하게 조립될 수 있도록 벨트샌더로 끝부분을 아주 살짝 다듬는다. 나사못이 워낙 작기 때문에 주의해야 한다. 힘이 센 벨트샌더에서 자칫 잘못 작업하면 지문이 없어지는 불상사가 생길 수 있다.

❺ 이제 가죽 손잡이를 홈에 끼고 손수 제작한 11mm 나사못으로 고정할 것이다. 그 전에 나사못을 고정할 곳에 3mm 두께의 길을 먼저 내어준다. 그러면 나무도 터지지 않고 나사못을 박을 때도 쉽게 박을 수 있다.

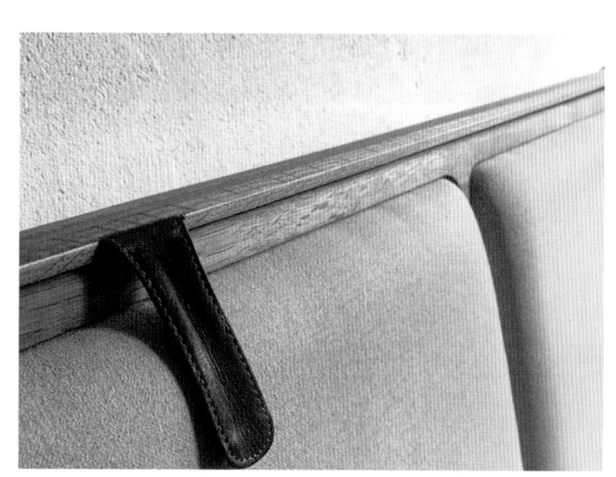

❻ 집사 소파가 완성된 후의 손잡이 모습이다.

소파 프레임 최종 마감하기

등받이 프레임과 좌판 프레임 사이를 보면 공간이 벌어져 있다. 사용 중 이 사이로 먼지가 쌓이거나 핸드폰이라도 떨어트리면 곤란하니 메워야 한다. 주름문을 조금 여유있게 제작했기 때문에 잘라내고 남은 것이 있을 것이다. 이를 활용해 빈 공간을 메워보도록 하자. 힘을 받는 부분이 아니므로 고정은 나사못으로 한다.

❶ 등받이와 좌판 사이에 빈 공간이 있다.

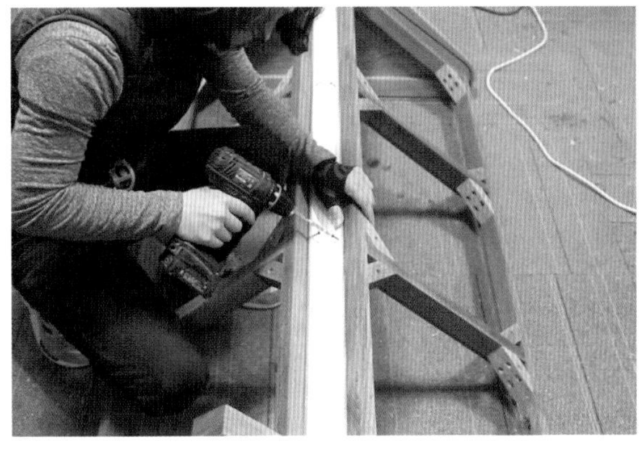

❷ 주름문을 만들고 남은 자투리로 등받이와 좌판 사이의 빈 틈을 메우고 나사못으로 고정한다.

❸ 등받이와 좌판 사이의 빈공간이 메워졌다.

❹ 소파를 뒤집어 놓은 김에 스크래치 방지 부직포를 다리 바닥면에 부착한다. 보통 양면테이프로 되어있어 편하게 붙일 수 있지만 시간이 흐르면 조금식 밀리기 때문에 순간 접착제를 조금 발라 확실하게 고정해준다.

동영상으로 배우기 등받이 좌판 틈 메우기

패브릭 쿠션 만들기

이제 소파에 장착될 패브릭 쿠션을 만들어보자. 이 작업에 필요한 재료는 소파 전용 패브릭 천, 쿠션을 담당할 스펀지, 패브릭 천과 스폰지를 받쳐줄 고정 합판, 합판과 스펀지를 고정하는 접착제, 패브릭을 합판에 고정할 ㄷ자 타카이다.

고정 합판 만들기

먼저 할 작업은 고정 합판을 만드는 것이다. 합판은 15T 자작나무 합판을 이용한다. 굳이 비싼 자작 합판을 사용하는 이유는 합판의 밀도가 높아 패브릭 천을 고정할 때 타카가 안정적으로 박히기 때문이다.

그러면 합판을 잘라보자. 사용할 합판 한 장의 사이즈는 길이 2440mm, 폭 1220mm이다. 지금 필요한 합판은 425×469mm 사이즈 6개이다.

합판을 잘라 사용할 때 먼저 고려할 것은 길이 방향이 최대한 길게 남도록 재단해야 한다는 것이다. 폭 방향으로 먼저 잘라 사용하면 남은 합판의 길이가 짧아 이후 짧은 부재들로만 활용할 수밖에 없다. 이럴 경우 긴 부재가 필요하면 새 합판을 다시 잘라야 한다. 길게 남은 합판은 길게도 짧게도 잘라 사용할 수 있지만 짧게 남은 합판은 긴 부재로 쓸 수 없음을 기억하자.

❶ 길이 방향을 최대한 살려 재단하기

❶ 그래서 합판을 재단할 때는 가능하면 먼저 길이 방향으로 자른다. 425mm 기준으로 먼저 재단하고 나머지 469mm를 재단하는 것이 효율적이다. 그러나 이 또한 정답은 아니니 잘 계산해보고 결정하기 바란다.

합판을 정재단하기 전 작업된 프레임의 내경 사이즈를 1:1로 정확하게 측정한 치수가 필요하다. 작업을 하다 보면 오차가 생길 수밖에 없다. 오차가 나올 수

❷ 합판 정재단하기

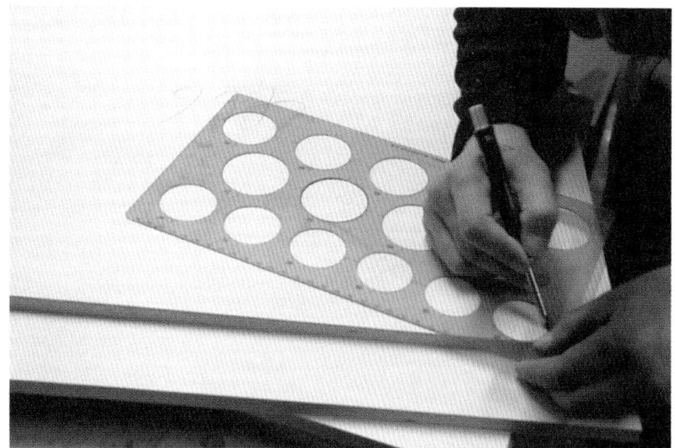

❸ 합판 모서리 라운드 마킹하기

❹ 합판 모서리 라운드 밴드 쏘 작업하기

❺ 합판 모서리 라운드 벨트샌더 작업하기

있는 이런 작업들은 최종 결과물을 기준으로 해야 한다. 등받이와 좌판 프레임의 6개 구역의 치수가 각기 다를 수 있으므로 필요한 사이즈는 직접 합판에 표시한다.

❷ 치수를 산출했다면 전체 치수에서 3mm 뺀 치수로 합판을 정재단한다. 3mm를 빼는 이유는 패브릭 두께를 고려한 것이다. 패브릭 두께가 약 1mm라고 보고 양쪽으로 2mm, 그리고 여유치수로 1mm를 두어 총 3mm를 두는 것이다.

'등받이 및 좌판 프레임 작업하기'(72쪽 참조)에서 라베팅 비트로 턱 작업할 때 가공 깊이를 15mm로 작업한 이유는 좌판 작업 시 사용할 합판의 두께가 15mm이기 때문이었다. 미리 어떤 두께의 합판을 사용할지 계산해서 진행한 작업이다. 이때 턱을 낸 부분을 자세히 살펴보면 모서리 부분이 라운드로 되어있다. 라베팅 비트가 지나가면서 모서리 부분에 자연스럽게 비트의 라운드 값으로 곡선이 만들어진 것이다.

이렇게 나온 라운드는 작업자 스타일대로 처리하면 된다. 끌을 이용해 라운드를 직각으로 다듬어도 되고 그대로 사용해도 된다. 직각으로 다듬으면 정재단된 합판을 그대로 사용할 수 있다. 라운드된 대로 사용하면 합판 역시 같은 곡선으로 재단해주어야 한다.

내 경우 패브릭은 직각 모서리보다 라운드 값을 가지는 게 자연스럽다고 생각해 라운드를 살려 작업했다. ❸처럼 합판 모서리에 프레임의 라운드 값과 같은 곡선을 마킹해 재단한다. 재단된 라운드 마킹 선을 보고 ❹처럼 밴드 쏘로 잘라낸다. 이후 ❺처럼 벨트샌더로 라인에 맞게 다듬어주면 된다.

합판에 스폰지 붙이기

이제 준비된 합판에 쿠션 역할을 할 스펀지를 붙이도록 하자. 스폰지는 인터넷 검색창에 '더폼', '고탄성 스폰지' 등으로 검색하면 종류별로 나올 뿐 아니라 필요한 부자재도 찾을 수 있다. 이번 작업에 사용한 스펀지는 40mm 두께의 고밀도 폼이다. 원하는 사이즈로 재단해 주문할 수도 있지만 합판 사이즈에 각각 미세한 차이가 있어 1:1로 잘라 쓰기 위해 조금 여유 있는 사이즈로 6장을 주문했다. 접착제는 문구에서 쉽게 구매할 수 있는 3M 77 스프레이 접착제 정도면 충분하다.

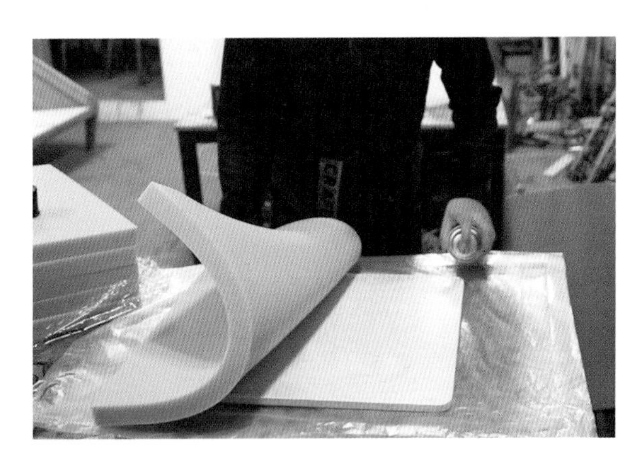

❶ 합판에 접착제를 뿌리고 스펀지를 붙인다. 단시간 내에 접착이 가능하다.

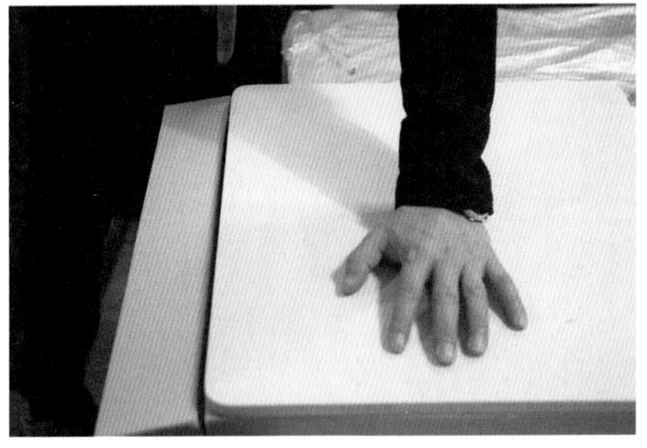

❷ 접착제가 마르면 커터 칼을 이용해 측면과 라운드 부분을 잘라낸다.

합판에 패브릭 천 감싸기

이제 패브릭을 감쌀 차례이다. 넓고 짧은 ㄷ자 타카를 사용한다. 패브릭과 합판 사이를 고정하는 용도이므로 폭 10mm에 깊이 10mm 정도면 충분하다. 즉 사용된 합판이 15T이기 때문에 관통해 삐져나오지 않을 정도면 된다.

그럼 본격적으로 패브릭 작업을 해보자. 패브릭은 같은 힘으로 균일하게 당기는 것이 중요하다. 그러자면 한 손으로 잡고 편안하게 당길 수 있어야 하므로 여유 있게 자르는 편이 좋다. 작업을 하다 보면 패브릭이 바닥면에 놓이게 되니 이물질이 묻지 않게 바닥을 깔끔하게 정리한 후 작업을 시작하자.

TIP. 인테리어를 할 때 사용하는 석고보드용 ㄷ자 타카는 얇고 긴 제품이므로 용도에 맞는지 확인할 필요가 있다.

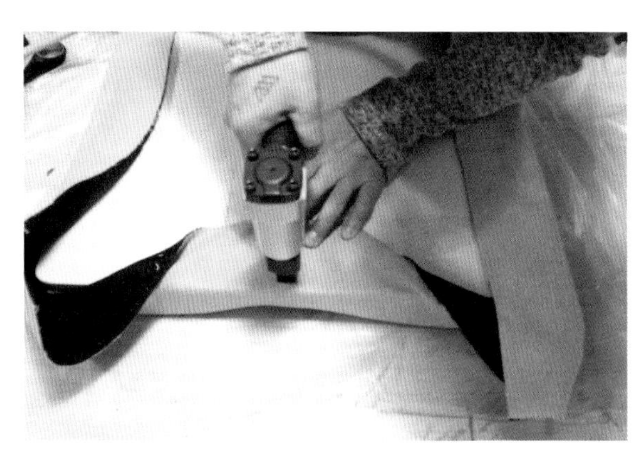

❶ 바닥에 패브릭을 펼쳐놓고 스펀지를 붙인 합판을 그 중심에 위치시킨다. 이 다음부터가 중요하다. 처음 한쪽 면 중앙을 당겨 합판에 고정할 때 접히는 스펀지의 라운드 값을 어느 정도로 할지를 선택해야 한다. 4면의 라운드를 일정하게 잡는 가장 쉬운 방법은 온 힘을 다해 당겨서 고정하는 것이다. 하지만 최대한 당겨 고정하면 4면의 라운드가 균일하게는 나오겠지만 쿠션의 볼륨이 얇을 것이다. 그래서 나는 쿠션의 볼륨이 적당하도록 힘을 주어 고정한 후 반대 방향을 같은 강도로 고정한다. 그런 다음 좌우 역시 같은 방법으로 고정한다.

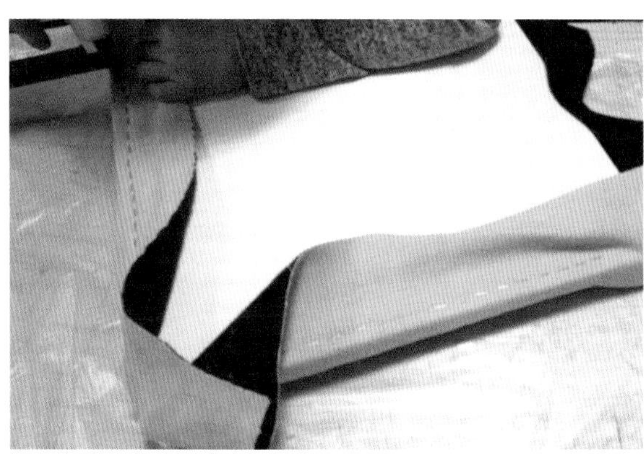

❷ 십자가 모양으로 4면이 고정되면, 라운드가 일정하도록 한 면씩 유의해가며 고정한다. 천을 당길 때 올이 일정하고 반듯하고 가지런한 느낌이 되도록 당기며 작업하는 것이다. 올이 삐뚤거린다는 건 당기는 힘이 다르다는 것이고 그 결과 라운드가 불규칙하거나 천이 울어 모양이 예쁘게 잡히지 않는다. 중앙에서부터 모서리 라운드가 시작되는 부분까지 촘촘하게 타카 작업을 한다.

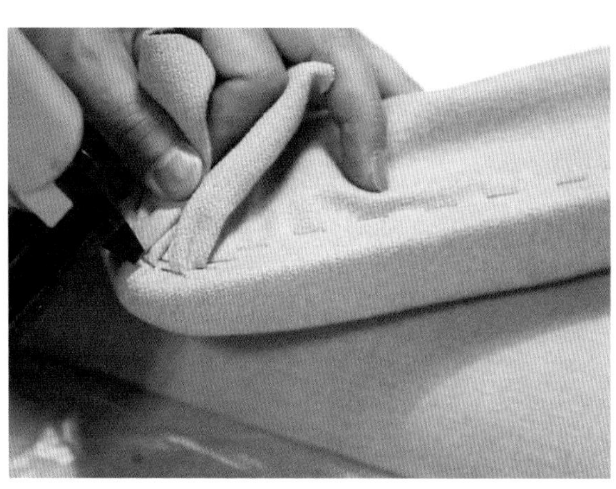

❸ 모서리 부분을 제외한 모든 곳에 타카를 박았다면 이제 모서리를 작업할 차례이다. 라운드로 된 모서리를 패브릭으로 감싸는 것은 쉬운 일이 아니다. 천이 주름지기 때문에 깔끔하게 처리하기가 다소 어렵다. 이런 부분 때문에 패브릭 전문가에게 의뢰를 하기도 한다. 라운드로 된 모서리를 천으로 감싸는 데 유용한 팁은 천의 성질을 따라가는 것이다. 소파 전용 패브릭은 두 장이 접착된 접합 천이라서 늘어나거나 올이 풀리지 않는다. 따라서 모서리 한쪽부터 잡아 우는 부분이 없도록 촘촘히 당겨 타카로 고정한다. 능숙해지면 크게 어렵지는 않다.

TIP. 합판 모서리가 뾰족하더라도 걱정할 필요는 없다. 패브릭 자체가 강해 찢어지는 일이 거의 없기 때문이다.

동영상으로 배우기 패브릭 작업

❹ 패브릭은 사용하면서 지속적으로 힘을 받기 때문에 촘촘하게 박아야 한다. 작업을 다 하고 나면 바깥 부분의 쿠션 라운드는 매끈하지만 합판 쪽에 타카로 고정된 천은 울퉁불퉁할 것이다. 하지만 이는 소파 프레임 속으로 들어가 안 보이는 부분이니 걱정할 필요는 없다.

❺ 타카를 모두 박은 후 필요 없는 패브릭은 커터 칼로 잘라낸다. 타카와 최대한 가깝게 잘라내는 것이 깔끔하다. 소파 전용 패브릭의 특성상 올이 풀리지 않으므로 과감하게 잘라내도 된다.

❻ 칼로 잘라 마무리한 패브릭 쿠션 바닥면이다. 비교적 깔끔하게 정리되었다.

❼ 패브릭 작업이 끝났으면 소파 프레임과 가조립해보고 패브릭이 울어 어색한 부분이 있는지 살펴본다. 필요하다면 고정한 타카를 다시 빼내어 보강 작업을 해야 한다.

패브릭을 구입하는 방법

패브릭을 구하는 방법은 여러 가지다. 인터넷에 '소파용 패브릭'을 검색해도 몇 군데가 나온다. 하지만 소파용 패브릭은 수요가 적어 인터넷 쇼핑으로는 마음에 드는 것을 찾기 힘들 수도 있다. 가능하면 근처의 전문 시장을 찾아가는 것이 바람직하다. 내 경우 동대문 종합시장 2층에 가서 구매한다. 컬러도 중요하고 질감도 중요하니 직접 보고 만져본 후 구매하는 편이다.

패브릭은 꼭 소파 전용으로 구입해야 한다. 소파용 패브릭은 천을 두 장 접합해 만든 것이라서 합판에 고정할 때 천이 늘어나지 않고 올이 풀리지 않아 타카로 깔끔하게 마무리할 수 있다. 생활 방수 처리가 된 패브릭을 구입하면 관리도 수월하다.

동대문 매장은 대개 샘플 위주의 영업을 한다. 매장에는 샘플 천들만 전시되어있어 마음에 드는 천이 있더라도 그 자리에서 바로 받아오는 경우는 흔치 않다. 천을 고르고 주문을 하면 퀵이나 택배로 보내준다. 그러니 패브릭을 구매할 때는 일정에 여유를 두는 것이 좋다.

최종 조립, 패브릭 쿠션과 주름문 달기

패브릭 작업이 끝났으니 프레임과 조립하여 나사못으로 고정시키도록 하자.

❶ 앞서 45도 보강목에 나사못 고정 위치를 가공해놓은 터라 쉽게 나사못 작업을 할 수 있다. 촘촘한 보강목에 패브릭 판재가 고정되면 소파가 받는 하중이 분산되면서 더욱 튼튼해진다. 나사못으로 결합하는 것이어서 훗날 천갈이 등 보수가 필요할 때 얼마든지 분해하여 작업할 수 있다.

❷ 앞서 테스트를 끝내고 손잡이까지 단 주름문을 장착한다.

❸ 등받이 프레임에 스토퍼를 달면 소파 문을 열었을 때 더 이상 뒤로 빠지지 않는 멈춤 역할을 한다. 레일 홈 깊이와 두께만큼 부재를 가공해 나사못으로 고정한다.

❹ 스토퍼를 단 후에는 주름문의 끝 간격이 맞는지 살펴본다. 끝 간격이 맞지 않으면 스토퍼의 위치를 변경해 위치를 다시 잡아준다. 주름문이 완전히 열렸을 때 정렬이 잘 되었다면 비로소 소파가 완성된 것이다.

동영상으로 배우기 주름문 스토퍼 및 완성

슈러스 테이블

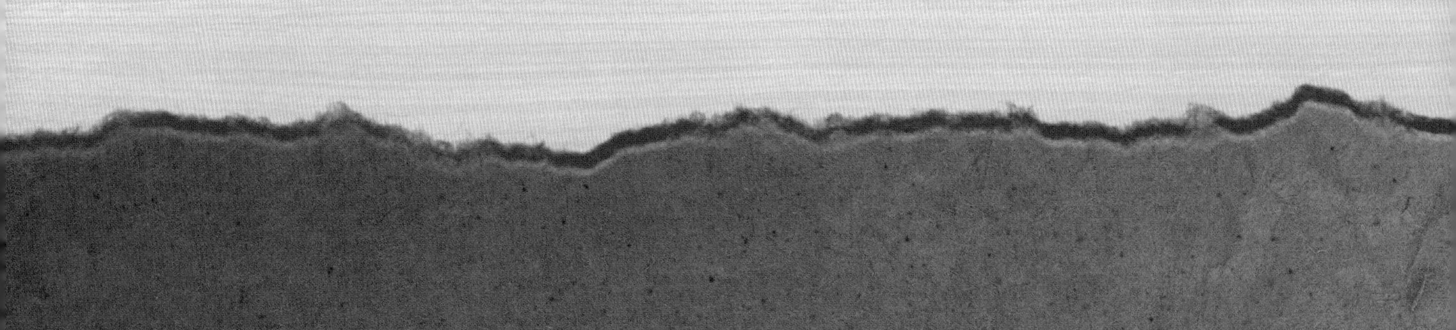

Oil white 100 basic
Oil grey 100 basic
Oil white 50 basic
Oil Ebony basic

슈러스 테이블
디자인 스케치

주문 가구가 작품이 되려면

나는 버킷리스트가 너무 많아서 문제이다. 특히 익스트림 스포츠를 오래 전부터 즐기고 있다. 20살부터 시작한 클라이밍, 모터사이클, 스키, 스쿠버다이빙, 웨이크보드, 그리고 서핑 …. 이 스포츠들은 나의 취미 생활이며 삶의 원동력일 뿐만 아니라 작품을 만드는 데도 영향을 미친다. 아는 만큼 보이고 보는 만큼 느낄 수 있는 것은 작품에서도 마찬가지다.

슈러스 테이블 역시 내가 즐기는 버킷리스트와 인연이 있다. 주문 받은 동기도 그렇고, 고객이 주문한 내용을 이해하고 그것을 작가의 시선으로 해석해낸 것도 그러하다.

나에게 가구를 의뢰하는 고객들은 의뢰 자체가 버킷리스트일 때가 많다. 고객이 적지 않은 돈이 드는 가구를 의뢰하는 근간에는 작품을 원하는 마음, 즉 버킷리스트가 숨어있는 것이다. 이런 고객을 만날 때 중요한 점은 고객의 마음을 잘 헤아리고 잘 해석하여 가구를 작품으로 끌어올리는 것이다. 스케치와 설계에 공을 들이는 것은 작업을 시작하는 것보다 훨씬 중요하다. 이때의 작가는 고객이 원하는 버킷리스트를 해석해 하나의 작품으로 구현해내는 역할을 한다.

대부분의 고객들은 '무엇을 하고 싶다', '무엇을 원한다'는 니즈는 있지만 그것에 대한 구체적인 전개까지는 생각하지 못하는 경우가 많다. 때로는 하고는 싶은데 무엇을 하고 싶은지 잘 모를 수도 있다. 그래서 디테일한 구상과 구체적 욕망까지 채워넣는 것이 작가의 일이며, 이는 작가의 상상력을 작품에 마음껏 갈무리해 넣을 수 있는 안성맞춤의 기회이기도 하다.

가구를 의뢰받아 이를 구현할 때 도움이 되는 것이 고객이 살아온 인생의 단면과 삶의 철학을 보는 것이다. 여러 질문을 통해 고객에 대해 알아보고 유대감을 형성하도록 한다. 그의 삶과 철학을 이해하고 통괄할수록 작품에 채울 상상력은 마르지 않는 샘물이 된다.

의뢰받은 가구가 작품이 되게 만드는 것은 작가의 상상력이다. 기본적인 목적에 충실하면서도 왜 이런 가구를 자신의 공간에 들이고 싶은지 고민하여 의뢰자가 미처 생각하지 못한 욕구에 작가의 상상력으로 디테일을 채워넣는다면 가구는 작품이 되어 고객이 원하는 혹은 원했던 무언가를 충족시킬 것이다.

가구가 작품이 되려면, 집중해야 할 대상은 의뢰받은 가구가 아니라 이를 의뢰한 고객이다. 고객을 잘 이해하는 것이 좋은 작품을 만드는 가장 최선의 방법이다. 하지만 아쉽게도 대부분의 고객이 자신을 잘 오픈하지 않는다. 고객을 잘 파악했을 때 작품을 해석하고 상상할 수 있는 폭이 넓어진다는 사실을 잘 이해시킬 필요가 있다. 그런 관점에서 슈러스 테이블이 탄생하기까지의 긴 이야기를 해보려고 한다.

슈러스 테이블

서핑의 매력에 빠지다

약 7년 전 휴가차 제주 여행을 다녀오면서 서핑을 처음 시작했다. 중문해돋이 해수욕장에서 2박 3일간 강습을 받으면서 서핑에 입문했고 그때의 즐거움을 잊지 못했다. 서핑을 한 번도 안 해본 사람은 있어도 한 번만 해본 사람은 없다는 말이 가슴에 쏙 박힐 만큼 강렬한 경험이었다.

서핑 입문 이후 매주 시간만 나면 강원도 양양에 서핑을 하러 다녔다. 아침 일찍 양양으로 출발해 서핑을 하고 저녁 늦게 귀가하는 일도 있었으니 대단한 열정이었다. 서핑은 초보 수준을 탈출하기가 다소 오래 걸린다. 매일 연습을 할 수 있는 여건이 아닌 만큼 그럴 수밖에 없다. 그러나 온갖 익스트림 스포츠를 즐겼던 나는 내심 기대를 했나 보다. 역시나 열심히 하는 데도 실력이 늘지 않았다.

이유가 뭘까? 고민하던 중 물에 잘 뜨는, 즉 부력이 좋은 '스펀지 렌탈 보드'로는 실력 향상에 한계가 있다는 생각이 들었다. 그리고 그때 처음으로 내 보드가 있으면 좋겠다는 바람이 들었다. 빌려 타는 보드가 아니라면 실력이 쑥쑥 올라갈 것 같은 느낌이었달까? 그래서 새 보드도 찾아보고 인터넷 커뮤니티에서 중고 보드를 찾아보았지만 마음에 드는 보드를 찾질 못했다. 그렇게 오랜 기다림 끝에 그 값이면 직접 만드는 것도 나쁘지 않겠다는 생각이 들었다. 그것도 나무로…. 이를 위해 자료를 찾아보면서 알게 된 사실은 이미 해외에서는 환경을 생각하는 '에코 서핑', 다시 말해 나무 보드 문화가 활발하다는 것이었다. 그래 이거다. 나도 나무로 보드를 만들어보자.

그렇게 나무 보드 제작 공부를 시작했다. 당시 우리나라에도 나무로 서핑보드를 만드는 곳이 한두 곳 있었다. 하지만 대부분 취미 수준이었고 가서 배울 만한 곳은 전무후무했다. 인터넷 자료만으로 독학해가며 덤볐지만 결국 한계에 부딪혔다. 처음 하는 일이어서 궁금증만 쌓일 뿐 문제를 해결할 수 없었던 것이다. 가장 큰 문제는 부력을 유지해야 할 만큼 가벼워야 하고 바다에서 버틸 만큼 견고해야 하며 물에 젖지 않아야 한다는 것! 이를 해결하기에 나는 지식이 부족했다.

뭔가 방법이 없을까 고심하다가 발견한 곳이 '아리아 우든 카누 공방'이다. 나무로 카누를 만드는 공방인데 지금은 캠핑카 업체로 승승장구하고 있는 곳이기도 하다.

이곳이라면 내가 고민하고 있는 문제를 해결할 기술을 익히는 데 도움이 되겠다 싶었다. 배를 만드는 기술과 보드를 만드는 기술이 달라봐야 얼마나 다르겠는가. 그래서 앞뒤 가리지 않고 일단 찾아갔다. 위치는 용인. 내가 사는 곳에서 가려면 엄청 먼 거리였지만 상담을 받아보니 지금껏 풀지 못한 모든 문제를 해결할 수 있겠다는 확신이 섰다. 그 자리에서 바로 교육 등록을 해버렸다.

아리아 우든 카누 공방 전경

카누 제작 과정. 당시 만들었던 카누의 모습이다.
우든 서핑보드를 만들기 위한 카누 제작에 대한 교육을 받았고 그것을 응용해 나의 첫 우든 서핑보드가 완성되었다.

내가 만든 첫 우든 서핑보드 〈5.7 피쉬 보드〉

우든 서핑보드가 완성된 이후 난 내가 만든 보드로만 서핑을 즐긴다. 테스트도 해보고 부족하다 싶으면 다른 모델로 다양하게 보드를 만들어보기 시작했다. 우든 서핑보드 제작은 또 다른 서핑의 즐거움을 알게 해주었다. 물속에서만 즐기는 서핑이 아닌 물 밖에서 카버보드(스케이트 보드)를 탄다거나 하는 등… 이는 서핑보드를 만들면서 얻을 수 있는 덤이었다. (이와 반대로 내 서핑 실력은 바닥으로 내려앉은 느낌이다. 처음부터 다시 배워야겠다).

그렇게 나만의 서핑을 즐기면서 한 가지 목표를 세웠다. 나이가 들면 제주나 양양에 가서 살겠다는 것. 실제로 몇 해 전 제주 이주를 진지하게 고민해본 적도 있다. 생각이 미치자 마음이 급해져 제주에 집을 알아보러 다녔지만 삶의 터전을 옮기는 일은 쉽지 않았다. 여튼 지금의 목표는 향후 5년 안에 양양에 서핑보드 제작 공방을 만드는 것이다.

그렇게 되더라도 서울 공방은 그대로 운영할 것이다. 월요일에서 목요일까지는 서울에서 작업을 하고 목요일 저녁에 양양으로 퇴근해서 금요일부터 일요일까지 보드를 만들고 바다에 나가 서핑을 즐긴다. 그리고 다시 월요일 아침이 되면 서울로

고흥 남열 해돋이 해수욕장에서 새로 만든 우든 서핑보드의 테스트를 즐겼던 한 때

양양 서핑 페스티벌 후원업체

출근하는 것이다. 내 인생의 플랜 B. 일단 지금의 목표는 그렇다. 그때 가봐서 계획이 바뀐다면 '아님 말고'겠지만….

이루고 싶은 꿈이 생기니 시간이 날 때마다 양양을 찾았는데, 세상 어디를 가든 갈등은 있기 마련이다. 전에는 느끼지 못했던 양양에 터전을 두고 사는 사람들의 엄청난 로컬리즘도 조금씩 느낄 수 있었다. 로컬리즘은 그 지역에 진입하려는 사람이라면 당연히 거쳐야 할 관문이다. 그동안 애써 일구어낸 환경을 뒤늦게 즐기려 찾는 사람을 누군들 반길까. 양양에 공방을 차리고 정착까지 할 요량이었으므로 나는 자연스레 이곳을 가꾸기 위해 노력했던 현지인들과 친해지고 이곳에 기여하여 함께 발전시켜가는 형태를 고민하게 되었다. '에어 벤트(air vent)'라는 우든 서핑보드 브랜드를 런칭하고 2016년 양양 서핑 대회 때부터 스폰업체로 참가해 존재감을 드러내기 시작한 것도 그 일환이다.

이 일을 하면서 사람들은 물론 지역과도 끈끈해진 것 같다. 덕분에 재미있는 일들이 덩달아 생겼다. 양양 서핑 페스티벌 트로피를 시작으로 서프 엑스 트로피, 싱글 핀 소울 대회 트로피, 그리고 부산 서핑 대회 트로피를 제작하게 된 것이다. 나무를 주재료로 한 우든 트로피이다.

서프 숍과 서퍼들을 위한 '서프 퍼니처'라는 장르를 만들어 가구 판매로 일을 확장하기도 했다. 서핑 숍을 위한 가구, 일반 서퍼에게 필요한 보드 스탠드 등이 그때 했던 작업들이다.

2017년 양양 서핑 페스티벌 트로피

타일러. 서프 숍 가구들

슈러스 서프 숍 보드 랙(보드 스탠드)

슈러스 테이블 디자인 콘셉트

어느 날 '슈러스 서프'에서 전화가 왔다. 매장에 놓을 메인 테이블을 제작하고 싶다고 했다. 슈러스 서프는 양양 인구리에 위치한 편집 숍으로 지역의 명소이다. 다양한 서핑보드와 서핑 의류를 판매하고 커피, 칵테일, 간단한 음식 등을 판매하는 복합 문화 공간이다. 가끔 공연도 한다.

슈러스 서프 숍 주인과는 인연이 깊다. 숍 오픈 인테리어를 할 때부터 가구, 보드 랙 스탠드, 월 랙 등 많은 작업을 같이 했기 때문이다. 나의 손길을 거친 가구가 많아 그곳을 방문할 때면 지인들에게 "이 가게에 있는 가구 대부분은 내가 만든 거야."라고 으쓱하곤 했다.

메인 테이블을 어떻게 만들고 싶은지를 물어보니 '참죽나무 우드슬랩'을 미리 구했다고 한다. 양양에서 경기도까지 오가면서 발품을 팔아 직접 구한 상판이란다. 받아보니 껍질이 살아있는 자연 그대로의 멋이 있는 나무였다. 그러고는 자신이 원하는 테이블 스케치를 보내왔다. 난 그 스케치를 나의 관점에서 다시 해석해 만

슈러스 서프

들어 보냈다.

주문 가구의 경우 스케치까지 그려오진 않더라도 대부분의 고객이 어떤 가구를 만들고 싶은지 생각이 있다. 어떤 용도로 쓰고 싶은지, 어떤 분위기의 가구였으면 하는지, 혹은 어떤 기능은 꼭 있었으면 좋겠다는 나름의 버킷리스트가 있는 것이다. 재미있는 점은 나를 찾아오는 고객들은 이미 나의 작품을 검색해보고 내 스타일을 고려해 주문하는 경우가 많다는 것이다. 자신이 추구하는 바와 비슷한 성향의 작가를 찾는 것이다.

슈러스 서프처럼 디자인 스케치까지 꼼꼼하게 해서 주문하는 경우 작가 입장에서는 장단점이 있다. 장점은 고객이 원하고 생각하는 것이 분명하기 때문에 무엇을 왜 만들고 싶은지 빠르게 파악할 수 있다는 점이다. 그 결과 어떻게 만들어야 할지를 순식간에 판단할 수 있다. 고객의 스케치가 있으므로 나의 제작 도면은 순식간에 머릿속에 그려졌다.

한 가지 어려운 점은 작가로서 생각하는 바를 제안하기가 쉽지 않다는 것이다. 예를 들면 보드 랙을 만들 때였다. 보드 랙은 서핑보드를 거치하거나 올려놓고 왁스를 바르는 일종의 스탠드 역할을 한다. 이를 제작할 때도 그는 내게 디자인 스케치를 보냈는데 그 디자인이 참 유니크했다. 하지만 포인트 부분을 제외한 나머지 부분을 심플하게 만드는 나의 스타일상 과한 부분이 있어 몇 번에 걸쳐 디자인을 변형해 제안해보았으나 자기 결정이 확실했던 의뢰인은 받아들이지 않았다. 결국 이를 인정하고 최대한 원하는 것에 가깝게 제작을 해주었다.

발품을 팔아 마음에 맞는 우드슬랩을 찾아내고 그 우드슬랩과 어울리는 가구를 의뢰한다는 것은 자금에 여유가 있느냐 없느냐의 문제는 아닌 것 같다. 마음에 있는 버킷리스트를 실현한다는 데 가치가 있는 것이 아닐까.

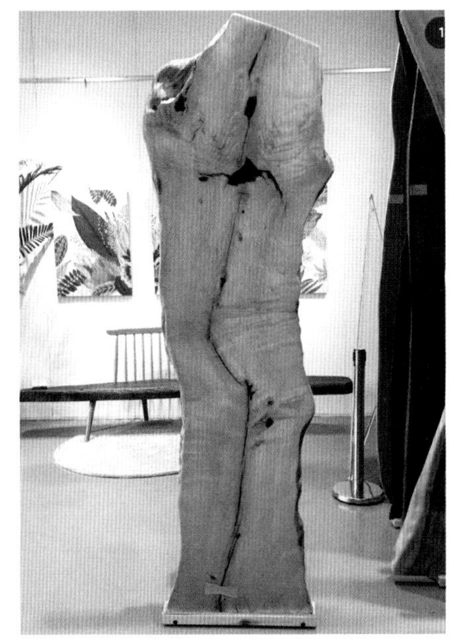

슈러스 테이블 상판. 참죽나무 우드슬랩

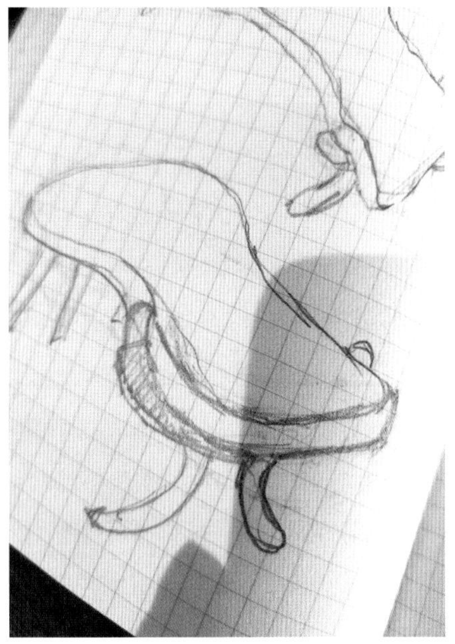

슈러스 서프 숍에서 보내준 테이블 스케치

슈러스 테이블 주문 받다

슈러스 테이블 디자인 콘셉트는 의뢰인의 스케치로 이미 80%는 정해진 상태이다. 따라서 내가 크게 손댈 부분은 없다. 단지 디테일을 가미하고 설계를 통해 완성도를 높여 작업하는 일이 남았을 뿐이다. 아래는 콘셉트가 정해지고 형상이 결정된 후 이를 바탕으로 설계 작업을 통해 도면을 정리한 모습이다.

슈러스 테이블 전체 도면

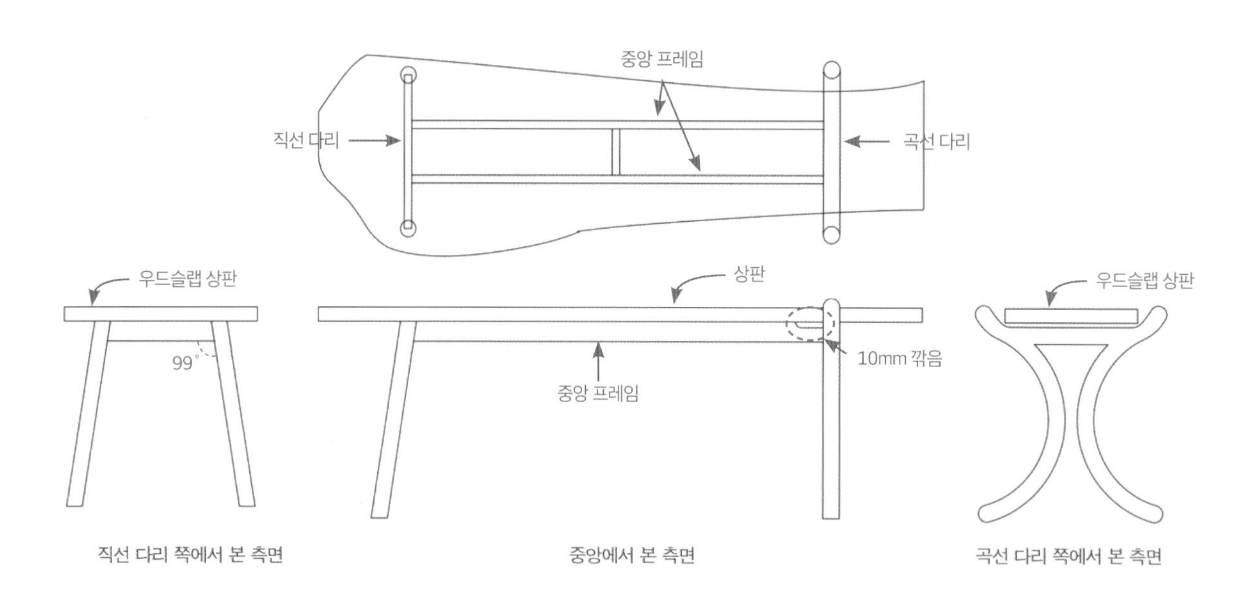

우드슬랩 형상을 보면 한쪽 면이 반대쪽 면보다 좁은 걸 알 수 있다. 위 도면은 이전 작업인 보드 랙처럼 보드를 받치는 랙과 같은 느낌의 디자인 전개와 설계가 담겨있다. 전체 형상을 보면 곡선 다리는 봉이 튀어 올라와 있어 주목받는 역할을 한다. 직선 다리는 상판 아래로 가려지는 심플한 테이블 다리다.

상판의 하중을 충분히 유지하며 안정감을 주기 위해 다리는 직각에서 9도 더 벌린 99도를 택했다. 중앙 프레임의 오른쪽 빈 공간은 로프를 감아 상판을 받히는 곳이라 로프 두께 만큼 단차가 발생한다. 설계상의 문제가 없다고 판단하여 과감하게 곡면 포함 10mm 정도를 깎아냈다. 이렇게 설계한 이유는 여러 가지가 있는데 로프를 감을 때 용의하게 하기 위한 것과 프레임과 다리 결합 시 이중 턱 장부로 결합할 예정이라 이 작업을 수월하게 하기 위함이다.

이렇게 작성된 도면으로 의뢰자와 협의 후 작업에 들어갔다. 작품에 대해 이해하는 바가 같아졌기 때문에 별 이견 없이 빠르게 도면이 확정되었다. 이제 작업에 들어가기만 하면 된다. 최종 완성된 모습은 아래와 같다. 테이블의 상면과 로프 작업이 완료된 아랫 부분을 살펴보기 바란다. 보드 랙과 일치되는 통일된 디자인이 한층 숍의 정체성을 돋보이게 한다.

오른쪽 사진은 로프 작업된 다리를 측면에서 찍은 것이다. 로프가 감기는 구간인 상판과 프레임 단차가 20mm밖에 되지 않아 아래에서 보지 않으면 확연하지 않다. 안정성 때문에 더 깎을 수는 없었지만 그래도 그 사이로 빛이 통과하는 것이 보일 때면 이곳은 그냥 보드 랙처럼 상판을 받들고 있구나 하는 느낌이 든다. 찾아보는 재미가 있다.

슈러스 서프 숍은 양양의 명소로 소문이 나서 들르는 사람이 많다. 그들 중 "특이한 모양의 테이블이네." 하며 눈여겨보는 사람도 자주 있다고 한다. 특히 내가 제작한 보드 랙, 그리고 슈러스 테이블은 숍의 얼굴이라고 하니 기분이 뿌듯하다.

슈러스 테이블 작업 스케치

부재 준비와 정재단하기

부재 준비 과정은 직선 가구든 곡선 가구든 동일하다. 이미 '1부. 집사 소파' 제작 과정에서 다룬 부분이므로 짧고 굵게 설명하고 넘어가기로 한다.

1. 뒤에서 설명할 설계도와 부재 준비표를 기준 삼아 두께, 길이, 폭이 적당한 나무를 원목 보관대에서 골라 각도절단기로 가재단한다. 도면상에 나타나지 않은 부재는 작업 중 준비해도 되는 것이므로 굳이 신경 쓸 필요가 없다.

2. 수압대패, 자동대패로 두께를 맞추고 다시 수압대패에서 펜스 기준으로 부재를 세워 측면을 잡은 다음 테이블 쏘를 이용하여 원하는 값으로 재단한다.

3. 두께 집성을 한다. 두께가 필요한 작업이므로 부재는 가재단 값의 여유를 두고 작업해야 한다.

4. 두께 집성이 끝나면 삐져나온 접착제를 제거한 후 다시 수압대패, 자동대패를 이용하여 도면 치수와 같이 정재단 각재를 만들어준다.

5. 작업이 순조롭게 진행되어 정재단 준비가 되면 이제는 각도 가공과 함께 길이 정재단 작업을 한다. 작업의 효율을 높이기 위해 대패를 칠 때는 대패만, 집성을 할 때는 집성만, 그리고 길이 정재단할 때는 길이 정재단에만 집중한다. 이렇게 공정별로 한 가지씩 작업하면 집중도가 높아지고 작업 시간도 절약된다.

곡선 다리 프레임 부재 준비하기

곡선 다리 프레임을 이루는 부재를 준비할 때 유의할 사항이 있다. 아래는 곡선 다리를 어떻게 만들지를 보여주는 도면이다. 흔히 곡선 다리는 하나의 큰 나무를 이용해 깎아 만드는 줄 아는데 그렇지 않다. 도면에서 보듯 두 개의 부재를 연결해 하나의 곡선 다리를 만들어낸다.

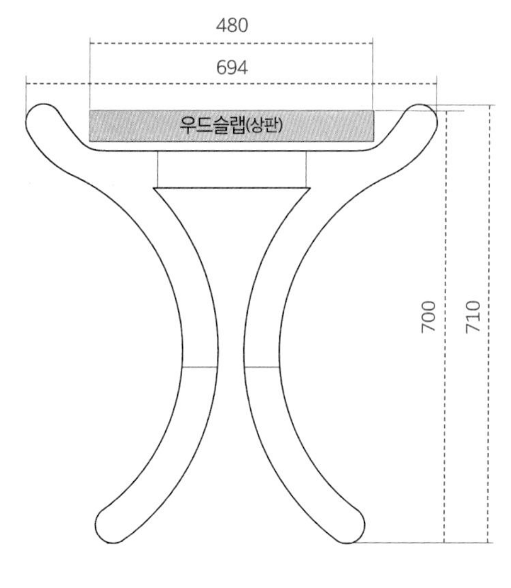

곡선 다리 프레임(두께 60mm)

곡선 다리 각도 재단 도면

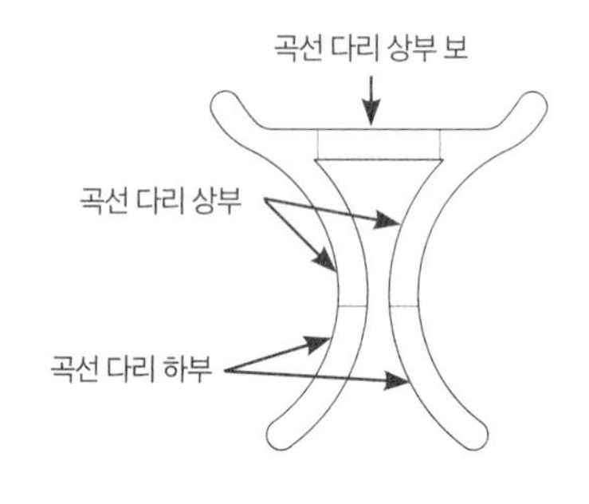

곡선 다리 프레임 부재 준비표

단위 : mm

목록	폭×길이	두께(T)	부재 개수	기타
곡선 다리 상부	129.3×528.2	60	2	상부와 하부를 합쳐 하나의 다리가 됨. 원형 가공
곡선 다리 하부	91.1×338.3	60	2	
곡선 다리 상부 보	60×332.9	60	1	원형 가공

두 개의 부재를 연결해 다리를 만들면 두 가지 장점이 있다.

첫째, 재료의 소비를 크게 줄일 수 있다. 나무를 원 형태로 크게 잘라내어 다리의 곡면을 깎아내면 버리는 부분이 많아진다. 하지만 곡면에 맞게 최대치로 계산해 부재 두 개를 연결해 만들면 재료의 소비가 크게 줄어든다.

둘째, 다리를 더욱 튼튼하게 만들기 위해서이다. 나무에는 결이 존재하는데 (세로 결이 아닌) 사선 결을 쓰면 나무의 안정성이 크게 떨어진다. 그런데 큰 나무를 곡면으로 깎게 되면 사선 결이 끼게 되어 다리의 안정성이 떨어지는 것이다. 세로 결로 된 두 부재를 연결하면 다리가 더 튼튼하다.

직선 다리 프레임 부재 준비하기

다음은 직선 다리 프레임을 이루는 설계 도면과 부재 준비표이다. 직선 다리 프레임은 두 개의 직선 다리와 이를 연결하는 직선 다리 보로 구성되었다.

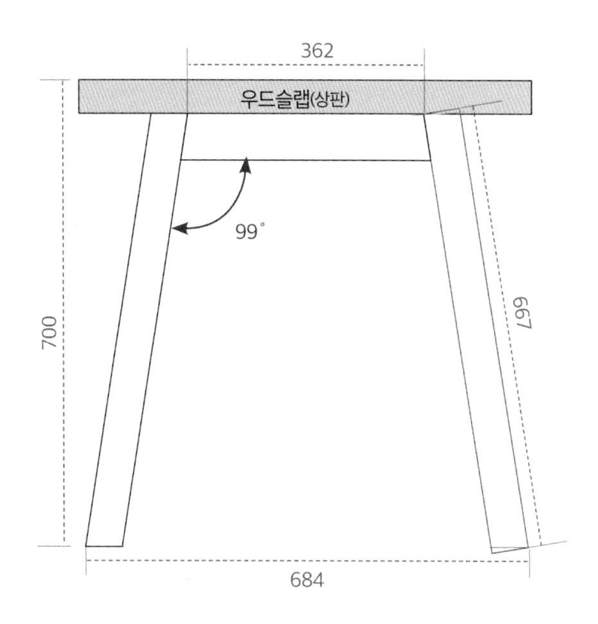

직선다리 프레임 도면

직선 다리 프레임 부재 준비표

단위 : mm

목록	폭×길이	두께(T)	부재 개수	기타
직선 다리	62(60+2)×750	60	2	원형 가공 공차 반영 길이 가공 공차 반영
직선 다리 보	70×442(362+40+40)	28	1	포스너 비트 작업 공차 반영

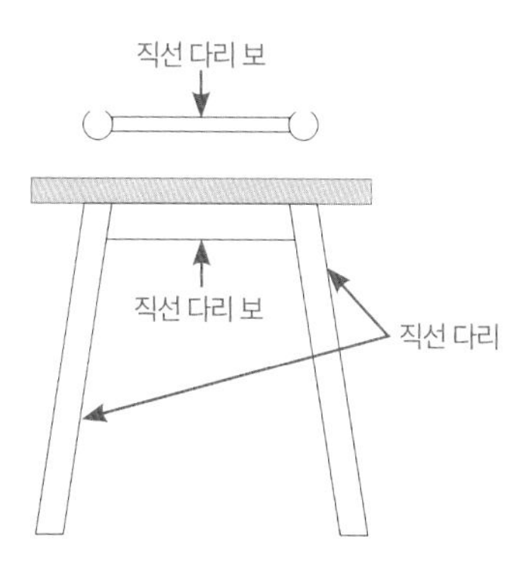

중앙 프레임 부재 준비하기

우드슬랩 테이블 상판 아래에 곡선 다리와 직선 다리가 구조적으로 튼튼하게 결합되도록 중앙 프레임을 만들 것이다. 두 개의 가로 보와 그 사이를 연결할 세로 보 한 개를 준비한다.

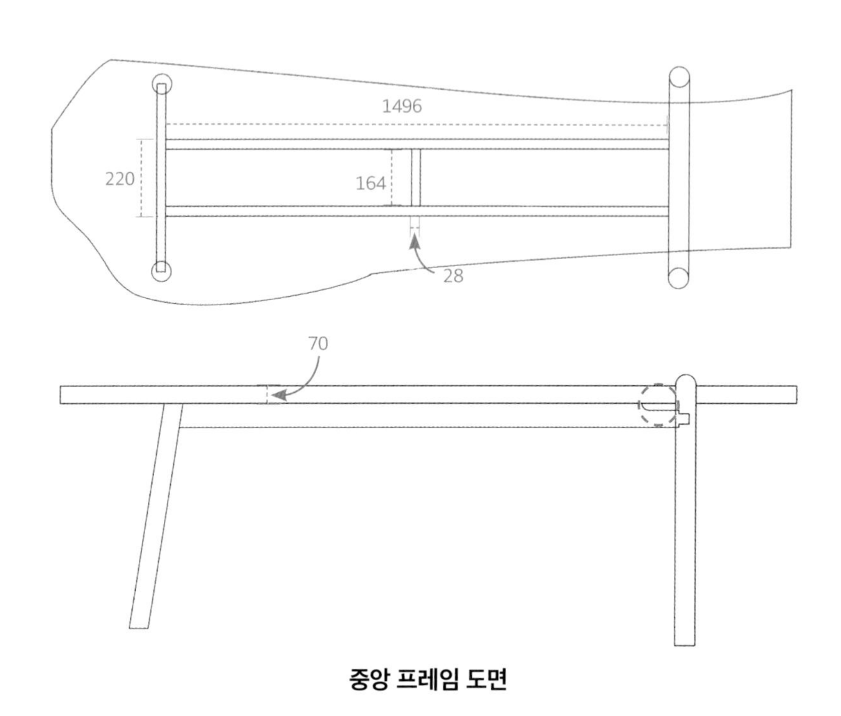

중앙 프레임 도면

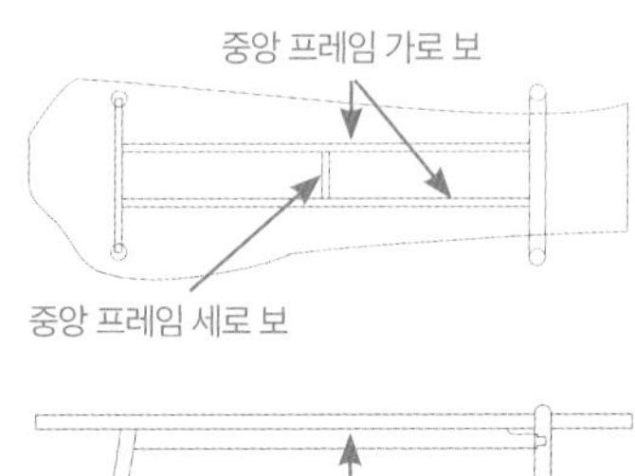

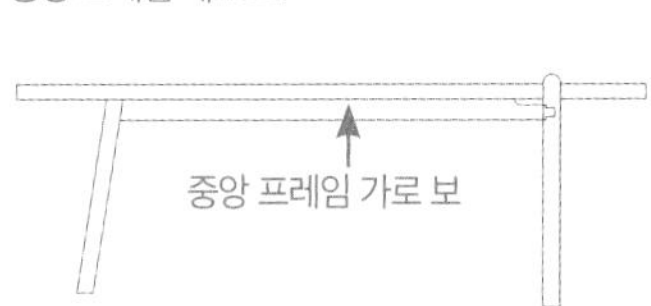

중앙 프레임 부재 준비표

단위 : mm

목록	폭×길이	두께(T)	부재 개수	기타
중앙 프레임 가로 보	70×1536(1496+40)	28	2	장부 40mm 반영
중앙 프레임 세로 보	70×164	28	1	

곡선 다리 부재 조립하기

본격적으로 슈러스 테이블을 만들어보자. 먼저 제작할 것은 곡선 다리이다.

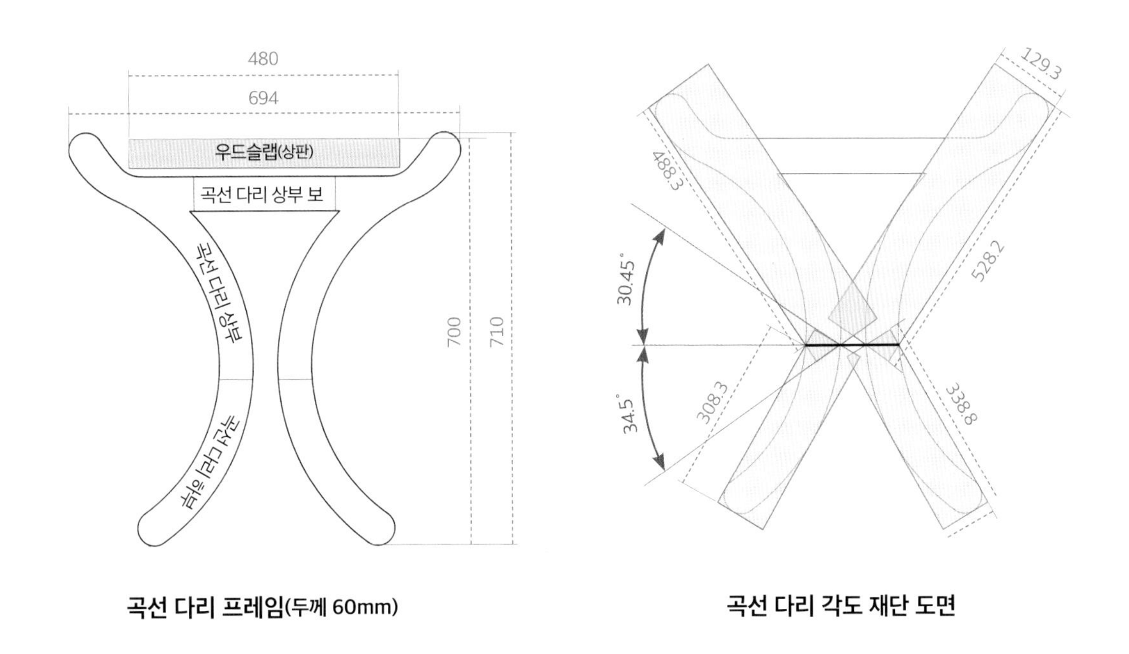

곡선 다리 프레임(두께 60mm)

곡선 다리 각도 재단 도면

각도 가공과 길이 정재단

앞서 부재 준비표를 보고 부재가 모두 준비되었다면 이제는 각도 가공과 길이 정재단 작업을 해야 한다. 테이블 쏘에서 각도 가공과 길이 정재단 방법은 두 가지가 있다.

1. 마이터 펜스를 직각 상태로 두고 톱날을 원하는 각도로 기울여 작업하는 경우이다.
2. 톱날을 직각으로 두고 마이터 펜스를 원하는 각도로 꺾어 작업하는 경우이다.

이 둘을 동시에 적용하여 2중 각도 가공을 하기도 한다. 톱날을 기울여 작업할 경우에는 부재 높이가 톱날 높이 이하여야 작업이 가능하다. 톱날보다 부재 높이가 높으면 마이터 펜스 각도를 조절해 작업해야 한다.

테이블 쏘 각도 가공은 90도를 0도로 봤을 때 0도에서 45도까지 작업이 가능하다. 각도가 여러 개일 경우 0도부터 각이 작은 순으로 작업한다. 곡선 다리 설계 도면을 보면 한쪽 각은 0도(90도) 그리고 반대쪽 각은 각각 30.45도, 34.5도 두 개이다.

먼저 한쪽 각을 90도로 세팅하기 위해 ❶처럼 직각자로 톱날이 90도인지 확인한다. 나의 공방 같은 경우 여러 명이 작업하는 공간이라 앞사람이 어떤 각도로 테이블 쏘를 썼는지 알 수 없다. 설령 직각으로 세팅을 해놨다 해도 내가 쓰려는 순간 그것이 정확한지 역시 알 수 없다. 상대방을 못 믿어서가 아니라 작업에 있어 자기만의 확신을 갖기 위함이다. 그러니 사용 전에 항상 체크하자. 작업 시에는 자신만 믿어야 한다.

직각을 완벽하게 세팅한 다음 각재 한쪽 면을 ❷처럼 90도로 가공한다. 첫 번째로 가공된 이 면은 길이 정재단의 기준면이 될 것이다. 이어서 곡선 다리 프레임에 필요한 부재 모두를 90도로 가공한다. 이후 반대쪽 각도를 세팅한 후 각 부재의 길이를 맞춰가면서 정재단할 것이다.

먼저 정재단할 부재는 곡선 다리 상부와 곡선 다리 하부이다. 이번 각도 가공은 톱날 각도가 아닌 마이터 펜스를 꺾어 ❸처럼 각도 세팅 후 가공할 것이다. 슬라이딩 쏘가 없다면 테이블 쏘 마이터 펜스 각도 세팅으로 가공할 수 있으며 그것 역시 여의치 않다면 각도절단기로도 작업이 가능하다. 이 방법이 아니면 작업이 안 된다고 생각하지 말고 주어진 상황에 맞게 최선의 방법을 선택하면 된다.

내가 마이터 펜스를 꺾어 작업한 이유는 현재 내가 가진 장비들을 살펴보았을 때 작업의 정확도 면에서 이것이 최선의 방법이라 판단했기 때문이다. 자신이 가진 장비들을 살펴보고 최선의 방법을 찾으면 된다. "목공은 정답이 없다."

135쪽 오른쪽 곡선 다리 각도 재단 도면을 보면 각도 가공할 부재가 2쌍(곡선 다리 상부, 곡선 다리 하부)으로 총 4개다. 두 개 각도 중 적은 각도인 곡선 다리 하부의 30.45도를 먼저 세팅한다. 여기서 고려할 점은 설계를 할 때 가급적 소수점을 만들지 않아야 작업이 용의하다는 것이다. 당연한 말이지만 지금의 작업은 오차 값이 비교적 여유로운 편이고, 정확하게 맞아 떨어지는 각도가 아니어도 곡선 다리 형태가 최대한 비슷하게 나오면 조립에 문제가 없다. 곡선의 형태가 쌍으로 이루어지는 반대쪽 다리와 대칭만 이루면 되므로 오차 값에 여유가 있는 것이다. 이럴 때는 굳이 도면 치수를 맞추기 위해 애쓸 것이 아니라 어느 정도 오차 값이 나오더라도 작업을 하면서 그 차를 메꾸는 것이 효율적이다. 도면 값을 따랐을 때 생기는 오차가 결과적으로 보면 그리 큰 공차가 아니다.

다시 작업으로 돌아가자. 항상 생각할 것은 마이터 펜스 각도를 꺾는 순간 펜스에 있는 길이 세팅 장치는 무용지물이 된다는 점이다. 마이터 펜스가 90도였을 때의 세팅이기 때문이다.

마이터 펜스 각도가 꺾여 길이 세팅이 무용지물이 되었을 때는 부재에 잘라야 할 곳을 적당히 표시를 한 다음 톱날과 1:1로 자를 곳을 세팅한다. 세팅 시에는 당연히 톱날이 멈춰 있어야 하고 테스트 컷이라는 마음으로 여유를 주어 세팅한다. 반대편 기준면에는 스토퍼 세팅을 한다.

세팅이 끝난 후 1차 가공을 하여 길이 측정을 해본다. 가공해야 할 정재단 값은 사선이 잘렸을 때 길이인 308.3mm이다(135쪽 오른쪽 도면 참조). 정확한 정재단을 하기 위해서는 1차 가공한 값에서 정재단이 되도록 숫자를 뺀 후 스토퍼를 고정하여 ❹처럼 정재단한다.

❶ 톱날 직각 세팅하기

❷ 테이블 쏘로 90도 부재 가공하기

❸ 펜스 각도 세팅하기

❹ 테이블 쏘 각도 가공하기

보통 테스트 컷 이후 2번 정도의 커팅이면 정확한 정재단이 가능하다. 이때 소숫점은 어떻게 해야 할까? 나는 그냥 무시한다. 308.3mm에 근접하게 가공이 됐다면 세팅이 바뀌지 않는 한 남은 하나의 부재 역시 같은 길이로 가공될 것이고 동일한 값의 부재가 나올 것이기 때문이다.

이때 나올 수 있는 오차라고 해야 ±1mm 이내이기 때문에 대세에 크게 지장은 없다. 중요한 것은 같은 길이의 두 번째 부재의 정재단은 세팅을 바꾸지 말고 같은 세팅으로 가공을 마쳐야 한다는 것이다.

같은 값이 필요한 두 개의 부재 가공이 끝나면, 곡선 다리 상부 부재의 각도 34.5도 또한 같은 방법으로 각도 및 길이 정재단한다. 이것으로 곡선 다리를 만들기 위한 부재 4개를 모두 얻을 수 있다.

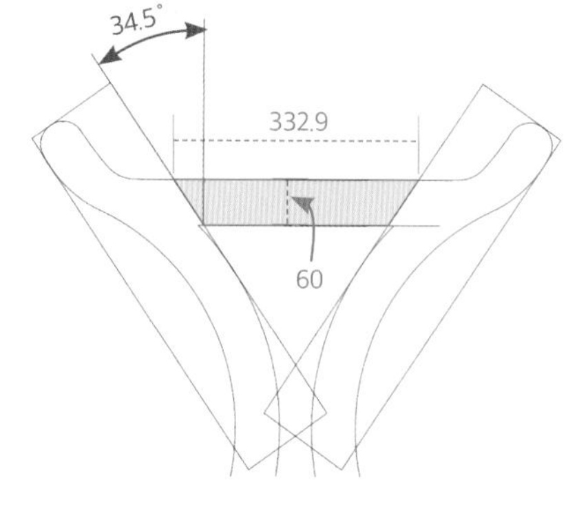

다리와 다리를 연결하는 '곡선 다리 상부 보' 도면

왼쪽 도면은 다리와 다리를 연결하는 곡선 다리 상부 보 각도 정재단 도면이다. 다리 정재단 과정과 같지만 양쪽 모두 동일한 각도가 나와야 한다는 점이 다르다. 먼저 펜스 각도를 34.5도로 세팅한 후 한쪽 각을 가공한다. 반대쪽은 세팅한 각도를 고정한 채 앞에서와 같이 여유를 두고 길이 테스트 컷 1회 이후 정재단하면 된다. 이것으로 곡선 다리 프레임을 만드는 데 필요한 모든 부재가 준비되었다.

곡선 다리 장부 가공하기

부재의 길이 및 각도 정재단이 끝나면 곡선 다리 상부 부재와 곡선 다리 하부 부재를 이어줄 장부를 가공해야 한다. 두 개의 부재를 연결해 사용할 목공 기술은 '쪽매 이음'이다. 목공 기술 용어로는 조금 상충되는 명칭인데 전통적인 한국 목공 기술 용어에서 '쪽매'는 면을 이어주는 기술이고 '이음'은 마구리와 마구리를 이어주는 기술을 총칭하는 말이다. 여기서는 근본적으로 마구리와 마구리를 이어 나무의 길이를 늘려주는 기술을 사용하기 때문에 '이음'이라는 용어가 들어갔고 이음을 하는 기술적 형식이 면과 면을 이어주는 촉을 장부로 사용해 접합한다 하여 '쪽매'란 명칭을 사용했다. 이를 통칭해 '쪽매 이음'이라 했다.

❶ 쪽매 이음

쪽매 이음은 ❶과 같이 양쪽에 촉 모양의 장부 홈을 가공한 다음 장부(촉)를 끼워 연결하는 방식이다. 이때 촉 모양으로 가공되는 장부를 암장부, 암장부에 끼워넣는 촉을 숫장부라 한다. 이 방식은 '장부가 노출된다'는 점과 '각도 가공이 자유롭다'는 특징이 있다. 보통 각도가 있는 장부는 촉이 사선으로 들어가기 때문에 크기에 제한이 있다. 그래서 장부를 통해 구조를 견고히 만들기에는 한계가 있는데 쪽매 이음은 그런 점에서 자유롭다. 또한 노출된 짜임의 형태가 은근 매력적이다.

목공 기계는 작업 결과가 같게 나오는 같은 일을 할 수 있다. 그래서 어떤 작업을 할 때 어떤 기계를 이용할 것인지를 고민하는 것이다. 어떤 목공 기계를 선택할지는 작업자의 선택이다. 그러나 특정 작업에 유리한 기계가 있고, 정밀도가 높은 기계와 정밀도가 떨어지는 기계가 있고, 효율이 높은 기계와 그저 그런 기계가 있다. 또한 작업자가 익숙하여 잘 다룰 수 있는 기계와 그렇지 못한 기계가 있고, 더 안전하다고 생각하는 기계와 위험하다고 생각하는 기계가 있다.

대체로 작업자는 작업에 유리하다고 생각되는 기계, 정밀도가 높은 기계, 효율이 높은 기계, 익숙한 기계, 안전한 기계를 고른다. 이 조합은 작업자마다 다르다. 그래서 "목공에는 정답이 없다." 그저 스타일이 있을 뿐이다.

내가 기계를 선택하는 첫 번째 기준은 효율이다. 그 다음은 얼마만큼 쉽고 정확하게 작업이 가능한지 그리고 안전한지를 따진다. 이런 기준에서 쪽매 이음을 위해 선택한 방법은 테논 지그를 활용한 작업이다.

테논 지그는 ❷, ❸을 참고하여 살펴보자. 테논 지그란 테이블 쏘 정반 위에 있는 T 트랙을 타고 가는 거대한 뭉치라고 보면 되는데 부재를 안전하게 세워 고정시키는 역할을 한다. 부재를 세워 고정한 상태에서 좌우로 미세하게 위치 조정이 가능하고 각도도 조정이 가능하다.

이런 지그 류를 사용할 때면 ❷처럼 무조건 직각 체크를 해야 한다. 목공 기계 대부분이 직각을 만드는 데 최적화되어있는 이유는 직각을 세팅할 수 있는 이런 장치가 별도로 달려있기 때문이다. 하지만 직각을 잡은 후에도 수시로 직각을 확인할 필요가 있는데 이는 기계의 미세한 진동이 반복되면 세팅 값이 틀어질 수 있기 때문이다.

❷ 테논 지그 직각 세팅

❸ 테논 지그 중앙 장부 작업

동영상으로 배우기 테논지그 정밀 세팅 

중앙 암장부 가공하기

테논 지그와 톱날의 직각 세팅이 끝났다면 톱날의 높이를 조절해야 하는데 이때의 톱날 높이는 곧 암장부의 깊이가 된다. 이 깊이는 매우 중요하다. 암장부의 깊이가 두 개의 부재가 이어진 곡선 다리의 견고함을 결정하기 때문이다. 즉 이어진 부분이 얼마나 튼튼할지는 암장부의 깊이에 달렸다. 그런데 이 깊이를 결정하는 데 있어 정석이 없다. 대부분 작업자가 경험에 의해 판단한다. 마치 레시피가 있지만 재료의 상태와 불의 세기에 따라 조금씩 레시피를 달리해야 제대로 된 맛이 나는 요리처럼 각도에 따라, 부재 두께에 따라, 나무 상태에 따라, 수종에 따라 작업자들은 자신의 경험에 비추어 장부의 깊이를 결정한다. 경험이 부족할수록 장부의 깊이가 깊어진다. 경험이 쌓이고 자신의 판단을 믿게 될수록 적당한 깊이를 자신있게 유추한다.

이번 작업에서 나는 톱날 높이를 30mm로 세팅하였다. 높이 조절이 끝나면 3개의 암장부 중 중앙 암장부부터 ❸처럼 작업한다. 장부의 깊이는 정했지만 아직 두께는 정해지지 않았다. 대략 5~6mm 정도면 튼튼한 장부가 만들어질 것으로 판단해 6mm 가공을 결정했다.

중앙이라고 판단된 곳에 세팅이 끝나면 먼저 중앙 암장부 1차 가공을 한다. 이때 완벽하게 중앙에 세팅하려 노력할 필요는 없다. 중앙에 가깝게 세팅하여 가공하면 된다. 그런 다음 부재를 반대로 뒤집어 가공하면 가공된 암장부가 정중앙에 위치하게 된다. 이렇게 가공된 암장부를 측정했을 때 4mm의 결과물이 나왔다면 1mm가 더 가공되도록 테논 지그를 이동하여 다시 앞뒤로 총 2번의 작업을 진행한다. 여기서 중요한 점은 앞뒤로 2번 작업해야 한다는 사실이다. 이렇게 가공하면 6mm 홈이 가공된다. 나머지 부재도 같은 방법으로 중앙 암장부를 만든다. 이해가 잘 안된다면 작업 영상 중 테논 지그 작업 시작 부분을 보면 이해가 쉬울 것이다.

양쪽 측면 암장부 가공하기

중앙 암장부 가공이 끝났다면 다음은 양쪽 측면 장부를 가공한다. 측면 장부를 가공하기 전에 생각해봐야 할 것은 이런 이음 작업에서는 숫장부의 두께가 꼭 커야 튼튼한 것이 아니라는 점이다. 숫장부가 두꺼우면 뭐하나. 받아주는 암장부가 튼튼하지 못하면 불안하다. 가장 이상적인 장부는 허용 공간 내에서 암장부와 숫장부의 결합이 튼튼해야 한다. 숫장부도 중요하지만 그걸 받아주는 암장부도 중요하다는 의미이다. 왼쪽 도면은 60mm 부재에서 암장부로 6mm 홈을 3개 팔 경우 이상적인 주변 두께를 설정한 것이다. 양쪽 측면 암장부를 가공할 때 이 도면을 반영해 위치를 잡는다. 등분을 잘 고려해보면 총 60mm 두께 부재에서 양쪽 11mm를 남기고 각각 6mm 암장부를 가공하는 것이 이상적으로 보인다.

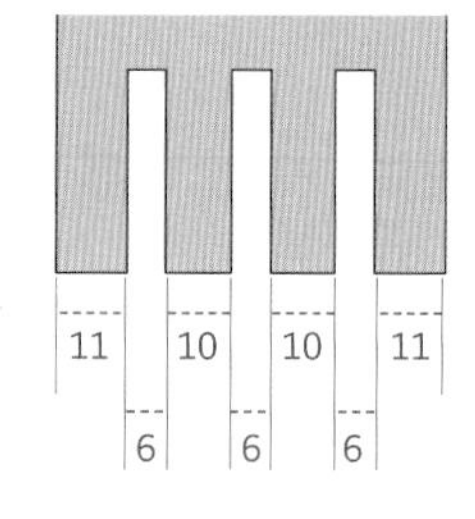

장부의 두께

❹ 테논 지그 측면 장부 작업

❹처럼 먼저 한쪽 홈 세팅 시 11mm를 남겨놓고 1차 가공 후 뒤집어 2차 가공을 한다면 양쪽에 톱날 두께 약 3mm 홈이 만들어질 것이다. 이때 11mm를 남겨놓은 부재 두께가 정확히 11mm가 아니더라도 상관없다. 중요한 점은 암장부 크기를 6mm로 정확하게 가공하는 것이다.

최초 부재를 1회 가공했다면 테논 지그 세팅을 바꾸지 말고 다른 부재들도 같은 세팅으로 2번씩 가공해 양쪽으로 3mm 홈을 만든다. 가공이 끝났다면 안쪽 방향으로 홈을 넓혀야 한다. 부족한 3mm만큼 이동하여 가공한다. 한방에 6mm 홈을 맞추려 하지 말고 몇 번의 테스트 컷을 함으로써 실수를 하지 않도록 주의한다. 최종적으로 6mm 홈을 만드는 세팅이 끝나면 마찬가지로 부재를 뒤집어 반대쪽 홈도 가공한다. 그리고 나머지 부재도 같은 세팅 값으로 홈을 가공하면 된다.

혹시 테스트 컷 과정에서 세팅이 잘못되어 실수를 했더라도 크게 염려할 필요는 없다. 잘못되더라도 하나 정도의 홈일 것이기 때문에 충분히 만회할 수 있다. 즉 실수한 홈과 연결되는 반대쪽 홈 또한 실수한 세팅으로 가공하여 두 개의 홈을 같은 값으로 만들어버리면 다른 암장부의 사이즈는 6mm로 통일되고 실수했던 홈만 숫장부를 수정하여 작업하면 깔끔히 해결된다.

숫장부 만들기

암장부 가공이 끝났으니 숫장부를 만들어보자. 적당한 나무를 골라 반으로 켠다. 여기서 적당하다고 생각되는 나무의 폭은 장부 촉 너비 사이즈가 될 것이다. 수압대패, 자동대패를 이용하여 4면을 잡은 후 밴드 쏘로 반을 켜는 작업을 한다.

밴드 쏘로 부재를 세워 반으로 켤 때는 ❺처럼 펜스를 이용하지 않고 부재에 직접 중심선을 그린 후 그 선을 기준으로 작업한다. 밴드 쏘의 펜스는 밴드 쏘 날의 상태가 좋을 때만 사용한다. 밴드 쏘 날은 소모품이기 때문에 앞선 작업의 양이나

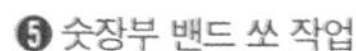

❺ 숫장부 밴드 쏘 작업

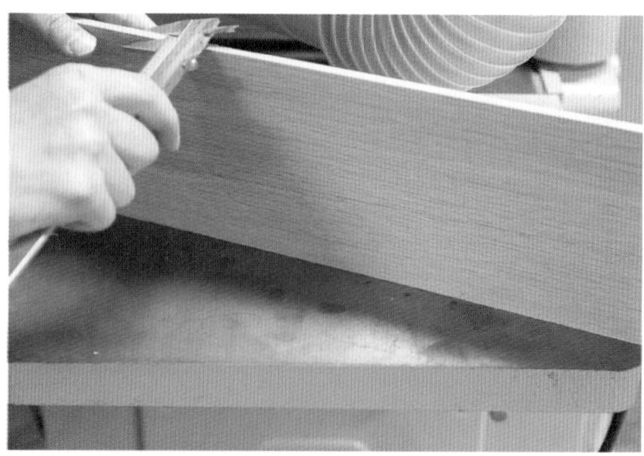

❻ 숫장부 자동대패 가공

❼ 숫장부를 암장부에 잘못 끼운 예

❽ 쪽매 이음의 숫장부 정확한 예

사용 시간이 많으면 이미 무뎌 있을 공산이 크다. 이럴 때 펜스를 이용하면 밴드 쏘 날이 한쪽으로 밀릴 수 있고 이 때문에 가공 열이 심해서 나무가 더 많이 휠 수 있다.

나무가 휘는 거야 어쩔 수 없지만 밀리는 현상을 잡으려면 펜스를 이용하지 않고 중심선을 보고 가공하는 것이 더 효율적이다. 이때도 직각 세팅은 필수다. 특히 밴드 쏘는 기계의 품질보다 날과 세팅의 정도에 따라 가공 품질이 결정되므로 작업 시 항상 유의하도록 하자.

부재를 반으로 가른 후 밴드 쏘 가공 면을 다듬을 때는 자동대패를 이용한다. 이미 부재의 4면을 잡아놓은 상태에서 반을 갈랐기 때문에 한쪽 면은 잘 잡혀있는 상태일 것이다. 그 면을 기준으로 자동대패 작업을 진행한다. 대부분의 부재가 휘어져 있기 때문에 양쪽 끝 부분은 나무가 파이는 스나이핑 현상이 심할 수 있다. 이를 예측하고 길이에 여유를 주어 작업한다면 이 문제는 충분히 해결할 수 있다.

자동대패로 두께를 맞추는 과정을 살펴보자. 최초 자동대패로 가공된 부재의 두께를 ❻과 같이 버니어 켈리퍼스 등과 같은 도구로 측정한 다음, 맞지 않으면 한

번 더 자동대패 높이를 세팅하여 가공하고 치수가 잘 맞았다면 같은 세팅 값으로 나머지 부재들을 통과시켜 두께를 맞춘다.

숫장부 길이는 암장부 깊이를 측정하여 그것보다 크지 않게 정재단한다. 딱 맞는 것보다 살짝 작은 것이 좋다. 숫장부 길이가 암장부 깊이보다 길다면 조립이 되지 않는다.

❼처럼 숫장부를 만들 때 가끔 결 방향을 반대로 이해하고 작업하는 경우가 있다. 보통 긴 쪽이 길이 방향이라 생각하고 작업하다 보면 이런 실수를 범한다. 정확한 예시는 ❽을 보면 된다. 숫장부의 나무 결 방향을 확인해보자.

곡선 다리 도미노 가공하기

곡선 다리 부재의 이음 가공을 위한 준비 작업이 끝났다. 다음으로 조립 준비를 위해 해야 할 것이 있다. 오른쪽 도면에서 보는 것처럼 두 개의 다리를 곡선 다리 상부 보 부재로 연결하는 작업이다. 이 작업은 ❶, ❷와 같이 도미노를 이용하여 가공한다. 부재 두께가 60mm로 비교적 두꺼우니 가장 큰 사이즈의 도미노 핀을 사용하며, 두 개가 들어갈 수 있게 작업한다.

도미노 작업 전 필히 체크해야 할 것이 있는데 오른쪽 도면처럼 사선으로 들어가는 도미노는 위치를 잘못 잡으면 최종 가공 후 도미노가 부재 밖으로 튀어나올 수 있어 미리 가공 자리를 체크해야 한다는 것이다. 공간이 많이 남는다면 그럴 필요가 없지만 도면에서처럼 위쪽으로 튀어나올 확률이 높을 경우 설계 과정에서 꼭 체크하도록 한다.

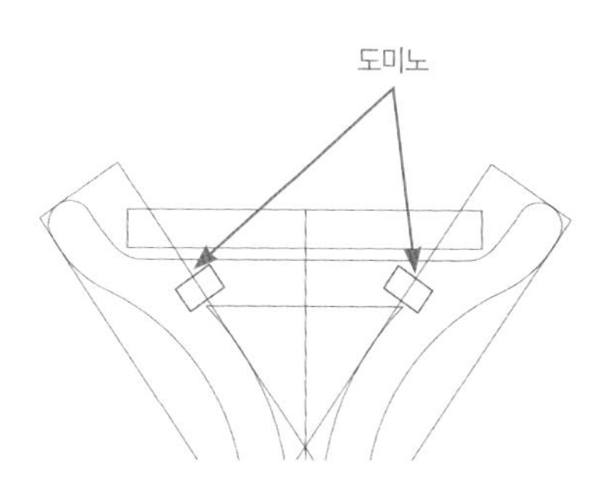

다리 프레임 도미노 도면

❶ '곡선 다리 상부 보' 도미노 작업

❷ '곡선 다리 상부' 도미노 작업

동영상으로 배우기 쪽매이음 홈 가공 쪽매이음 촉 만들기 그리고 조립

곡선 다리 부재 조립하기

준비된 부재 가공이 모두 끝났다. 이제는 조립의 시간이다. 그런데 조립하기 전에 할 일이 있다. 그렇다. 샌딩이다. 하지만 여기서는 1차 샌딩을 생략한다. 어차피 곡면으로 부재를 깎는 작업을 해야 해서 표면 샌딩이 의미가 없다.

샌딩 다음에 해야 할 것은 이미지 트레이닝이다. 눈을 감고 이 부재가 어떻게 조립되고 클램핑해야 하는지 생각해본다. 각이 꺾여 있어 클램핑할 직각이 없다. 이미지 트레이닝으로 이런 문제점을 미리 파악하고 대비하도록 하자.

클램프는 보통 직각으로 힘을 받는다. 그런데 직각은 고사하고 클램프를 물릴 자리도 없다면? 이럴 경우 클램프가 직각으로 힘을 받을 수 있도록 자리를 만들면 된다. 직각 자리를 만들 여유 공간이 없다면 직각으로 클램핑할 수 있게 해줄 만한 나무 블록을 만든 후 접착제로 붙여 사용한다. 부재가 완벽하게 고정되면 톱으로 블록을 제거하고 손대패로 다듬어주면 된다.

이번 작업 또한 클램프 자리가 없었지만 부재의 곡면 작업 시에 덜어내야 할 공간이 많이 있었기 때문에 그 부분을 ❶처럼 밴드 쏘로 미리 잘라 클램프 자리를 만들었다. 클램프 자리를 도면에서 확인하려면 135쪽 오른쪽 곡선 다리 각도 재단 도면을 보면 된다. 준비된 부재와 곡선 다리로 가공될 여분을 눈으로 확인할 수 있다. 이 중 여유 공간에 클램프 자리를 만든 것이다.

TIP. 집성할 때 접착제를 펴주는 도구로 평평한 면에서는 롤러를, 암장부처럼 홈 깊숙히 발라야 할 때는 붓을 사용한다. 그런데 이번 작업은 암장부에 붓이 들어갈 만한 공간이 나오지 않았다. 폭이 좁고 깊어서다. 어떤 도구를 쓰면 좋을까 생각하던 찰라 누군가 마시고 버린 음료 빨대가 보였다. 빨대를 얇게 접으니 안성맞춤이다. 빨대로 암장부 깊숙한 곳까지 접착제를 골고루 발라주고 숫장부는 붓을 이용해 발라주었다.

조립할 때는 나무와 나무가 붙는 모든 면에 접착제를 발라주어야 한다. 조립 후 ❷처럼 클램프로 양쪽을 고정하고 두 부재가 잘 붙도록 클램핑을 하는데 이때 두 개의 클램프를 조이거나 풀면서 정확한 위치에 조립되도록 한다. ❶처럼 미리 클램프 자리를 만들어놓았으니 조립 과정이 수월할 것이다.

❶ 클램프 자리 만들기

❷ 곡선 다리 조립 모습

곡선 다리 형상 가공하기

앞선 작업에서 부재를 클램프로 완벽하게 고정했다면, 약 한 시간 후엔 그 다음 작업이 가능할 것이다. 그렇다면 기다리는 시간 동안 무얼 하고 있으면 좋을까? 잠깐 휴식을 취하는 것도 좋겠지만 한 시간은 휴식을 취하기에는 조금 길지 않은가. 다음 작업을 위해 컴퓨터를 켜고 1:1로 도면을 출력했다.

프린터 용지는 A4를 사용했다. A4 사이즈보다 큰 부재를 1:1로 출력할 때는 용지와 용지를 정확하게 연결하여 붙일 수 있는 가상 선을 그린 후 여러 장을 출력하여 붙여서 사용한다. 더 큰 용지를 출력할 수 있는 프린터가 있다면 좋겠지만 이 방법도 충분하다.

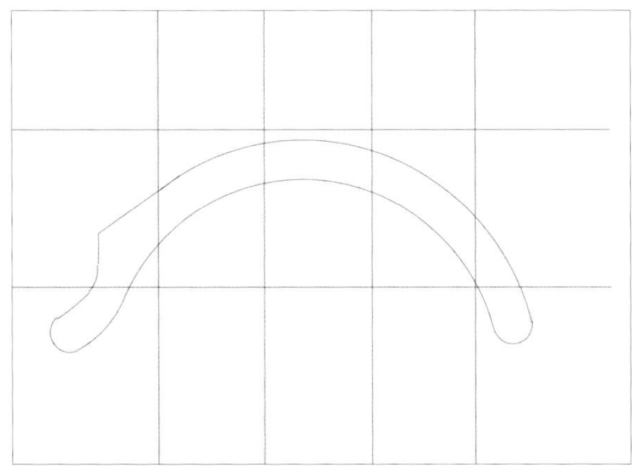

다리 1:1 도면

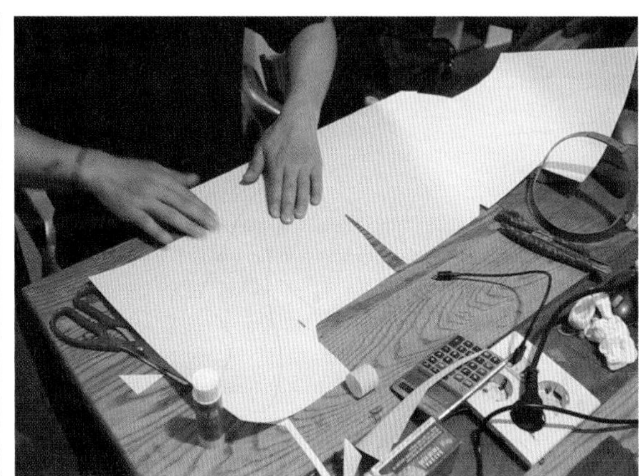

1:1 도면 출력하여 이어 붙이기

보통 1:1 도면을 출력해 작업하는 이유는 곡선으로 이루어진 부재 작업 시에 유용하기 때문이다. 직선은 부재에 직접 그려 사용하는 것이 더 빠르고 정확하지만 곡선은 부재에 똑같이 그리기가 힘드므로 출력해서 사용하는 것이다.

출력한 1:1 도면을 합판에 붙여 다듬어 사용하면 템플릿 가이드가 된다. 보통 이런 작업은 라우터 베어링 비트를 이용할 때 주로 사용된다. 지금과 같은 곡면 형태를 완성하는 데는 템플릿까지 제작할 필요가 없다. 다만 작업을 정교하게 해야 해서 수치를 정확히 지켜야 하거나 반복적으로 작업해야 한다면 템플릿을 고려하는 것이 좋다.

1:1 도면을 출력하여 잘 이어붙인 후에는 도면의 라인이 보이도록 가위나 칼로 잘라낸 후 부재 위에 움직이지 않게 잘 올려놓고 라인을 따라 부재에 선을 그려넣는다. 이 후 그 선을 보며 가공을 한다.

이렇게 작업을 하는 이유는 두 가지인데, 하나는 부재에 종이를 접착제로 붙이면 작업 후 종이를 떼어내는 과정이 번거롭기 때문이다. 라인을 덜어내는 작업이 대부분이라 작업 중 종이가 떨어지면 안 되기 때문에 접착제를 꼼꼼히 발라 붙여야 하는데 이 경우 종이를 떼는 작업이 만만치 않다.

다른 하나는 이번 작업처럼 쌍으로 작업하는 경우 잘라놓은 종이를 남은 한 쪽에 똑같이 사용할 수 있기 때문이다. 도면을 한 번 더 출력해 붙이고 자르는 작업을 하지 않아도 되는 것이다. 이는 일종의 템플릿 역할을 하는 것으로, 한 쌍 또는 두 쌍 정도의 동일한 작업에 쓰는 것이라면 작업 효율을 올리는 데 종이 템플릿도 나쁘지 않다.

❶ 부재 위에 선 그리기

도면과 부재가 1:1로 정확히 맞는 위치에서 선을 그리려면 기준면 또는 기준점이 필요하다. 가장 많이 쓰이는 기준면과 기준점은 부재와 부재가 만나는 면과 점이다. 때문에 이런 작업을 할 때는 ❶과 같이 가조립 상태에서 진행될 수 있게 부재를 준비해야 한다. 앞서 우리가 여러 부재를 재단한 후 도미노 작업까지 한 이유가 여기에 있다.

❶을 보면 부재 위에 종이를 올려놓고 어떤 기준점(혹은 기준선)을 두고 라인을 그리는지 잘 나타나 있다. 도미노를 끼워 가조립한 후 연결된 부재 면을 기준으로 하여 종이를 올려놓고 라인을 그린다.

145쪽에 있는 다리 1:1 도면만 놓고 보면 다리의 모든 부분이 곡선처럼 보이지만 부재 위에 종이를 올려놓고 기준면에 딱 대보면 기준면과 만나는 부분이 직선임을 알 수 있다. 설계 시에 미리 이곳을 기준면으로 염두에 두고 진행했었다.

나는 선을 그릴 때 연필보다 볼펜을 애용한다. 연필은 목탄이 나뭇결 속에 박혀 완벽히 제거하는 데 시간이 걸린다. 또한 연필보다 볼펜이 선명하게 잘 그려진다. 연필을 사용한다면 작업 후 샌딩 전에 지우개로 먼저 지우도록 한다. 나뭇결에 박힌 연필 자국을 지우느라 샌딩 품질이 떨어질 수 있기 때문이다. 이처럼 마킹 도구의 선택까지도 작업자의 경험과 작업 스타일에 따라 달라질 수 있다. 모든 것은 정보일 뿐 결정은 작업자 자신이 한다.

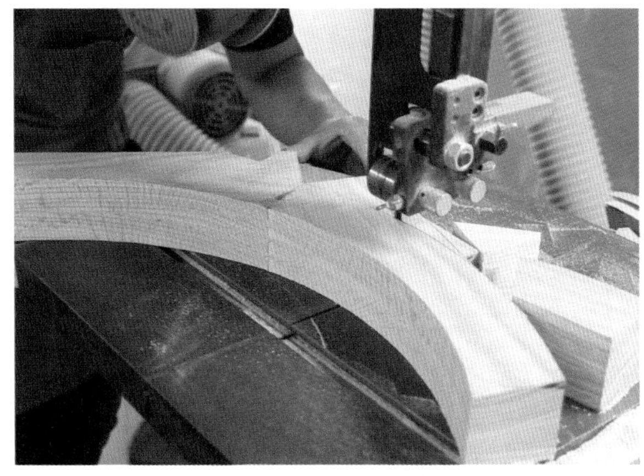

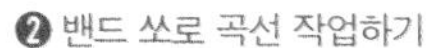
❷ 밴드 쏘로 곡선 작업하기

❸ 곡선 다리 벨트샌더

❹ 곡선 다리 가조립하기

❺ 드릴 프레스 작업

선을 그렸다면 ❷처럼 밴드 쏘를 이용하여 곡선 다리 모양으로 가공한다. 밴드 쏘 작업에서 주의해야 할 점이 있다. 밴드 쏘 날 폭 사이즈에 따라 곡선 가공에 허용 범위가 있다는 것이다. 즉 밴드 쏘 날의 폭이 넓으면 직선 가공에 가깝고, 좁으면 곡선 가공에 유리하다. 만약 가공할 수 없는 한계 곡선이 있다면 작업 중간에 부재가 잘려 떨어져 나갈 수 있도록 미리 길을 잘라주고 부분 부분 작업하는 것이 좋다.

모든 작업은 깔끔하게 해야 한다. 어차피 다듬을 거라는 생각으로 거칠게 작업하면 다듬는 시간도 오래 걸릴 뿐더러 작업이 더디다. 애초 밴드 쏘 작업을 할 때 정교함을 높여 작업하면 이후 다듬는 과정이 좀 더 쉽고 명확하며 빠르다.

밴드 쏘 작업을 할 때는 선만 남기고 모두 덜어낸다는 생각으로 천천히 신중하게 작업한다. 그러면 머지않아 당신은 밴드 쏘 고수로 거듭날 것이다. 작업의 오차를 미리 두고 작업하는 습관은 그다지 좋지 않다. 실패하지 않으려는 마음은 이해하지만 도망가지 말고 정면으로 부딪치자.

밴드 쏘로 최대한 정확하게 작업이 되었다면 ❸처럼 벨트샌더 또는 스핀들 샌더로 다듬어 확실하게 곡선 라인을 마무리한다. 이후의 형태가 원형 가공 전 곡선 다

동영상으로 배우기 원형다리 라운드 가공 및 중앙 프레임

❻ 원형 홀 가공

❼ 목선반으로 '보강 보' 작업

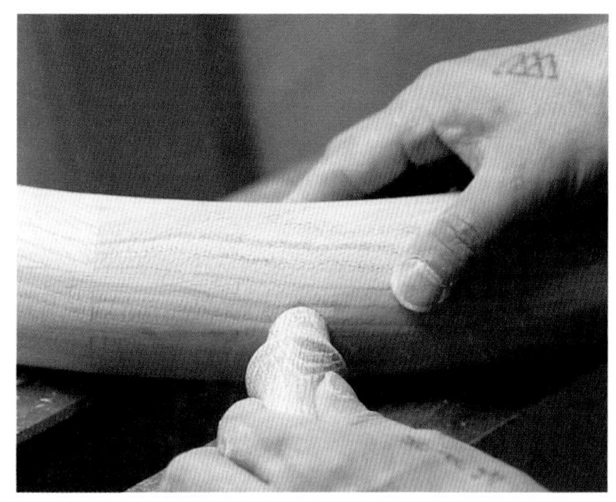

❽ 완성된 곡선 다리 중앙에 '보강 보' 가조립

리 기본 형태가 될 것이다.

지금의 작업 방식이 조금은 건성건성한 듯 보일 수 있다. 수치도 대충 적용하는 것 같고 가공도 크게 신경쓰는 것 같지 않아 보일 것이다. 그러나 지금은 곡선 다리와 곡선 다리 상부 보가 안정적으로 결합되면 나머지는 형태만 완성해도 되는 작업이다. 좀 더 신경써야 할 일은 결합면을 해치지 않는 선에서 곡선 다리 형태를 만들어내는 일이다.

곡선 다리의 외각선은 벨트샌더로 최대한 부드럽고 자연스럽게 연결되도록 작업해야 한다. '어차피 그라인더로 곡면을 완성할 거니 대충하지 뭐!'라는 마인드는 버리자. 외각선이 잘 다듬어져야 가공해야 할 기준이 명확해지며, 거기서부터 시작하는 곡면 작업이 좀 더 편하고 정확하다. 작업을 할 때는 깔끔하게 마무리 지은 후 다음으로 넘어가는 습관을 들이는 게 좋다.

곡선 다리 형태가 나왔다면 ❹처럼 가조립을 해본다. 다리 중앙 부분에 작은 보강 보를 넣으려면 원형 홀 작업을 해야 하는데 그 기준선을 잡기 위해서이다. 도면에 표기되지 않은 부재를 추가하는 작업이므로 가조립을 해보는 것이 좋다. 아무리 설계 도면이 정확하다 해도 작업을 하다 보면 가구의 견고함이 부족하다고 판단되는 부분이 있다. 다리 중앙의 보강 보 또한 이런 연유로 추가한 것이다.

가조립 후 다리 짜임된 부분에서 간섭이 이루어지지 않는 지점을 고른다. 보강 보가 들어갈 위치이다. 위치가 결정되면 중심을 표시하고 ❺처럼 드릴 프레스를 이용하여 홀 가공을 한다. ❻은 홀 가공의 결과이다.

보강 보는 ❼처럼 목선반을 이용하여 만들었다. 추가되는 디자인인 만큼 최대한 잘 어울리도록 모양을 잡는다. 이 부분은 의뢰인과 상의된 바가 없던 터라 오히려 다른 부분보다 신경을 썼다. 내 입장에선 잘해야 본전이다.

목선반 작업을 할 때는 홀 가공을 먼저 해놓아야 한다. 그래야 ❽처럼 작업물이 잘 맞는지를 체크해보면서 작업할 수 있다. 목선반 작업의 장점은 작업 중에 얼마든지 작업물을 목선반과 분리하여 구멍에 맞춰볼 수 있다는 점이다. 너무 꽉 끼거나 헐렁하지는 않는지 끼워보면서 작업한다.

중앙 프레임과 곡선 다리 프레임 연결

다음은 다리를 잡아주는 중앙 프레임과 곡선 다리 프레임의 상부를 연결할 차례이다. 이 부분은 작업자가 어떤 구조 또는 어떤 짜임의 방식으로 작업할지에 따라 가구의 튼튼함이 좌우된다. 가구 구조를 이해하는 데 있어 중요한 것은 나무가 부러질 확률보다 다리와 다리의 연결 부분이 꺾여 터지는 확률에 집중해야 한다는 것이다. 쉽게 말해 어떻게 하면 다리가 튼튼하게 버텨줄지 고민해야 한다는 뜻이다.

다른 부분, 예를 들면 상판이 갈라지거나 서랍이 열리지 않는다고 해도 가구는 어느 정도 기능을 수행한다. 하지만 다리가 부러지면 가구는 기능을 하지 못한다. 다리를 튼튼하게 고정하려면, 보통 두 개 이상의 보가 하나의 다리를 동시에 잡아주어야 한다. 다리를 잡아주는 보의 개수가 많을수록 다리는 견고해진다. 그래서 가구 설계 시 다리의 두께보다는 다리를 잡아주는 보의 폭이 더 중요하다.

TIP. '보'란 윗부분의 무게를 지탱하는 수평 구조재를 말한다.

도면을 보면(위쪽의 빨간 원) 중앙 프레임 가로 보가 곡선 다리 상부 보와 결합된 것

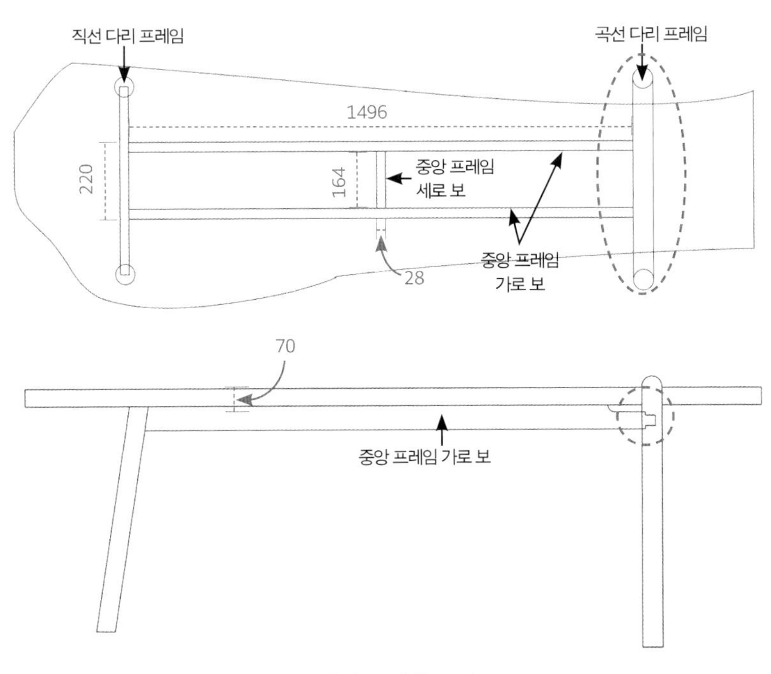

중앙 프레임 도면

을 볼 수 있다. 이를 정면도를 기준으로 한 하단 도면을 보면(149쪽 도면 아래쪽의 빨간 원) 다리가 테이블 안쪽 또는 바깥쪽으로 꺾일 가능성이 보인다. 다리에 연결된 보가 많으면 좋긴 하지만 여기서는 다리가 아닌 다리 연결 보에 중앙 프레임 가로 보가 붙기 때문에 발생하는 문제다. 디자인이 우선시되다 보니 지금의 구조 내에서 할 수 있는 튼튼한 결구 방법을 찾아내야 한다. 정답이 아닌 최선을 찾는 것이다.

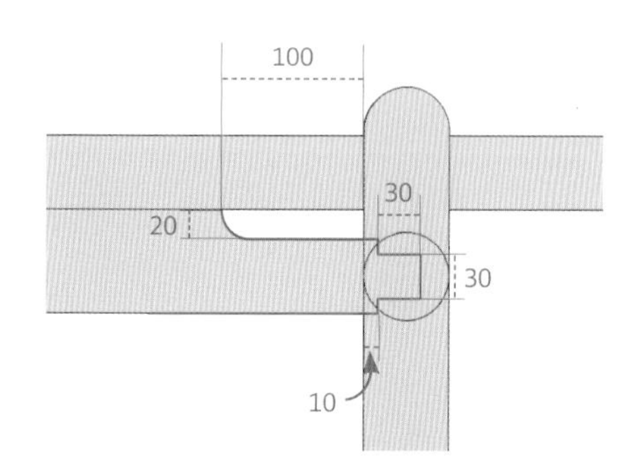

곡선 다리에 연결할
'중앙 프레임 가로 보'의 결합 장부 도면

내가 선택한 방법은 장부에 턱을 주어 2중 구조로 짜임이 되게 하는 것이다. 흔히 '이중장부'라 부르는 기법이다. 왼쪽 도면을 보면 30×30mm가 첫 번째 숫장부가 되어 들어가고 뒤이어 폭 50mm로 가공된 중앙 프레임 가로 보 10mm가 두 번째 숫장부가 되어 결합된다. 주어진 공간 내에서 활용할 수 있는 최대치를 짜낸 것이다.

이렇게 장부가 이중으로 결합되면 장부의 모양상 상하 진동에 강한 저항력을 가져 염려하는 불안 요소를 잠재울 수 있다.

중앙 프레임 정재단을 위해서는 먼저 부재를 준비해야 한다. 프레임 두께와 폭이 결정되어야 곡선 다리 프레임에 가공할 장부 홈의 간격과 형태 사이즈가 나오기 때문이다. 앞서 보았던 부재 준비표를 참고하여 부재를 준비한다.

중앙 프레임 부재 준비표

단위 : mm

목록	폭×길이	두께(T)	부재 개수	기타
중앙 프레임 가로 보	70×1536(1496+40)	28	2	장부 40mm 반영
중앙 프레임 세로 보	70×164	28	1	

중앙 프레임 가공과 이중 장부 만들기

❶처럼 각 부재를 정재단한다. 이어서 집중해야 할 부분은 중앙 프레임 가로 보의 이중장부 부분이다. 70mm인 중앙 프레임 가로 보의 폭 중 20mm를 깎아내 곡면 작업을 할 것인데 이는 의뢰자의 요구사항으로 완성 후 ❷와 같이 20mm를 깎아낸 중앙 프레임과 그와 연결된 곡선 다리 윗부분을 로프로 감아 장식하기 위해서다. 의뢰자가 디자인적으로 중요하게 생각하는 이 부분이 바로 테이블의 구조 강도에 대한 고민을 하게 했다. 그래서 아예 구조에 도움이 될 이중장부의 시작 구간으로 삼았다.

이 작업을 위해 ❸처럼 테이블 쏘 톱날을 최대한 높인 후 원하는 깊이만큼 가공

❶ 중앙 프레임 정재단하기

❷ 곡선 다리에 로프를 감은 모습

❸ 테이블 쏘로 중앙 프레임 가로 보 20mm 가공하기

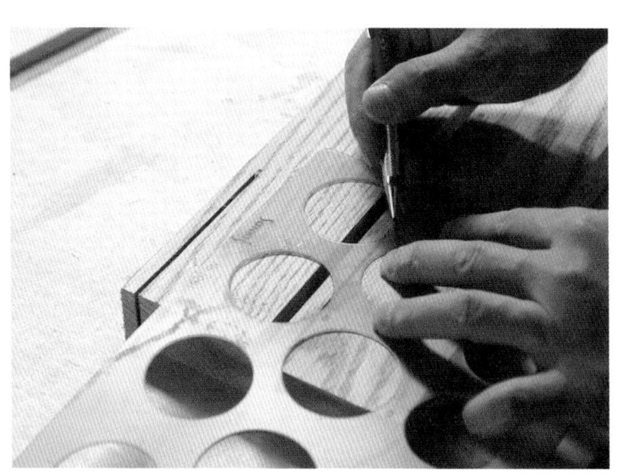

❹ 곡선 그리기

한 다음 빠져나온다. 테이블 쏘 톱날 높이를 최대로 하는 이유는 톱날이 원형이기 때문이다. 톱날이 높으면 가공 시 부재의 윗면과 아랫면의 가공 길이 단차가 줄어든다. 단차를 최대한 줄이기 위해 톱날을 높여주는 것이다.

테이블 쏘 톱날 사이로 들어갔다 나온 부재를 보면 바닥면이 더 깊이 가공되어있다. 이 바닥면에 곡면 작업을 위해 ❹처럼 모형 자를 이용해 부재에 곡선을 그려 표시한다.

이후 ❺처럼 밴드 쏘를 이용하여 부재를 덜어낸 후 스핀들 샌더를 이용하여 마무리하면 곡면 턱 가공이 완료된다. 이 작업 또한 부재 정확도와 상관없는 작업이기 때문에 치수에 연연하지 말고 적당히 자연스럽게 작업하면 된다.

❺ 밴드 쏘 덜어내기

이중 장부의 숫장부 가공하기

이제 이번 작업에서 가장 중요한 중앙 프레임 가로 보의 이중장부 가공을 할 차례이다. 도면에 있는 30×30mm 첫 번째 숫장부 작업이다.

먼저 숫장부가 될 부분에 먹금을 넣고 슬라이딩 쏘를 이용하여 길이 방향을 끊어준 다음 환거기를 이용해 장부를 완성한다. 환거기가 아니더라도 단순한 장부 작업은 테이블 쏘나 등대기톱 등으로 가공할 수 있다.

두 번째 장부 역할을 하는 폭 50mm, 깊이 10mm의 숫장부는 앞에서 곡면 작업을 위해 중앙 프레임 가로 보의 폭 70mm 중 20mm를 덜어내는 작업을 하여 이미 완성되어있는 상태이다. 이것으로 이중장부의 숫장부가 완성되었다.

환거기 장부로 작업하는 모습

이중장부의 암장부 가공하기

숫장부가 완성되었으니 암장부를 가공할 차례이다. 보통 장부를 가공할 때는 암장부를 먼저 작업하고 숫장부를 작업한다. 상대적으로 가공이 어려운 암장부를 끝낸 후 그 기준으로 숫장부를 만드는 것이 좀 더 쉽기 때문이다. 하지만 이번 작업은 숫장부를 먼저 가공한 후 암장부를 가공했다. 정답은 없다. 어떤 순서가 최선인지 본인이 판단하여 결정하면 된다.

먼저 두 번째 숫장부까지 통째로 들어갈 수 있는 암장부를 가공한다. ❶처럼 곡선 다리 상부 보에 슬라이딩 쏘의 톱날 높이를 암장부 깊이 10mm만큼 세팅한 다음 톱날 두께만큼 여러 번 넓혀가면서 암장부를 만든다. 장부 결합 시 두 번째 암장부

❶ 두 번째 암장부 가공

❷ 두 번째 암장부 가공 테스트

❸ 첫 번째 암장부 각끌기 작업

❹ 첫 번째 암장부 끌로 다듬기

아래위가 열린 상태로 결합되기 때문에 이런 방식으로 작업했다.(150쪽 중앙 프레임 가로 보의 결합 장부 도면 참조)

암장부 가공이 끝났다면 숫장부와 잘 맞는지 ❷처럼 확인해볼 필요가 있다. 잘 맞았다면 같은 세팅 값으로 반대편도 동일한 사이즈로 암장부를 가공한다.

두 번째 암장부인 10mm 속에 30×30mm의 첫 번째 암장부 가공을 위해 ❸처럼 각끌기를 사용하여 가공한다. 각끌기를 사용할 때 먹금은 필수인데 이렇게 홈을 먼저 가공한 상태에서 먹금 넣기는 조금 곤란하다. 길이 방향은 이미 10mm 홈 가공으로 기준이 확실하지만 폭은 기준이 없기 때문에 방법을 모색해야 한다. 이럴 때는 약 0.5mm 작게 가공한 후 끌로 다듬어 정확도를 높여주는 게 좋다.

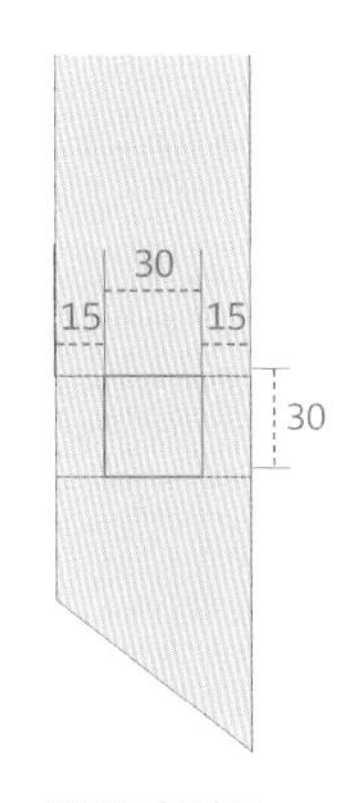

각끌기 먹금

각끌기로 사방 0.5mm 작게 홈을 뚫었다면 앞서 말한 바와 같이 ❹처럼 끌로 다듬어준다. 각끌기 작업의 결과물은 깔끔하지 않다. 각끌기로는 덩어리만 걷어내고 마무리는 끌로 한다는 생각으로 작업에 임한다.

곡선 다리 상부 목봉 가공하기

❶ 테이블 쏘 8각 만들기

곡선 다리 상부 보에 이중장부 암장부 가공이 끝나면 사각인 각재를 목봉으로 가공해야 한다. 봉 형태로 만들어야 하는 부재가 여러 개가 있다면 목선반이나 목봉 지그 등을 이용해 가공하겠지만, 이것 하나만 완성하면 되므로 손대패로 작업하기로 한다. 생각만큼 오래 걸리진 않는다. 손대패로 목봉을 만들 때 좀 더 수월하려면 ❶처럼 테이블 쏘로 4각인 부재를 8각으로 만든 후 작업한다. 테이블 쏘 톱날을 45도 꺾어 4각의 모서리를 가공하면 8각이 된다.

❷ 손대패로 목봉 만들기

8각의 각재를 봉으로 가공하는 일은 그리 어렵지 않다. 8각의 모서리가 자연스럽게 곡면이 되도록 ❷처럼 대패질을 하다 보면 어느덧 봉의 형태가 될 것이다. 이 봉은 로프로 감을 것이므로 겉으로 보이는 부분이 아니다. 형태가 일그러지거나 각이 지지 않을 정도로만 만들어도 적당하다.

❸ 곡선 다리 기준으로 원형 그리기

곡선 다리 상부 보를 먼저 목봉으로 만든 이유는 곡선 다리의 기준선을 만들기 위해서다. ❸처럼 곡선 다리에 방금 만든 목봉을 대고 그려 곡선 다리의 원형 크기를 가늠하고 결합면을 자연스럽게 가공할 기준선을 얻는다.

곡선 다리 원형으로 가공하기

이제 곡선 다리의 원형 작업을 할 차례이다. 곡선 다리의 원형 가공 작업은 앞서 작업했던 곡선 다리 상부 보의 목봉 작업과 같다. 4각을 8각으로 만든 후 원형 작업을 하는 게 효과적이다. 그러나 곡선 다리 상부 보의 경우 직선 부재라서 테이블 쏘를 이용하여 8각을 만들었지만, 곡선 다리는 전체가 곡선으로 이루어져 있어 테이블 쏘로 8각 작업을 하는 것이 불가능하다. 그래서 선택한 방법이 라우터 45도 패턴비트이다.

라우터로 8각 만들기

곡면 형태의 정사각형 부재를 봉 형태로 가공하는 것은 그라인더로 하면 된다. 그러나 사각 형태에서 곡면을 잡는 것보다 라우터를 이용하여 8각으로 만든 후 작업을 하는 것이 좀 더 정확하고 빠르다.

❶ 라우터 45도 패턴 비트

작업을 위해 ❶처럼 45도 패턴 비트 깊이를 정확한 8각이 되도록 세팅하고, 가공되지 말아야 할 곡선 다리 상부 보와 연결되는 위치가 잘 표시되었는지 확인한다. 이 부분은 작업 후 결합될 부분이니 절대 라우터 작업을 해서는 안 된다.

라우터 작업 방식은 핸드 라우터와 라우터 테이블 중에서 선택할 수 있다. 나는 여기서도 선택의 기준이 확실하다. 바로 정확도와 안전성! 부재 가공이 정확해야 하면 라우터 테이블을, 정확도가 비교적 떨어져도 상관없을 때는 핸드 라우터를 선택한다. 물론 상황에 따라 또 바뀔 수 있다. "정답은 없다. 최선의 선택을 할 뿐이다." 예를 들어 라우터 테이블 작업의 가장 큰 단점은 부재가 터진다는 것이다. 결이 통째로 뜯겨나갈 수도 있기 때문에 정확도가 꼭 필요한 어쩔 수 없는 선택이 아니라면 핸드 라우터로 작업하기도 한다.

❷ 라우터 8각 작업

라우터 테이블 가공 중 부재가 잘 터지는 이유는 비트의 충격을 가공해야 할 부재와 그걸 잡은 손이 흡수해야 하는데 그 힘의 비율이 라우터 테이블이 더 높아 손이 제어하지 못하기 때문이다.

❷에서 보는 것처럼 핸드 라우터 작업은 베이스를 타는 부재의 면적이 적어 불안하다는 단점은 있지만 가공 중 비트의 충격을 비교적 무거운 라우터와 그걸 잡은 손의 힘으로 유연하게 받아내기 때문에 터짐 현상이 덜하다. 가공 품질은 라우터 테이블보다 떨어지지만 어차피 그라인더로 목봉 작업을 마무리할 것이

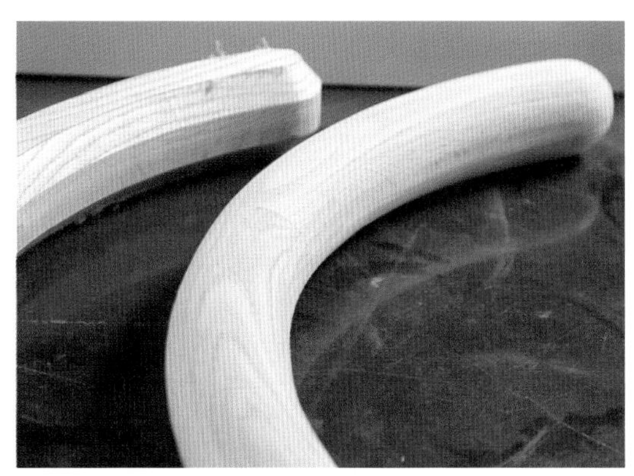
❸ 좌측은 8각, 우측은 봉 작업 완료된 모습

동영상으로 배우기 곡선 다리 라운드 가공

므로 터지는 것보다는 낫다는 판단에 핸드 라우터를 선택했다. 핸드 라우터 작업의 가장 귀찮은 점은 부재를 고정시키는 방식이다. 클램프로 부재를 고정한 후 구간마다 클램프를 이동시키며 작업해야 한다.

❸은 라우터로 8각 작업 후의 모습과 그 후 그라인더로 목봉 작업을 한 후의 모습을 비교한 것이다.

그라인더로 목봉 마무리하기

다음은 그라인더 작업이다. 분진이 날려 작업 환경에 좋지 못하고 날의 노출로 안전사고 문제도 있으며 손이 가는 대로 작업이 되는 특성상 완성도 또한 장담 못하는 그런 작업이다. 또한 온전히 작업자의 시각과 손의 촉각에 의지해야 하는 비교적 고난이도 작업이다. 하지만 사람의 손은 정직하다. 노력한 만큼 답을 준다. 만져보고 눈으로 봤을 때의 느낌을 최대한 살려 작업한다면 누구나 도전하고 해낼 수 있다.

그라인더로 작업 시 사용되는 날의 종류는 두 가지이다. 덩어리를 걷어내는 에그리커터와 거친 면을 부드럽게 해주는 해바라기 사포. 만약 라우터 작업을 통해 8각 작업을 하지 않았다면 에그리커터를 이용해 덩어리를 걷어내는 작업을 해야 한다. 하지만 라우터 작업으로 이미 많은 덩어리가 걷혔으므로 ❹처럼 해바라기 사포를 이용하여 곡면을 잡아나간다.

그라인더 작업은 힘과 진행 속도 조절이 생명이다. 갈아내야 할 양이 많다면 그 구간을 통과할 때 진행 속도를 줄여 좀 더 많이 갈리도록 해야 한다. 가장 어려운 작업은 평면을 만들어내는 것이다. 해보면 알겠지만 매끈한 면으로 만드는 게 여간 어렵지 않다. 하지만 최대한 힘을 빼고 작업한다면 근접하게는 할 수 있다. “힘을 빼는 목공이 잘하는 목공이다.”

힘을 빼는 느낌이란 마치 갈아내야 할 부재를 스치듯 조금씩 작업하는 것을 말한다. 울퉁불퉁한 면의 가장 윗면부터 조금씩 갈아낸다. 비록 작업시간이 오래 걸리고 진동으로 떨리는 손과 구부정한 자세에서 오는 허리 통증을 감내해야 하지만 세상엔 공짜가 없다. 노력한 만큼 결과물이 나온다.

곡면을 잘 잡아가는 요령이라면 대패 작업과 비슷하다. 8각에서 16각 그리고 32각으로 좁혀가듯 작업을 하다 보면 어느덧 봉 형태가 되어있을 것이다. 여기에 가상의 곡면을 머릿속에 그리면서 봉을 만들어간다면 누구나 도전해볼 만하다. 만져보고 눈으로 확인하며 곡면을 잡아가는 것이다.

“목공은 응용의 미학이다.” 어리석게도 한 손으로 또는 클램프로 부재를 잡고 불편하게 작업하던 중 좀 더 편하게 부재를 고정하는 방법이 없을까 고민하던 찰

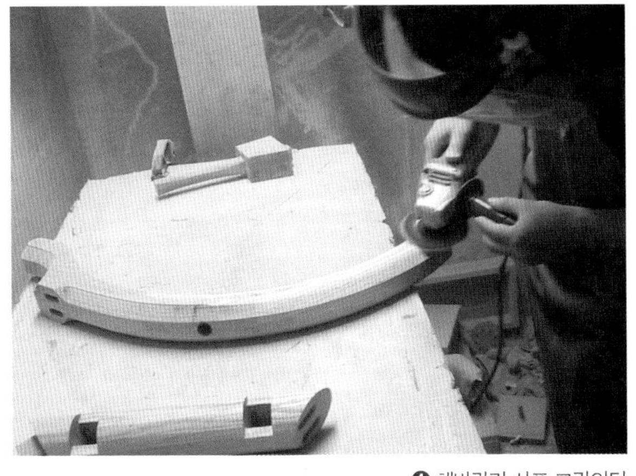

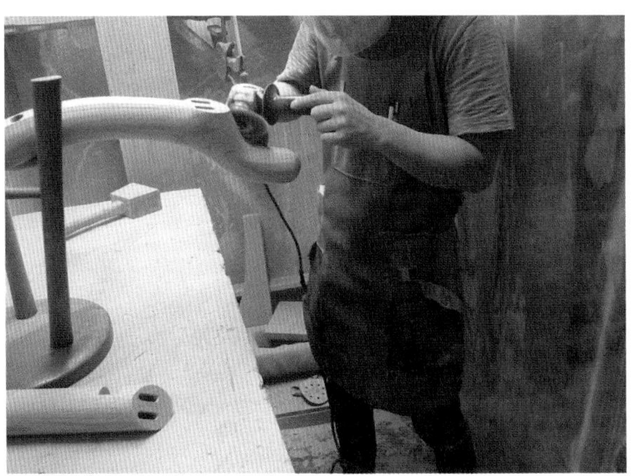

❹ 해바라기 사포 그라인더

❺ 스툴로 부재 고정하는 모습

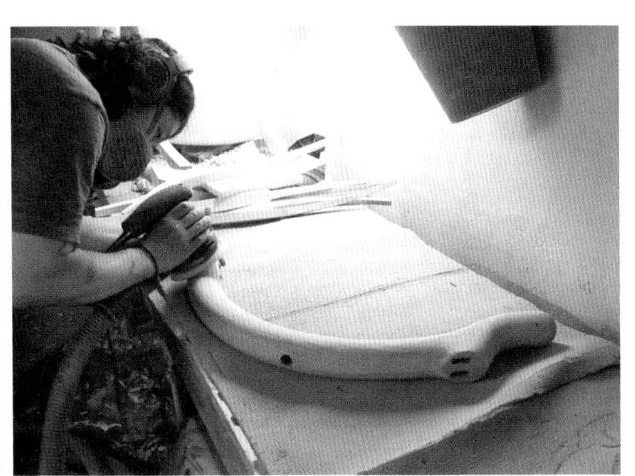

❻ 곡선 다리 목봉 작업 완료

❼ 곡선 다리 샌딩하기

라 스툴 프레임이 눈에 들어왔다. 스툴은 ❺처럼 이용하니 임시 바이스가 되었다.

어느 정도까지 곡면으로 만들어야 최선일까? 일단 최대한 원에 가깝게 작업해야 함은 당연하다. 거친 느낌의 표면은 괜찮지만 꿀렁꿀렁 울어버리는 표면은 안 된다. 꿀렁이는 면이 없어질 때까지 사포로 잡아야 한다. 힘을 빼고 부재를 스치듯 작업하라. 꿀렁거리는 표면은 처음부터 만들지 않는 게 중요하다.

손으로 만져보고 느껴야 한다. 손은 눈보다 정확하다. 꿀렁임은 눈으로 봤을 때보다 손으로 만져 봤을 때 더 확실히 알 수 있다. 자꾸 만져보고 확인하다 보면 ❻처럼 어느덧 만족할 만한 봉의 형태가 완성될 것이다.

해바라기 사포 자국은 ❼처럼 샌딩기를 이용하여 정리한다. 여기서 주의할 것은 꿀렁거림을 샌딩기로 잡으려 해서는 안 된다는 것이다. 샌딩의 목적은 사포 자국이나 톱날 자국 등 보기 싫은 표면을 매끄럽게 잡아주는 것이다. 만약 표면이 꿀렁거리는 상태라면 꿀렁거리는 매끈한 표면이 될 뿐 샌딩을 한다고 해서 그 꿀렁거림이 없어지지는 않는다. 샌딩은 다소 시간이 오래 걸린다. 부재가 원형이기 때문

동영상으로 배우기 곡선 다리 조립

❽ 곡선 다리 조립하는 모습

에 한 손으로 부재를 잡고 좌우로 돌려가면서 부드러운 곡면이 유지되도록 노력해야 한다.

샌딩이 끝나면 ❽처럼 곡선 다리를 조립한다. 항상 조립 전 해야 할 일은 샌딩, 그리고 이미지 트레이닝이다. 어떻게 하면 효과적으로 빠르고 정확하게 조립이 가능한지 여부를 생각한 후에 조립 작업에 임하도록 한다.

직선 다리 프레임 가공하기

다음은 곡선 다리 프레임 반대쪽에 있는 직선 다리 프레임을 가공할 차례다. 직선 다리 프레임은 목봉 형태의 다리가 사선으로 기울어져 있는 구조다. 목봉 형태의 다리와 프레임을 연결할 때 가장 불편한 점은 목봉의 직선 다리와 직각의 직선 다리 보가 일체감 있게 연결되는 형태를 만들어내는 일이다. 보통 각끌기로 직선 다리 보가 통째로 직선 다리에 들어가는 구조가 되게 해야 하지만 작업 과정에서 여러 가지 문제가 발생할 수 있다.

목봉 형태의 직선 다리

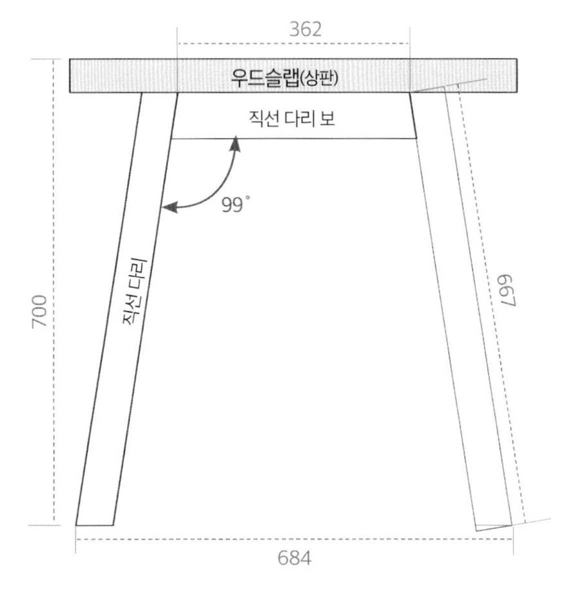

직선 다리 프레임 도면

이렇듯 직선 다리 프레임 전체를 일체감이 들게 하는 것은 여간 까다로운 작업이 아닐 수 없다. 반대쪽 곡선 다리 프레임과 마찬가지로 두 개 이상의 보가 하나의 다리를 잡는 안정적 구조가 아니기 때문에 최선의 방법을 찾아야 한다.

내가 선택한 방법은 먼저 직선 다리 보의 폭을 넓혀 도미노 핀이 두 개가 들어갈 수 있도록 하였다. 이렇게 하면 하나의 핀이 들어갈 때보다 결합력이 견고해진다. 또한 직선 다리 보 측면의 직각을 목봉 형태의 다리와 같은 곡면으로 가공해 조립하여 결합력을 높이고 가공 시 각도를 9도 더 주어 직각에서 벌린 각을 채택해 상판의 하중을 충분히 견디면서 시각적으로 안정감을 주도록 했다.

다음은 직선 다리 프레임의 부재 준비표이다. 이를 이용해 부재를 준비한 후 정재단을 하면 준비 작업이 끝난다.

직선 다리 프레임 부재 준비표

단위 : mm

목록	폭×길이	두께(T)	부재 개수	기타
직선 다리	62(60+2)×750	60	2	원형 가공 공차 반영 길이 가공 공차 반영
직선 다리 보	70×442(362+40+40)	28	1	포스너비트 작업 공차 반영

직선 다리 보 가공하기

첫 작업은 직선 다리 보에 9도 각을 주어 원형 가공을 하는 것이다. 이 작업은 수직 방향 작업이 가능한 드릴 프레스를 이용한다.

고가의 드릴 프레스는 정반을 원하는 각도만큼 기울여 작업할 수 있다. 정반의 고정 볼트를 풀고 원하는 각도로 정반을 기울여 세팅하면 별도의 지그 없이 원하는 각도로 가공이 가능하다. 하지만 나는 웬만해서는 드릴 프레스의 기본 세팅을 바꾸지 않는다. 드릴 프레스에서 하는 작업은 대개가 직각 작업이기 때문이다. 대신 각도가 있는 가공을 할 때는 합판을 이용해 임시 지그를 만들어 사용한다.

임시 지그를 만드는 방법은 간단하다. ❶처럼 정반 위에 디지털 각도게이지를 올려 0점 세팅을 한다. 이후 ❷처럼 합판을 놓고 한쪽이 들리도록 자투리 나무를 바닥에 넣어 원하는 각도인 9도가 만들어지도록 한 후 클램프로 합판과 정반을 고정한다. 마지막으로 합판 위에 디지털 각도게이지를 올려 각도를 확인한다.

직선 다리 목봉과 같은 지름의 포스트너 비트(60mm)를 이용하여 ❸처럼 프레임 측면 원형 가공을 한다. 이때 주의해야 할 점은 직선 다리 보 가공 길이가 포스트너 비트 지름의 50% 이상이 되도록 여유를 주어야 한다는 것이다. 포스트너 비트 중앙을 보면 뾰족하게 송곳처럼 튀어나온 부분이 있는데 센터, 즉 중심을 잡는 역할을 한다. 가공할 때 이 송곳이 중심을 잡는 역할을 하지 못하면 드릴링 시 비트가 한쪽으로 밀리는 현상이 발생한다. 이를 방지하기 위해 50% 이상 충분한 여유를

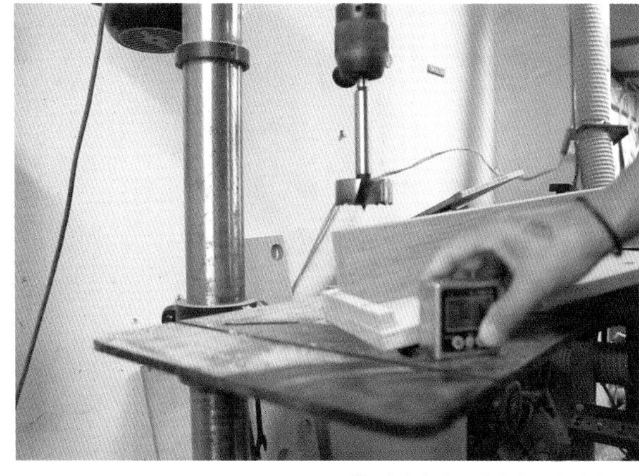

❶ 디지털 각도게이지 0점 세팅하기

❷ 디지털 게이지 지그 9도 세팅하기

❸ 드릴 프레스 포스트너 비트 가공하기

❹ '직선 다리 보' 사선 세팅 후 원형 가공하기

가지고 작업해야 하는 것이다. 즉 재료를 준비할 때도 이 길이가 반영되어있어야 한다는 뜻이다.

❹처럼 직선 다리 보의 한쪽 측면이 곡면으로 가공됐다면 반대쪽도 같은 세팅으로 작업한다. 이때 직선 다리 보의 상단 길이를 도면처럼 362mm로 맞추면 되는데, 이 작업에서는 직선 다리 보의 각도나 길이 모두 완벽하게 맞출 필요는 없다. 정밀하게 맞아야 하는 부재가 아니기 때문이다.

직선 다리 도미노 작업하기

다음은 도미노 작업이다. 직선 다리 보 측면의 곡면 작업으로 직각 기준면이 하나 사라진 셈이지만 상부 기준면은 살아있으므로 얼마든지 도미노 가공이 가능하다. 이 작업에서 신경 써야 할 것은 도미노 높이 세팅이다. 직선 다리 보와 직선 다리의 높이는 정확히 정중앙이다.

❶ 도미노 높이 세팅 테스트

각재로 이루어진 보통의 부재들은 도미노가 제공하는 계단식 높이 조절 장치를 이용한 높이 세팅으로 인해 부재의 정중앙에 도미노를 타공하지 못한다 하더라도 각재의 특성상 두 부재를 동일한 높이의 세팅으로 도미노를 타공해 결합하기만 하면 별 문제가 없다.

하지만 이번 작업은 목봉과 그 봉의 지름으로 곡면 작업을 한 부재를 결합해야 하는 상황이므로 도미노 타공 시 두 부재가 완벽하게 정중앙에 위치하여 도미노 작업을 해야 완벽한 조립이 가능하다. 즉 어느 정도 오차를 허용해도 괜찮은 앞의 작업과는 다르게 이 작업은 오차를 내지 말아야 하는 매우 정밀한 작업이다. 따라서 최대한 부재 중앙에 가공될 수 있도록 ❶처럼 자투리 나무 등을 이용해 테스트 가공을 해본 후 도미노를 세팅한다.

❷ '직선 다리 보'의 도미노 가공 모습

직선 다리 보 도미노 가공

세팅이 됐다면 직선 다리 보에 도미노를 가공한다. 미리 이야기한 바와 같이 다리를 잡아주는 구조 강도를 높이기 위해 직선 다리 보 폭을 70mm로 충분히 넓혀 준비했다. ❷는 70mm 폭 정중앙 높이로 부재에 가공된 결과를 보여준다.

직선다리 보 도미노 작업은 드릴 프레스로 곡면을 가공하기 전에 하면 좋지 않을까 생각할 수도 있을 것이다. 그러나 앞서 보았듯 가공 시 사용 비트 지름 길이의 50% 이상의 길이가 날아가기 때문에 먼저 도미노 가공을 하는 것은 불가능하다.

❸ 직선 다리 도미노 작업

현재 도미노 가공 면이 곡면이라 도미노로 가공하는 길이와 실재 도미노 핀이 들어갈 길이가 다르다. 보통 길이가 짧아지므로 도미노 깊이 세팅 중 가장 긴 28mm 세팅으로 작업한다. 작업 후 깊이를 체크해보면 약 25mm 정도가 나온다. 다행히도 장부 깊이로는 충분하다.

직선 다리 도미노 가공하기

이제 직선 다리에 도미노 작업을 할 차례이다. 준비된 정재단 부재를 가져온다. 직각이 살아있는 상태에서 최대한 부재 중앙에 도미노 작업이 되도록 세팅한 후 ❸처럼 가공해야 한다. 목봉으로 가공된 다리는 직각 기준면이 사라져 정확히 도미노 작업을 하기가 힘들기 때문이다. 다리 부재의 도미노 깊이는 25mm로 작업한다.

정신을 바짝 차리고 최대한 정밀하게 해야 하는 이번 도미노 작업은 직선 다리 보에 가공된 곡면 중앙, 직선 다리 곡면(이제 작업해야 할)의 중앙에 정확하게 가공되어야 원활하게 조립되는 구조임을 명심하자.

직선 다리 목봉 작업하기

다음은 직선 다리를 목봉으로 만드는 작업이다. 목선반으로 작업한다. 목선반은 양쪽 마구리면 센터를 고정하여 부재를 회전시켜 가공하는 기계이다. 이전 작업이 아무리 잘 되어있어도 목선반을 고정하는 중심축이 틀어지면 완성도가 떨어질 확률이 매우 높다. 따라서 목선반으로 작업하기 전에 ❶처럼 부재 양쪽 끝 마구리면 중심을 최대한 정확하게 표시해주어야 한다. 그리고 송곳 등으로 펀칭하여 정확한 위치에 뾰족한 홈을 만들어야 ❷처럼 부재의 중심을 목선반에 정확히 고정시킬 수 있다.

❶ 다리 센터 표시하기

중심점 표시가 끝나면 ❸처럼 테이블 쏘를 이용하여 8각형으로 부재를 다듬는다. 이는 목선반 작업을 좀 더 수월하게 하기 위함이다. 테이블 쏘 톱날을 45도 기울여 4각 모서리를 가공하면 된다. 이때 정 8각이 되도록 테이블 쏘 세팅에 신경써야 한다.

❷ 목선반 부재 고정하기

목공 기계는 대개 날을 고속으로 회전시켜 나무를 가공하는데, 목선반만큼은 이와 반대로 적용된다. ❹처럼 나무를 고속으로 회전시키고 목선반 칼로 회전하는 나무를 깎는 방식이다. 부재가 회전하기 때문에 목봉, 그릇, 접시 같은 원형 회전체 결과물을 만들어낸다.

지름 60mm인 목봉을 만들 때는 2mm 정도 여유를 둔 62mm 정사각형 부재로 작업한다. 그 이유는 목선반 작업 중 각진 면이 사라지는 순간이 60mm 원에 근접한 순간임을 쉽게 파악하기 위해서이다. 즉 작업 중 각진 면이 사라지고 원의 형태가 나오면 지름 60mm 근처까지 왔다는 의미이다. 버니어 켈리퍼스

❸ 다리 8각 가공하기

로 측정해보면서 60mm 봉을 만들어낸다. 목선반 칼로 나무를 깎을 때 칼이 튀지 않게 지지하는 역할은 목선반 칼받침이 한다. 목선반 칼받침은 생각보다 길이가 짧다. 그 이유는 접시나 그릇 같은 경우 칼받침을 90도로 꺾어 작업해야 하기 때문이다.

제일 먼저 60mm 정재단 원을 만들 곳은 도미노 가공이 이루어진 장부 부분이다. 짜임이 되는 곳이 먼저 해결되어야 하기 때문이다. 칼받침 길이가 허용하는 만큼의 길이까지 먼저 작업한다.

❹ 목선반 작업하기

이 부분이 60mm로 작업되었다면 ❺처럼 직선 다리보와 가조립을 해보면서 작업의 정도를 파악해보고 마무리가 되었다면 나머지 부분을 가공한다. 이때 칼받침을 옆으로 이동하면서 부분 부분 작업해야 한다. 부분 부분 매끄럽게 잘 연결되도록 작업해야 쓸 만한 목봉이 완성된다.

❺ 목봉과 프레임 맞춰보기

목선반은 한 번에 가공, 샌딩, 마감까지 가능하다. 목공은 느림의 미학이다. 아무리 빨리 작업을 해도 그 정도가 항상 더디게만 느껴진다. 하지만 목선반은 한 자리에서 가공은 물론 ❻처럼 샌딩, 마감까지 끝낼 수 있어 다른 작업보다 작업 속도가 빠르다. 나는 목선반 기술을 따로 배운 적이 없다. 잘하는 이에게 물어보거나 스스로 해보다가 지금의 실력이 되었다. 배우지 않은 목공은 안전사고를 불러오기 쉬운데 목선반은 다른 목공 기계에 비해 위험도가 덜하다. 칼을 잡는 자세와 깎이는 원리, 작업 순서 등을 익히면 바로 작업을 할 수 있다. 물론 더 잘하고 싶다면 배워야 한다. 내가 말한 그냥 하면 된다는 수준은 목봉까지이다. 난이도가 높은 그릇이나 접시를 깎고 싶다면 배움의 과정을 거쳐야만 한다.

❻ 목공 샌딩하기

직선 다리 조립 및 정재단하기

샌딩이 끝나면 조립을 할 차례다. 이미지 트레이닝이 필요 없는 단순한 구조이므로 ❶처럼 바로 조립한다. 신경 써야 할 것은 꼼꼼하게 접착제를 발라야 한다는 것, 클램핑했을 때 직선 다리와 직선 다리 보가 빈틈없이 잘 붙었는지 신경 쓰는 것

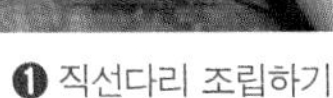
❶ 직선다리 조립하기

❷ 직선다리 클램핑하기

❸ 물티슈로 접착제 제거하기

❹ 슬라이딩 테이블 쏘 직선다리 높이 정재단하기

이다. 9도의 각도가 더 있는 부재라서 클램핑했을 때 밀리지는 않을지 걱정될 수 있다. 각도가 더 컸다면 분명 밀려서 클램핑을 할 수 없었을 것이지만 9도 정도라면 ❷처럼 클램핑을 할 수 있다. 대신 어떤 클램프가 적합할까를 따져 어윈 퀵그립 클램프를 선택했다. 물론 F형 클램프, 파이프 클램프도 가능하다. 정답은 없다.

클램핑이 끝나고 흘러나온 접착제는 클램핑 후 약 30분, 접착제가 완전히 굳기 전에 끌로 제거하지만 지금처럼 복잡한 구조인 경우 ❸처럼 물티슈나 물을 먹은 칫솔을 통해 제거한다. 이때 어설프게 제거하려다 접착제와 물이 희석되어 나무에 스미거나 번지는 현상이 없도록 확실하게 제거해야 한다. 물티슈로 닦아낸 후 물이 다 마르면 나무에 보풀이 생긴다. 물이 먹어 그런 것이다. 가볍게 손 샌딩으로 해결할 수 있다.

약 1시간 이상 클램핑 후 접착제가 건조되면 다리 길이 정재단을 한다. 다리가 좌우 모두 9도 벌어져 있는 형태다. 직선 다리가 1차로 벌어져 있고 이를 연결하는 중앙 프레임 가로 보에 각도가 또 있으니 이 둘을 반영한 2중각 가공 세팅으로 다리 길이 정재단을 해야 한다. 다리 정재단은 ❹처럼 슬라이딩 쏘를 이용하여 작업한다. 각도 세팅은 마이터 펜스 9도, 톱날 각도 9도이다. 마이터 펜스 9도를 쓰는 이유는 아래 도면에서 ⓐ를 보면 알 수 있다. 부재의 윗면을 정재단하려면 꺾인 각도인 9도 만큼 펜스를 꺾어야 톱날과 직각으로 만나 반듯하게 자를 수 있다.

톱날 각도 9도는 도면의 ⓑ를 보면 이유를 알 수 있다. 중앙 프레임 가로 보와 직선 다리가 만나는 각도가 9도이다. 이 각을 맞추기 위해 톱날 각도를 설정한 것이다. 이렇게 작업하면 결과적으로 ⓒ가 작업된다.

TIP. 썰매

테이블 쏘의 대표적인 지그이다. 썰매는 테이블 쏘 위의 T 트랙을 타고 전진 혹은 후진을 하면서 나무를 자르는 것을 도와준다. 판재 또는 각재를 자를 때 사용하며 작업자가 직접 제작하여 사용하는 게 일반적이다.

만약 슬라이딩 쏘가 없다면 썰매로 이 작업을 해야 하는데 썰매는 가공이 가능한 사이즈에 한계가 있기 때문에 이렇게 큰 작업을 하기에는 쉽지 않다. 이때는 어쩔 수 없이 손에 의지해 작업해야 한다. 먼저 도면의 ⓑ에 해당하는 중앙 프레임 가로 보의 각도는 조립 전에 가공이 가능하고, 이후 다리를 조립한 다음 등대기톱으로 직선 다리 상부(ⓒ)를 평행하게 가공하고 손대패로 다듬는다.

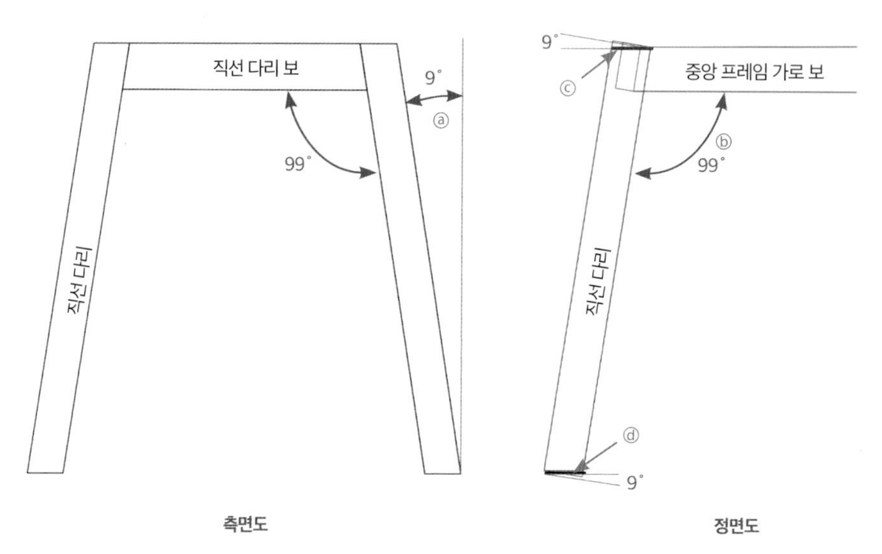

❺처럼 바닥면 다리 각도 가공도 중요하다. 초보자들이 자주 실수하는 부분이다. 다리 각도는 같지만 가공할 때 각도 방향성의 문제다. 즉 중앙 프레임 가로 보 각도와 평행하도록 작업해야 한다. 위 도면의 ⓒ와 ⓓ가 평행해야 한다는 말이다. 이때 바뀌는 부분은 펜스 각도 방향이다. 톱날 각도는 전과 같으나 마이터 펜스 방향을 반대 방향 9도로 바꾸어야 한다.

❺ 다리 각도 가공하기

다리 각도 가공이 끝나면 펜스 각도와 톱날 각도를 다음 작업자를 위해 다시 90도로 세팅하는 게 예의다. 하지만 톱날 각도 9도 세팅을 잠시 그대로 두자. 직선 다리와 연결되는 중앙 프레임 가로 보도 도면의 ⓑ와 같이 조립되도록 같은 각도로 가공해야 하기 때문이다. 지금 이 작업을 하기 위해 중앙 프레임 가공을 미리 해놓지 않고 아껴 두었다.

보의 각도 가공을 지금에서야 하는 이유는 다리 각

❻ 중앙 프레임 도미노(중앙 프레임 가로 보 중앙)

❼ 중앙 프레임 도미노(중앙 프레임 세로 보)

❽ 중앙 프레임 가로 보 9도 각 도미노

도 가공 때 세팅했던 수치를 그대로 사용해야 두 부재가 정확히 연결되기 때문이다. 만약 이 가공을 따로 한다면 두 개의 각도가 완벽하게 같을 수 없다.

중앙 프레임 가로 보의 9도 작업을 마친 다음 할 작업은 중앙 프레임과 직선 다리 프레임의 도미노 작업이다. 언제나 그렇듯 깔끔하게 작업을 마치려면 대패 작업을 할 때는 대패만, 길이 작업을 할 때는 길이만, 도미노 작업을 할 때는 도미노 작업만 하는 것이 좋다.

❾ 직선 다리 프레임 기준선 그리기

❻, ❼, ❽의 중앙 프레임 도미노 작업은 기준선이 확실히 있기 때문에 작업이 수월하다. 하지만 ❾, ❿의 직선 다리 프레임 도미노 작업은 부재 모서리 기준이 아닌 측면, 즉 부재 폭 기준으로 도미노를 세워 작업을 해야 해서 다소 까다롭다.

도미노 바닥면과 도미노 비트 센터와의 거리는 10mm 절대 값을 가진다. 때문에 가공해야 할 정확한 위치를 표시한 후 그 표시 선부터 10mm 떨어진 곳에 평행선을 표시한 다음 그 기준을 바닥면 치수선 기준으로 세팅하여 위에서 누르는 형태로 작업한다. 집사 소파 작업 때 등받이 및 좌판 프레임과 측면 다리 프레임을 연결하는 도미노 작업을 할 때와 같은 형태이다.

❿ 도미노 세워서 작업

TIP. 정확도가 필요한 작업은 대개 임시 펜스를 만들어 작업하지만 이 작업은 손으로 고정하고 천천히 작업했다. 손으로 고정해도 흔들림 없이 작업이 가능하기 때문이다. 하지만 자신이 없으면 이런 방식은 권하지 않는다.

샌딩과 전체 조립, 8자 철물 작업

모든 가공이 끝났다. 조립 전에는 뭐다? 그렇다. 샌딩이다.

❶ 부재들이 조립되는 면은 최소한의 샌딩 작업을 통해 마무리지어야 한다. 과한 샌딩은 직선 면을 미세하게 곡면으로 만들어 조립 후 틈이 생기게 한다.

❷ 샌딩이 끝나면 최종 조립을 한다. 충분한 이미지 트레이닝을 통해 계획을 세우고 접착제가 굳기 시작하는 5분이 넘지 않은 시간 내에 클램프를 고정시켜야 한다. 보통 가구 조립은 모든 부재를 동시에 조립하는 것이 효과적이다. 부재가 각도에 대한 오차를 나눠 갖기 때문인데 지금처럼 부재가 많을 경우에는 무리하게 한방에 조립하려 하지 말고 부분 부분 나누어 조립하는 것이 더 현명하다. 먼저 중앙 프레임 가로 보와 중앙 프레임 세로 보를 먼저 조립한다. 클램프로 고정한 후 양쪽 다리와 조립해도 되는 부분이니 여유롭게 작업할 수 있다.

❸ 다음은 곡선 다리 프레임과 중앙 프레임을 조립한다. 이 둘을 클램프로 고정시키려면 반대쪽 다리도 함께 조립해야 하지만 다행히 '중앙 프레임 세로 보'가 있다. '중앙 프레임 세로 보'는 클램프로 꽉 잡혀 있어 어느 정도 힘을 받으므로 곡선 다리 프레임과 '중앙 프레임 세로 보'를 클램프로 고정하는 방식으로 진행하면 시간을 확보할 수 있어 조금은 여유롭게 작업할 수 있다.

❹ 마지막으로 직선 다리 프레임을 조립한다. 접착제를 충분히 빈틈없이 바른 후 끼워넣는다.

❺ 이후 곡선 다리 프레임과 '중앙 프레임 세로 보'에 걸려있는 클램프를 조심히 분리하고 직선 다리와 곡선 다리를 함께 클램프할 수 있는 긴 클램프로 고정한다. 굳이 먼저 작업한 클램프를 풀고 고정할 필요가 있을까 생각할 수도 있지만 중앙 프레임과 같은 선상에서 조립하는 것이 가장 견고하게 클램핑하는 것이라 판단했다.

❻ 테이블 프레임 전체 조립이 완료되면 45도 보강목 작업을 한다. 보강목 작업을 거르는 것은 생각하지도 말자. '안해도 괜찮겠지?'라는 생각은 금물이다.

보강목 작업을 한 구조는 하지 않은 구조보다 2~3배 이상 튼튼하다. 직선 다리는 45도 보강목이 가능하지만 곡선 형태의 다리는 나중에 로프를 감아 장식해야 하므로 45도 보강목 구조가 불가능하다. 또 프레임이 원형이기 때문이기도 하다. 그래서 장부를 이중으로 더욱 튼튼하게 작업한 것이다.

직선 다리 45도 보강목은 여느 보강목 구조와 다를 바 없지만 9도라는 다리 각도가 있어 이중각도 작업을 통해 가공을 해야 한다. 보통 직각 45도 보강목일 경우 각도절단기를 이용하여 작업하지만 이와 같은 이중각 작업은 테이블 쏘로 작업한다.

총 두 개의 보강목 중 하나는 톱날 각도를 45도로 세팅한 후 마이터 펜스 각도를 9도로 세팅하여 작업한다. 다른 하나는 마이터 펜스 각도를 반대 방향으로 9도 세팅해 가공해야 서로 대칭이 되는 보강목을 만들어낼 수 있다.

동영상으로 배우기 중앙 프레임 가공 및 조립

그 다음에는 나사못 머리 자리를 드릴 프레스로 작업한 다음 접착제를 바른 후 고정, 접착제가 완벽하게 굳으면 3mm 드릴 비트를 이용하여 나사못 길을 내어주고 나사못으로 고정한다. 작업은 집사 소파 24개의 보강목 작업에서 충분히 보여주었다. 참고하기 바란다.

조립이 끝나면 흘러나온 접착제를 제거한다. 조립된 곳의 턱이 잘 맞는지 확인한 후 필요하다면 손대패를 이용하여 턱을 맞춰주어야 한다. 이후 오일로 1차 마감을 한다. 보통 오일은 최소 3차까지 해주어야 생활 방수 기능이 생겨 오래도록 깨끗히 사용할 수 있다. 오일 건조는 온도, 습도 등에 따라 조금씩 다르지만 보통 6시간 이상 건조시켜야 완전 건조가 된다.

8자 철물을 달아야 하는 과정이 남아 있지만 오일을 먼저 바르는 이유는 작업 스케줄상 오일을 바르면 완전 건조 시간까지 아무 작업도 하지 못하기 때문이다. 시간을 효율적으로 쓰려면 퇴근 전에 오일을 바르는 것이 효과적이다.

곡선 다리 오일 마감

직선 다리 오일 마감

8자 철물 장착하기

테이블 프레임과 상판은 8자 철물을 이용하여 고정하는데, 그러려면 먼저 8자 철물을 프레임에 장착해야 한다. 8자 철물은 상판의 수축·팽창을 자유롭게 하면서 프레임과 연결시키는 역할을 한다. 상판은 수축·팽창을 하지만 나무의 길이 방향으로 구조를 완성한 프레임은 수축·팽창을 하지 않기 때문이다. 그렇다면 몇 개의 8자 철물을 달아주어야 좋을까? 작업자마다 다르겠지만 나는 보통 300mm 이상 거리를 두고 작업한다. 이 또한 정답은 없다.

이번 작업에서 8자 철물은 8자 철물 위치와 방향 도면에서 보는 바와 같이 8개가 들어갔다. 먼저 직선 다리 프레임부터 300mm 이상으로 간격을 두고 위치를 잡았는데 오른쪽 곡선 다리 부분은 다리 프레임에 장착할 수 없기 때문에 로프 장식을

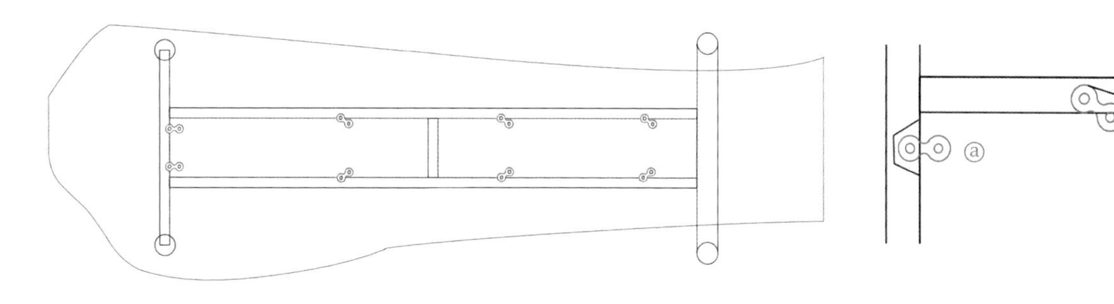

8자 철물 위치와 방향 도면

8자 철물 방향

위한 프레임 턱 끝부분에 장착하였다.

8자 철물은 되도록 테이블 가장자리에 위치해야 한다. 나무가 휘는 것을 최대한 잡기 위해서이다. 8자 철물이 노출되어도 괜찮다면 테이블 프레임 바깥 면에 달아주면 되는데 이번 작업은 그 간격 차이가 의미 없어 보여 보이지 않는 안쪽에 장착하였다.

두 번째로 신경 써야 할 것은 8자 철물의 방향이다. 수축·팽창을 최대한 자유롭게 할 수 있도록 해야 하는 기능상 상판 폭 방향으로 직교하도록 하는 게 중요하다. 위의 오른쪽 도면에서 ⓐ의 8자 철물은 폭 방향으로 정확하게 직교하도록 장착이 가능하지만 ⓑ은 길이 방향 프레임에서 상판의 폭 방향으로 직교하도록 장착하기가 불가능하다. 이때는 최대한 꺾어서 직교 방향을 유지시켜주어야 한다. 같은 형태로 장착되는 8자 철물 방향은 모두 같은 방향을 바라보는 것이 좋다. 중요한 것은 상판의 수축·팽창이 최대한 자유롭도록 방향을 두는 것이다.

❶ 8자 철물의 위치를 잡는다. 최대한 가장자리에 위치하도록 한다. 테이블 같은 경우 가장자리에 테이블의 다리가 위치하고 그 다리는 보와 연결되는 짜임 구간이 있을 것이다. 그곳은 가급적 8자 철물 장착을 피하는 게 좋다. 장부가 만나는 연결 구조로 인해 8자 철물을 고정하는 나사못이 단단히 박히지 않을 수 있기 때문이다.

❷ 드릴링 작업을 통해 8자 철물이 프레임과 같은 높이로 들어가도록 깊이를 파준다. 드릴 비트의 사이즈는 8자 철물 사이즈보다 살짝 크면 된다. 드릴링 깊이는 8자 철물 두께보다 살짝 깊게 한다. 8자 철물이 프레임 높이보다 높거나 그걸 고정하는 나사못이 튀어나오면 상판이 들뜨기 때문이다.

동영상으로 배우기 8자 철물 그리고 최종

❸ 8자 철물은 상판이 자유롭게 수축·팽창할 수 있도록 하는 기능을 한다. 따라서 끌로 다듬어 8자 철물이 좌우로 움직일 수 있는 공간을 만들어준다.

❹ 8자 철물을 나사못으로 고정한다. 나사못을 고정하기 전에 3mm 드릴 비트로 나사못 길을 내어주는 것을 잊지 말자. 길을 내어주지 않으면 나무가 쪼개지거나 나사못 머리가 부러질 수 있다.

❺ 길이 방향에 8자 철물 장착은 앞서 말한 것처럼 최대한 상판의 폭 방향과 직교하도록 해야 한다. 이때 중요한 것은 같은 프레임에 장착할 8자 철물의 방향은 모두 동일하게 해야 한다는 것이다. 8자 철물을 모두 장착하고 충분한 시간을 두어 오일을 바르면 모든 작업이 끝난다.

다음은 납품이다. 납품 시간에 맞춰 슈러스 서프 숍으로 향했다. '서핑 중'이란 팻말이 걸려있다. 양양 생활에는 이런 자유로움이 있다. 저 멀리 서핑을 마치고 돌아오는 슈러스가 보인다. 옷을 갈아입을 거라고 생각했지만 바로 줄 감기 작업에 들어간다. 일 마치고 또 서핑하러 간단다. 역시 저 정도 열정은 있어야 이곳에 정착하며 사는구나 하는 생각이 들었다.

줄 감기가 끝나고 상판을 프레임에 조립했다. 줄 감는 동안 미리 상판에 3mm 나사못 길을 내어준 상태이기 때문에 조립만 하면 된다. 상판이 워낙 무거워 가구를 뒤집어 조립하지 않고 있는 그대로 두고 조립했다. 드디어 완성이다.

줄 감기(슈러스)

최종 조립

3부

버블 체어

버블 체어
디자인 스케치

긴 터널 끝에서 벽을 깨고 나온 작품

운동을 하다 보면 오랫동안 정체되어 도무지 실력이 늘지 않을 때가 있다. 의지도 있고 노력도 많이 하는데 무언가에 꽉 막힌 것 같은 순간이다. 목공도 그럴 때가 있다. 무언가 틀을 깨야 할 것 같은데 언제나 정체된 작품만 만드는 것 같은 순간이 있다. 자신에게 무엇이 부족한지, 어디부터 손을 봐야 할지 감조차 잡을 수 없을 때이다.

그 긴 터널의 끝에서 무언가 벽을 깬 듯한 작품을 만들어내는 것은 희열을 불러일으킨다. 나에게도 그런 작품이 있으니 Bubble 81이다. 일명 '버블 테이블'.

어느덧 목공에 입문한 지 15년 차다. 그리 길지도 않지만 짧다고 할 수도 없는 세월이다. 나에게 공방을 운영한다는 것은 먹고 사는 생업이다. 공방이 흥해야 먹고 사는 게 해결되고 다른 하고 싶은 일들도 할 수 있다. 이 문제는 공방을 시작한 때부터 지금까지 언제나 숙제로 남아있다.

어떻게 하면 먹고 사는 게 좀 더 수월해질까? 어떻게 하면 공방이 더 잘될까? 이 질문에 내가 내린 답은 내 자신의 가치를 높여야겠다는 것이다.

"나는 어떤 작업을 한 결과물로 평가 받는다. 즉 내가 만들어내는 것이 결국 나이고 내 공방이다. 내가 곧 경쟁력이고 그 경쟁력이 먹고 사는 문제, 공방의 성장을 좌우할 것이다."

이런 생각을 꽤 오래 전부터 하기 시작했고 이를 본격적으로 행동에 옮긴 것이 목공 4년차부터다. 그 전까지는 마냥 열심히만 했었다. 그런데 하면 할수록 한계가 느껴졌다.

오늘날은 '공예 대중화의 시대'라고 할 수 있다. 누구나 쉽게 목공을 할 수 있고 누구나 좋은 디자인을 볼 수 있는 안목을 가진 시대이다. 어느 공방을 보더라도 예쁘고 멋진 가구를 잘 만든다. 그러니 내가 아무리 잘해도 나 또한 무수히 많은 공방 중 하나일 뿐이다. 이러한 상태로는 치열한 경쟁을 피할 수 없다. 근근히 먹고 살 수는 있겠지만 이대로라면 참 재미없는 삶이 되겠다 싶었다. 돌파구를 찾아야 했고 그에 대한 답은 제품이 아닌 작품이었다.

나의 첫 작품은 Heel이라는 신생아 요람이다.

이전에 만들었던 제품과의 차별점이라면 '물리적 기능성 제로'라는 점이다. 판매 목적이 아닌 오로지 나의 가치를 보여주고자 만든 첫 번째 작품이라 할 수 있다. 내가 이 작품에 집중한 부분은 심미성 하나뿐이다. 전에는 기능을 따지고 효율을 따지고 예쁘면 되었다. 여기에 어느 정도 난이도 높은 목공 기술을 가미해 새로운 가치를 만들어내려 했다.

'판매 가능성이 희박한 가구를 만드는 것이 무슨 의미가 있을까?'라고 생각하는 독자도 있겠지만 '작품은 판매 가치보다 존재 가치가 중요하다'고 믿고 완성했다.

팔리지 않을 것 같았던 이 작품은 제작한 지 3년 만에 판매되었다. 물론 이 요람은 판매가 되기 전에도 나에게 작품 값 이상의 수익을 가져다주기도 했다. 이 작품을 기점으로 주문 제작이 늘고 나에게 목공을 배우고자 하는 이들이 많아졌기 때문이다.

요람 heel 2010

고객은 작품을 통해 작가를 판단하고 제품을 의뢰한다. 학생은 자신이 만들고자 하는 작품을 배우길 꿈꾸며 내게 찾아온다. 이 모든 결과가 작품으로부터 시작된 것이다. 작품이 가지고 있는 힘이다.

학생을 가르치고 의뢰받은 제품을 제작하며 공방을 운영하면서도 여유가 생기면 어김없이 작품 활동에 임했다. 그러다 벽이 찾아왔다. 열심히만 했던 그때처럼 열정은 가득하고 하고 싶은 작품도 머릿속에 가득한데 제대로 가는 것이 맞나 싶었다. 그리고 그때 나에게 필요한 것이 무엇인지를 알아차렸다. 바로 배움의 갈증이었다. 누군가 조금만 더 길을 알려준다면 이 막막함에서 벗어날 수 있을 것 같았다. 그래서 결심했다. 대학원에 가자고. 내 나이 30대 중반이었다.

내가 가진 학위는 2년제 전문대 졸업장이 전부였다. 그마저도 중간에 자퇴를 하려 한 걸 간신히 졸업은 마쳤다. 편입을 하자니 공부를 해야 하고 대학원에 가자니 학위가 부족했다. 그래서 선택한 곳이 사이버 대학이다. 최종 목적은 홍익대학교 목조형 가구학과 대학원. 나의 멘토이자 아트퍼니처 대가이신 최병훈 교수님이 계시는 곳이다.

일을 하면서 틈틈이 사이버 대학의 수업을 들었다. 보통 일이 아니었다. 시험 준비는 물론 숙제도 보통을 넘어섰고 아침부터 밤늦게까지 해야 하는 공방 일과 병행하기란 정말 힘들었다. 쉽게 학점을 채울 요량으로 사이버 대학을 선택한 것은 큰 오산이었다. 마침내 2년 반만에 어렵사리 졸업하고 홍익대학교 대학원 진학에 성공했다.

버블 체어 디자인 콘셉트

Bubble 81 테이블은 대학원 첫 번째 과제 작품이었다. 자연의 패턴인 버블의 형태를 모티브로 삼아 디자인한 작품이다. 22개의 유리 조각, 6개의 다리, 53개의 프레임이 만나 하나의 테이블이 완성되었다.

나는 목공의 기술적인 욕구가 그리 크지 않았다. 대학원에 진학하기 전에 해볼 만한 기술은 다 익혔고 경험치가 쌓이자 새로운 기술도 그리 어렵지 않게 익혔다. 하지만 그 기술을 가지고 어떤 대상을 만들지, 그 대상을 어떻게 바라볼 것인지, 그 안에 내가 담으려는 것은 무엇인지, 예술이란 무엇이지… 이 모든 생각이 나를 혼돈에 빠트렸다. 그 혼돈 속에서 나온 첫 번째 결과물이 Bubble 81이다.

이 작품을 만드는 과정을 동영상으로 찍었고 그것을 편집해 인터넷에 올렸다. 당시에는 유튜브 플랫폼이 오늘날처럼 대세가 아니어서 다른 플랫폼에 올렸는데, 이 영상은 점점 입소문을 타면서 소위 대박이 났다. 당시 목공을 한다는 사람치고 안 본 사람이 없다는 말까지 있었다.

버블 체어 도면

Bubble 81 테이블은 제작한 지 4년 만에 판매가 되었다. 이 작품을 가져간 분은 오래 전부터 이 작품을 눈여겨보고 구매를 고려하던 차에 집을 이사하게 되었다면서 인테리어를 이 작품과 어울리게 했다고 말씀하셨다. 공예가에게 이는 가장 큰 칭찬이며 후원이다. 그 분은 Bubble 81 테이블에 어울리는 의자를 의뢰했는데, 이때 만들어진 의자가 이번 작업에서 선보일 버블 체어다.

버블 체어는 최대한 간결하게 디자인하려 했다. 주인공인 버블 테이블보다 화려하면 안 된다. Bubble 81 테이블에 있는 수많은 버블 중 하나가 되어 있는 듯 없는 듯했으면 했다. 그러기 위해 의자 프레임에 테이블의 곡선을 닮은 곡면을 차용했다. 왼쪽 도면은 그런 의도를 담아 나온 디자인이다.

가장 많이 고심한 부분은 의자의 좌판이다. 좌판의 형태는 의자의 전체 디자인을 좌우하는 요소 중 하나이다. 의자는 의자의 형상을 이루는 프레임과 좌판과 등받이로 이루어진다. 그중 좌판 모양이 어떠하냐에 따라 의자 전체 디자인 콘셉트가 결정된다. 부피가 커서 눈에 띄기 때문이다. 디자인 설계 시에는 도면처럼 정면도와 측면도를 중심으로 보기 때문에 전체 형상에 가려 존재감이 약하지만 만들고 나면 더 눈에 띈다. 사람이 의자를 볼 때는 정면도나 측면도로 보는 것이 아니라 사선으로 내려보기 때문이다. 그래서 좌판 디자인에 공을 들였다. 어떻게 하면 테이블과 잘 어울리고 한 조각 버블처럼 보이게 할 수 있을까? 고민 끝에 내린 좌판의 디자인 방향은 크게 두 가지다.

첫째, 프레임 라인을 따라 자연스럽게 일치시킨다. 하나의 나무를 깎아 만들어 한 몸인 것처럼 통으로 된 형상으로 구현한다.

둘째, 이를 위해 좌판 두께를 가능한 한 얇게 만든다. 좌판 두께는 실제로 보면 꽤 눈에 띈다. 버블 테이블과 하나로 보이려면 두께를 최대로 줄여야 한다.

아래 사진은 버블 체어가 함께한 Bubble 81 세트이다. 수많은 버블이 퍼지며 의자마저 한 조각 버블이 되어 튀어오를 것 같다. 나에게 버블이란 단순한 거품이 아니라 끓어오르는 열정이다. 거품이 꺼지고 나서야 비로소 그 속에 진짜가 보인다. 알을 깨려면 자신의 모든 것을 끌어올려 거품을 만들어야 한다. 이 작품은 끓어오르는 거품을 열고 참 나를 만나는 첫 걸음을 상징한다. 지금부터 버블 체어를 함께 만들어보면서 여러분도 자신만의 작품의 세계를 그려보길 바란다.

Bubble 81 테이블 세트(2018 송도)

동영상으로 배우기 Bubble81 테이블

버블 체어
작업 스케치

WISYS

버블 체어 제작 준비하기

모든 작업이 그렇듯 작업의 시작은 설계 후 부재 준비부터이다. 부재 준비표를 기준으로 각 부재를 준비하면 된다. 주 부재는 월넛 8/4 인치이다.

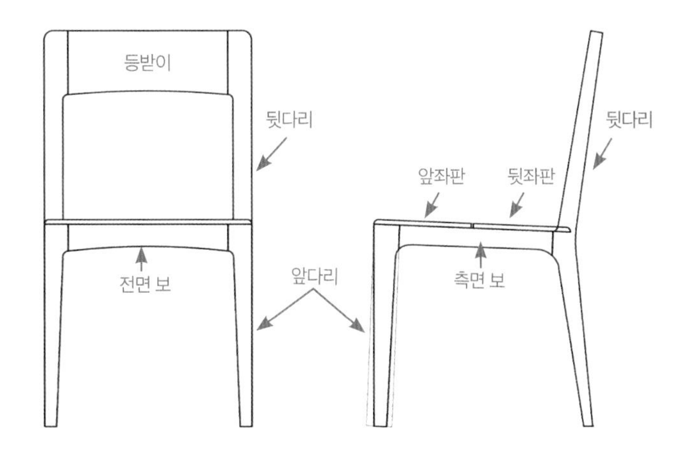

버블 체어 부재 준비표

단위 : mm

목록	폭×길이	두께(T)	부재 개수	기타
앞다리	57×440	50	2	
전면 보	58×360	28	1	
측면 보	53×343	28	2	
후면 보	58×360	28	1	
등받이	140.7×365	50	1	
뒷다리	113.5×846.4	50	2	
앞좌판	217.4×465.1	20	1	
뒷좌판	217.3×465.1	20	1	

폭 정재단하기

여느 작업과 마찬가지로 원목을 가져와 각도절단기로 가재단 후 수압대패, 자동대패를 이용하여 면을 잡는다. 그리고 테이블 쏘를 이용하여 원하는 폭으로 정재단한다.

자동대패과 수압대패로 면을 잡은 부재를 테이블 쏘를 이용하여 폭 정재단 작업을 진행할 때 발생할 수 있는 문제에 대해 잠깐 이야기해보자.

부재 쐐기

왼쪽 사진처럼 폭이 넓고 두꺼운 나무를 켜면 톱과 나무가 닿는 마찰열로 인해 나무가 순간적으로 휘어버릴 수 있다. 그렇게 휜 나무는 테이블 쏘의 안전장치 중 하나인 라이빙 나이프를 잡아버리고 더 이상 작업 진행이 불가능해질 수 있다. 이럴 때는 테이블 쏘를 멈춘 후 이미 잘린 부재 틈 사이에 쐐기를 박아 나무를 살짝 벌려준 다음 작업을 이어가야 한다.

이런 상황은 나무 자체의 문제이거나 나무와 톱날 사이의 마찰력이 갑자기 증대할 때 혹은 테이블 쏘 세팅이 불안할 때 주로 나타난다. 나무 자체가 문제인 경우는 어쩔 수 없지만 마찰력 때문에 생기는 문제는 톱날 세팅이나 교체로 피해갈 수 있다. 이런 상황을 피하기 위해 언제나 기계 세팅에 신경을 써야 한다.

기계 세팅하기

공방을 운영하면서 신경 써야 할 중요한 요소 중 하나가 바로 기계 세팅이다. 이는 작업의 완성도와 안전을 위해 꼭 공부해야 하는 부분이다. 고속으로 회전하는 목공 기계 특성상 잘 세팅된 기계도 잔 진동에 의해 시간이 지나면서 틀어지기 마련이다. 따라서 목공 기계들은 시간이 나는 대로 정비하고 세팅해서 사용해야 안전하고 정밀한 작업이 가능해진다.

처음부터 기계 세팅을 잘하는 사람은 없다. 나 또한 마찬가지다. 지금의 내가 기계 세팅에 능숙해 보이는 이유는 기계를 뜯어보기 때문이다. 나는 더 이상 뜯으면 원상복구가 힘들다고 판단될 때까지 뜯어본다. 그러면 기계에 대한 이해도 높아지고 목공 본연의 세팅 능력이 생긴다.

그러다가 만일 고장이 나면 어떻게 하냐고? 기계를 판매한 곳에 연락해 수리를 받으면 된다. 수리할 때 옆에서 찬찬히 지켜보면서 모르는 것이 있으면 물어본다. 이는 또 다른 배움으로 이어져 다음에 고장이 나거나 기계 세팅이 틀어진 경우 스스로 고칠 수 있는 능력으로 나타난다. 단 기계를 뜯어볼 때는 꼭 전기를 내린 상태에서 안전을 확보하고 작업해야 한다.

길이 정재단하기

폭에 대한 정재단이 끝났으면 길이에 대한 정재단을 한다. 정재단은 자신이 디자인한 도면을 보면 얼마나 재단해야 하는지 알 수 있다. 다음 버블 체어 도면을 보면서 작업할 것이다.

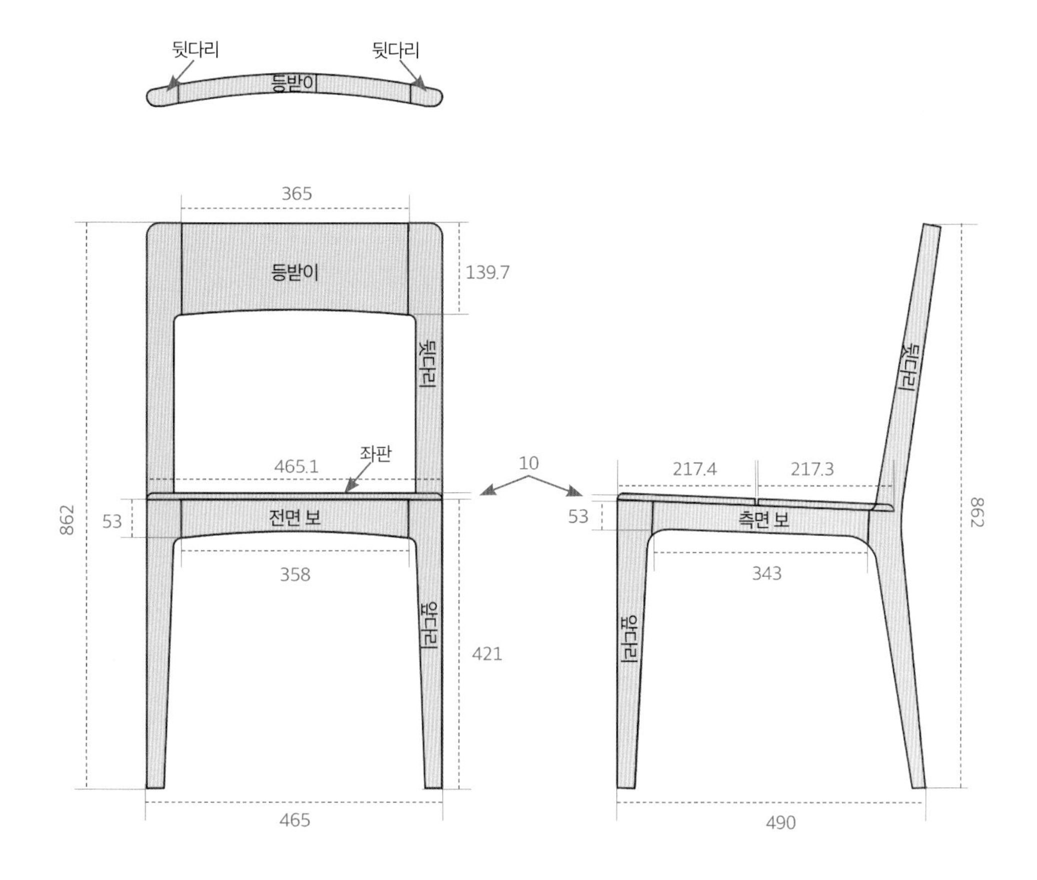

버블 체어 도면

부재 정재단 길이는 위 도면의 길이와 다르다. 단적인 예로 뒷다리 부재 같은 경우 부재가 사선으로 살짝 누워 있어 직선 거리와 실측 거리가 다를 수 있다. 따라서 정재단 치수는 부재준비표 기준으로 정재단한다. 자세한 이야기는 각 부재를 가공하면서 설명할 것이다.

오른쪽 사진은 마이터 펜스를 이용한 부재 길이 정재단하는 모습이다. 여기까지 작업하면 필요한 부재 준비가 완료된다.

마이터 펜스를 이용한 부재 길이 정재단 모습

동영상으로 배우기
부재 준비 및 정재단
정밀 목공을 위한 테이블쏘 정밀 세팅 방법

템플릿 가이드 만들기

의자를 제작할 때 템플릿 가이드를 활용하는 것은 필수이다. 등받이처럼 각도를 비스듬하게 만들어야 하는 경우 각도가 잘 맞아야 완성도가 높아지기 때문에 템플릿 가이드를 이용한다. 템플릿 가이드는 슈러스 테이블에서 이미 만들어보았다. 템플릿 도면을 1:1로 출력해 5mm 합판에 붙인 후 라인을 보고 잘 가공하여 사용한다. 또는 출력한 종이만 이어 붙여 그것을 그대로 템플릿처럼 사용한다.

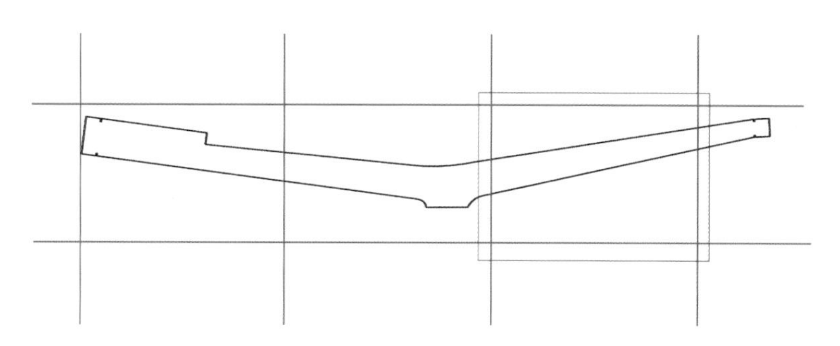

버블 체어 뒷다리 1:1 템플릿 도면

이 일 자체는 어려운 일이 아니지만 수고스러운 일이고 가공을 잘못하면 템플릿을 다시 만들어야 한다. 이런 수고를 줄이기 위해 CNC나 레이저 커팅기를 이용하여 템플릿을 만들기도 한다. 나는 레이저 커팅기를 이용해 작업을 했다.

레이저 커팅기로 커팅하는 모습

레이저 커팅기를 이용해 완성한 템플릿

CNC 가공이나 레이저 가공 의뢰하기

인터넷으로 'CNC 가공'이나 '레이저 공방'을 검색하여 나온 곳 중 적당한 곳을 직접 방문하거나 택배 배달을 전제로 도면을 보내 가공을 의뢰해도 된다. 그러려면 적어도 벡터 방식을 지원하는 2D 그래픽 프로그램 정도는 다룰 줄 알아야 한다. 캐드, 일러스트레이터, 코렐드로우 같은 그래픽 프로그램을 다룰 줄 안다면 도면을 그려 업체에서 원하는 파일 형식으로 보내줄 수 있다.

CNC나 레이저 커팅기 같은 기계들은 좀 더 정밀한 템플릿을 빠른 시간 내에 제작할 수 있다. 하지만 이런 기계들이 없다고 해서 템플릿을 만들지 못하는 것은 아니다. 앞서 만들었던 종이 템플릿이나 그 종이를 합판에 붙여 라인을 따라 가공한 템플릿은 우리가 언제든 쉽게 만들 수 있는 방법이기 때문이다.

왼쪽의 버블 체어 뒷다리 1:1 템플릿 도면을 다시 살펴보자. 이 도면은 A4 용지 위에 1:1 도면을 여러 장 출력하기 위한 작업이다. 빨간색 표시 선은 출력한 용지를 서로 이어 붙이기 위한 기준선이다. 도면을 출력하여 기준선에 맞추어 용지를 풀로 붙인 후 이를 다시 합판에 붙여 라인을 따라 가공하면 템플릿이 만들어진다.

이때 중요한 것은 템플릿 결과물에 따라 부재 결과물이 결정되니 최대한 정밀하게 작업해야 한다는 것이다. 5mm 합판으로 템플릿을 만드는 이유 역시 가공성을 높여 정밀한 작업을 쉽게 하기 위해서이다.

템플릿을 만들기 위한 도면을 그릴 때 염두에 둘 사항이 있다.

오른쪽에 있는 뒷다리 템플릿 도면을 보자. 검은 선과 빨간 선이 합쳐져 템플릿 가이드 도면이 완성되었다. 여기서 검은 선은 도면 상의 의자 다리이고 빨간 선은 의자 다리 도면에서 연장되어 튀어나온 부분이다. 즉 의자 다리 가공을 위한 템플릿을 만들 때는 의자 다리보다 빨간 선만큼 더 튀어나와야 한다. 튀어나온 부분 없이 템플릿을 만들면 라우터 테이블 작업 시 자칫 부재의 끝 부분이 터져 작업의 완성도를 떨어트리고 작업자도 위험에 처한다. 그래서 템플릿을 만들 때는 꼭 연장선을 두어 원래의 도면보다 더 길게 만들어야 하는 것이다.

버블 체어 뒷다리 외에 만들어야 할 템플릿은 앞다리(측면), 각 보의 곡면 라인, 등받이 곡면(189쪽 상단 도면 참조)이다. 이 템플릿들은 뒷다리 템플릿만큼 정교할 필요는 없어 자세히 설명하지는 않겠다. 다만 모양만 정교하면 된다. 이에 대한 내용은 뒷다리 템플릿 작업 후 설명할 것이다. 템플릿을 만들 때는 189쪽 도면을 참조한다.

여기서 한 가지 유의할 것은 앞다리 템플릿이다. 뒷다리 템플릿이 측면이듯 앞다리 템플릿 또한 측면을 템플릿으로 작업한다. 정면 작업은 뒤에서 뒷다리와 함께 다듬는 과정을 따로 할 것이다.

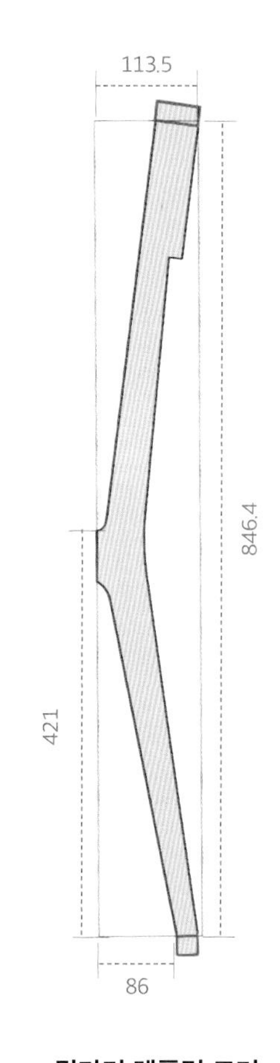

뒷다리 템플릿 도면

동영상으로 배우기 의자 만들기 템플릿 작업 템플릿을 활용한 다리 가공

버블 체어 뒷다리 작업하기

부재에 템플릿 고정하기

❶ 준비된 부재 위에 템플릿이 정확히 위치할 기준점을 표시한다.

❷ 이후 템플릿을 부재에 고정한다. 먼저 3mm 비트로 드릴링하여 나사못 길을 내어준 후 나사못으로 고정한다.

나사못으로 고정하면 부재에 상처가 남는다. 때문에 고정할 곳을 잘 선택해야 하는데 보통 프레임과 연결되는 곳, 즉 암장부나 도미노 가공이 이루어지는 곳을 고르도록 한다. 후에 뒷다리를 연결하기 위한 가공이 이루어지면 지금 만든 나사못 구멍은 사라질 것이다.

이 작업에서 템플릿을 고정하는 나사못의 위치는 3곳이다. 등받이 부분, 중앙 가로 프레임과 연결 부분, 다리 밑 부분이다. 그런데 다리 밑 부분은 연결되는 프레임이 없어서 작업 후에 남는 나사못 자국을 지울 방법이 없다. 이럴 때 활용할 수 있는 두 가지 방법이 있다.

첫째, 나사못보다는 튼튼하지 않지만 양면테이프를 사용한다.

둘째, 이런 상황을 예상하고 템플릿을 만들 때 하단을 길게 연장하여 연장선 쪽에서 나사못을 박는다. 작업 후에 연장선으로 튀어나온 부분을 정재단하면 나사못이 박혔던 부분이 사라진다. 191쪽 뒷다리 템플릿 도면의 하단 연장선(빨간 선 부분)이 작업 완성도와 안전성 외에 이런 부가적인 기능을 한다는 것을 알 수 있다.

다리 템플릿을 이용해 나사못을 박을 때 생각해야 할 것이 또 있다. 의자 다리 작업을 위해 준비한 부재의 길이도 템플릿에 맞아야 한다는 것이다. 템플릿 상으로는 나사못을 박을 수 있는데 준비된 부재에 놓아보니 부재가 짧아 나사못을 박을 수 없다면 템플릿을 준비한 의미가 없어진다. 단 라우터 테이블 작업을 위해서는 부재가 템플릿보다 길면 안 된다. 작업 완성도와 안전을 위해 항상 준비한 부재보다 템플릿의 연장선이 길어야 한다. 이 부분은 앞서 이야기한 템플릿 관련 영상에서 설명하고 있다. (191쪽 참조)

양면테이프와 템플릿 하단 연장선에 나사못을 박는 방법 중 추천하는 것은 하단 연장선에 나사못을 박는 것이다. 라우터 테이블 작업까지 생각하면 템플릿과 부재가 튼튼하게 결합되어있는 것이 훨씬 유리하다.

❸ 템플릿을 완벽하게 고정했다면 부재 위에 템플릿 기준선을 그려준다. 라우터 테이블 작업 이전에 부재의 필요 없는 덩어리를 밴드 쏘로 덜어내기 위한 기준선을 그리는 것이다.

❹ 두 번째 뒷다리에 선을 그리는 모습이다. ❸과 비교해보면 부재 위의 템플릿이 대칭으로 자리 잡았다. 의자 다리를 가공할 때 주의할 것은 의자 다리는 대칭으로 쌍을 이룬다는 점이다. 그 사이에 보가 들어간다. 다시 말해 보(후면 보)가 들어간 모습을 가정해보면 다리는 같은 방향이 아니라 대칭으로 서게 된다. 그래서 의자 다리를 가공할 때도 보가 들어갈 방향을 계산해서 가공해야 하는데 그것이 ❸, ❹에서 보여주는 대칭 방향이다.

그럼 앞의 과정을 정리해보자. 부재 위에 템플릿을 두고 나사못을 박은 후 기준선을 그린다. 템플릿을 제거한 후 밴드 쏘로 덜어낸다. 그런 다음 다시 템플릿을 정확한 위치에 고정시키려면 선을 그리기 전 템플릿에 미리 나사못을 박아두어야 한다. 그래야 밴드 쏘로 덩어리를 걷어낸 상태에서도 이미 뚫어 놓은 나사못을 따라 박기만 하면 정확한 위치에 템플릿을 바로 장착할 수 있다.

의자 다리는 보를 중심으로 대칭으로 선다. 이를 이해하지 못하고 의자 뒷다리 두 개를 똑같은 위치에 템플릿을 놓고 나사못을 박으면 최종 조립할 때 한쪽은 나사못 자국이 그대로 남아 난감한 상황에 놓이게 되므로 주의해야 한다.

뒷다리 형태대로 부재 덜어내기

다음은 의자 다리 형태만 남기고 부재를 덜어내는 작업이다. ❶처럼 밴드 쏘를 이용하여 미리 그려둔 선을 기준으로 정밀하게 가공한다.

밴드 쏘로 덩어리를 걷어내는 이유는 이후 라우터 테이블에서 작업할 때 작업 완성도와 안전을 확보하기 위해서이다. 라우터 테이블은 가능한 한 얇게 깎을수록, 즉 가공할 부재의 면적이 줄어들수록 완성도가 높아지고 안전한 작업이 된다. 따라서 ❷처럼 밴드 쏘에서 최대한 정밀하게, 그려놓은 기준선에 매우 근접하게 부재 덩어리를 걷어내면 이후 라우터 테이블 작업에서 비트에 의해 부재가 터지는 현상이 현저히 줄어들고 안전 확보에도 유리하다.

❶ 밴드 쏘로 부재를 덜어내는 작업

❷ 밴드 쏘로 가공 완료한 모습

밴드 쏘를 이용하여 불필요한 부재 덩어리를 걷어냈다면 라우터 테이블 작업을 위해 부재에 템플릿을 다시 고정시켜야 한다.

❸ 템플릿에 양면테이프 붙이기

❹ 템플릿 고정을 위한 나사못 박기

이전 작업에서 템플릿을 나사못으로 고정하고 선을 그렸다면 나사못 구멍이 있을 것이다. 이를 찾아 다시 나사못을 박아주면 된다. 만일 하단 연장선에 나사못 박는 것을 미리 고려하지 않아 양면테이프를 붙여야 한다면 ❸처럼 양면테이프를 붙인 후 ❹와 같이 나머지 나사못 자리에는 나사못을 박아 템플릿을 고정한다. 나사못을 '고정했다', '풀었다'를 번거롭게 반복하여 작업하는 이유는 정확도 때문이다.

정확한 치수로 부재 가공하기

부재에 템플릿을 고정했으면 ❶처럼 라우터 테이블을 세팅한다. 사용할 비트는 '상부 베어링 일자 비트'이다. 흔히 '일자 베어링 비트', '패턴 비트'라고 부른다. 베어링과 날의 높이가 같은 것이 특징으로, 베어링은 템플릿을 타고 가고 비트의 날은 베어링을 따라가면서 부재를 가공한다. 베어링과 날의 높이가 같다 보니 템플릿과 동일하게 부재가 가공된다. 따라서 날 높이 세팅을 할 때 베어링은 템플릿을 타고 가도록 맞추고 날은 나무를 가공할 수 있도록 정확한 높이로 맞춘다.

❶ 라우터 비트 높이 세팅

모든 준비가 되었으니 작업을 시작해보자. 라우터 테이블 작업에서 중요한 것은 작업 시작점이다. ❷처럼 부재보다 연장되어 튀어나온 템플릿 가이드부터 작업을 시작해야 한다. 즉 템플릿 가이드가 먼저 베어링에 밀착된 뒤 천천히 전진하면서 나무가 가공되도록 해야 한다. 이는 앞선 템플릿 영상(191쪽 참조)에서 설명했듯 날이 마구리나 부재의 끝부분을 순간적으로 끌어당겨 부재가 터지는 현상을 막기 위

❷ 튀어나온 템플릿 가이드에서부터 작업 스타트

❸ 라우터 테이블에서 부재를 가공하는 모습

함이다.

나는 라우터 테이블에서 부재를 가공하는 것이 목공 기계로 하는 작업 중 가장 위험하다고 생각한다. 특히 펜스에 의지해 작업하는 것이 아니라 이번 작업처럼 자유롭게 하는 방식은 정말 위험하다. 비트와 부재의 밀착도가 일정하지 않고 조금만 왔다 갔다 해도 부재가 튕겨나갈 수 있다. 또 부재를 가공하는 동안 손이 날물과 가까워지는데 부재의 제대로 된 가공을 위해서는 계속 움직일 수밖에 없다. 보호력이 상당히 떨어지는 것이다. 그래서 학생들에게 늘 시작점을 강조하고 템플릿의 연장선을 꼭 만들 것을 당부한다.

작업자의 숙련된 솜씨에 의지하는 이런 프리스타일 작업은 가능하면 최대한 피하려 하지만 지금처럼 특별한 형상을 정밀하게 깎아야 하는 작업은 사실 라우터 테이블만한 것이 없다. 그러니 안전조치들을 모두 취하고 좋은 컨디션을 유지하여 최대한 실수 없이 작업에 임해야 할 것이다.

앞다리와 나머지 부재 작업하기

우리는 방금 템플릿을 이용하여 의자 뒷다리 형태를 가공했다. 이제 남은 부재 가공 작업은 앞다리, 각 보의 곡면 라인, 그리고 등받이 곡면이다.

지금 작업한 뒷다리는 등받이 각도에 대한 정밀도 때문에 라우터 테이블 작업을 했지만 나머지 부재들은 형상과 각도 자체가 구조적인 부분과 관련이 없는 장식적인 요소에 가깝다. 즉 해당 각도들은 정밀하게 작업하면 좋지만 약간의 오차가 있어도 작품에 크게 영향을 미치지 않는다. 이런 작업을 위한 템플릿은 각도와 형상의 완벽한 가공을 염두에 두고 만드는 것이 아니라 형상을 만들기 위한 '본뜨기'로 만드는 것이다.

❶ 밴드 쏘로 앞다리를 가공하는 모습

❷ 라우터 작업 중 부재 터짐

그러니 나머지 작업은 ❶과 같이 밴드 쏘로 정밀하게 덩어리를 걷어낸 후 잘 다듬어 사용하면 된다. 즉 라우터 작업을 해도 되고 하지 않아도 된다. 밴드 쏘 작업 후 손대패로 마무리할 수도 있고 권장하지는 않지만 샌딩으로 마감해도 된다.

❷는 라우터 테이블 작업 시 발생할 수 있는 여러 변수 중 부재가 터진 것이다. 작업을 세심하게 해도 이런 변수들은 어쩔 수 없다. 특히 부재를 가공하기 전 부재

❸ 부재 터진 조각

❹ 터진 조각 접착제 붙이기

내에 결이 바뀌는 지점이 보이면 작업 시작부터 변수에 의한 사고가 예감되곤 한다. 내가 라우터 테이블 작업을 기피하는 이유가 이런 통제할 수 없는 변수가 생기기 때문이다.

이렇게 라우터 테이블 작업 중 변수가 생기면 재빨리 해결해야 한다. 특히 부재가 터져 날아갔다면 작업을 멈추고 쌓여있는 톱밥 속에서 터져 나간 부재 조각을 찾아야 한다. 부서진 조각이 있으면 해결이 쉬워지기 때문이다. 만일 부서진 조각을 찾지 못하면 부재를 다시 준비해 처음부터 만들거나 설계를 변경해 해당 면을 깎아 맞추거나 그도 아니면 이음이든 접성이든 하여 부서진 면이 정상 상태가 되도록 해야 한다. 그 작업만으로 반나절을 버리는 경우도 허다하다.

❸처럼 터져 나간 조각을 찾아내면 다행히 빨리 해결할 수 있다. 문제가 더 발생하지 않는 것으로 다행일 수 있다니 행복이 멀리 있는 것이 아니다.

터진 조각들은 보통 뜯겨 나간 부분이라서 잘만 하면 감쪽같이 숨길 수 있다. ❹처럼 접착제를 발라 제 위치에 터진 조각을 붙인 후 클램프로 고정한다. 30~40분 후 접착제가 건조되면 클램프를 풀고 혹여라도 미세한 면이 있으면 손대패로 다듬어준다.

지금까지 뒷다리, 앞다리, 각 보에 대해 템플릿에 의한 라우터 테이블 작업 및 템플릿에 의한 본뜨기 작업을 진행하여 버블 체어를 만들기 위한 형상 작업을 완료하였다.

도미노 가공하기

앞에서 진행한 템플릿에 의한 부재 가공 작업이 끝나면 앞다리, 뒷다리, 각 보의 형태와 길이 등이 정재단되어있는 상태가 된다. 만일 템플릿의 하단에 나사못을 박기 위해 부재의 길이를 조금 길게 재단했다면 이 부분을 정재단해주어야 한다.

'전면 보+후면 보+측면 보' 도미노 가공하기

다음 과정으로는 준비된 부재들을 서로 연결해줄 장부를 가공할 차례다. 이번 작업도 현대 목공의 총아인 도미노로 작업한다.

❶ 도미노 세팅은 두께 10mm, 폭이 가장 넓은 33mm, 그리고 길이는 한쪽 25mm, 양쪽 합이 50mm로 작업한다.

❷ 의자 앞다리와 앞다리를 연결하는 전면 보, 뒷다리와 뒷다리를 연결하는 후면 보, 앞다리와 뒷다리를 연결하는 측면 보의 도미노 작업을 완료한 모습이다. 의자 다리를 구성하는 이 부재들을 연결하는 작업을 할 것이다.

'뒷다리+후면 보+뒷다리' 연결을 위한 도미노 가공하기

앞다리+전면 보+앞다리 연결은 기준면이 존재해 도미노 작업이 수월하다. 앞다리+측면 보+뒷다리 연결 부분 역시 이와 비슷한 면이 있어 그리 어렵지 않다. 하지만 뒷다리+후면 보+뒷다리 연결은 기준면이 명료하지 않고 도미노를 세워 작업해야 해서 주의해야한다. 뒷다리+후면 보+뒷다리 부분의 도미노 작업을 자세히 보자.

❶ 뒷다리에 도미노가 자리 잡아야 할 위치를 세팅한다. 여기서는 300mm 철자의 도움을 받아 정밀한 도미노 작업을 진행했다. 바닥면 기준으로 작업 시에는 언제나 10mm 높이가 센터 값이다. 그러므로 작업 위치에서 10mm 떨어진 곳과 평행하게 300mm 철자를 놓는다.

TIP. 철자를 놓을 때 정확하게 150mm 지점이 도미노 작업의 센터 라인에 맞게끔 놓고 클램프를 고정해야 한다. 150mm 지점을 도미노 작업의 센터 라인에 맞추면 도미노를 세워 작업할 때 도미노 바닥면 센터 선을 150mm에 맞추는 것으로 센터 라인을 찾게 되므로 작업이 편리하다. 300mm 철자를 사용하는 것은 어느 정도 긴 자여야 도미노 작업을 간섭하지 않고 클램프를 고정할 수 있기 때문이다. 클램프는 좌우 두 곳에 설치해야 철자의 흔들림이 없다.

❷ 도미노 바닥면이 300mm 철자에 밀착하도록 한 후 도미노에 표기된 센터 라인이 철자의 150mm에 위치하게 고정한다. 작업을 위해 미리 그어둔 센터와 기계의 센터를 맞추는 것이다. 그런 다음 위에서 아래로 지그시 누르듯 도미노 작업을 하면 된다. 도미노는 날이 좌우로 움직이면서 가공되는데 누르는 속도가 날이 나무를 가공하는 속도보다 빠르면 가공 중 진동이 발생하여 결과가 깔끔하지 못하다. 그러면 도미노 위치가 미세하게 틀어지게 되고 부재도 틀어져 결합될 수밖에 없다. 따라서 기계의 성질을 잘 살펴 그에 맞는 속도로 천천히 작업하자.

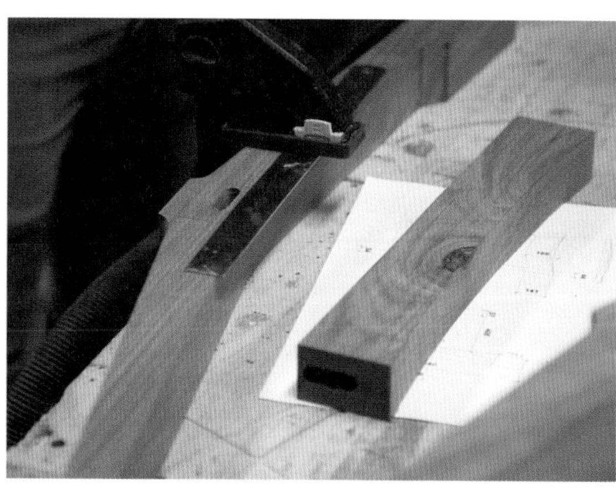

❸ 이것으로 '뒷다리+후면 보+뒷다리' 연결을 위한 도미노 작업이 완료되었다. 이 작업 시 염두에 둘 것은 '앞다리+전면 보+앞다리' 연결 위치 및 높이와 맞아야 한다는 점이다. 앞다리는 기준점이 분명하지만 뒷다리는 그것을 잡기 힘들기 때문에 설계 과정에서 가공 위치를 미리 설정해야 한다는 점을 잊지 말자.

다리 라인 작업하기

도미노 작업까지 끝났다는 것은 다리 부재들의 짜임 경계선, 즉 짜맞춤 라인이 명확하게 드러났으며 그 작업을 마쳤다는 이야기다. 간단하게 말하면 구조를 이루기 위한 작업이 모두 끝난 것이다.

그 다음 할 일은 결합 전에 장식적인 부분들을 해결하는 것이다. 여기서는 구조 부분을 침범하지 않으면서 의자의 아름다움을 구현하는 일이 해당된다. 일명 때 빼고 광내는 작업이다. 이 작업은 측면도를 기준으로 했을 때 템플릿을 통해 일차 완료했고 정면도를 기준으로 작업할 부분이 남았다.

오른쪽 도면을 보자. 빨간 라인은 앞서 가공한 부재를 칠한 부분까지 덜어내려고 표시한 부분이다. 그럼 왜 이제 와서 다시 이 부분을 덜어내는 걸까?

도미노 작업 때문이다. 도미노 작업을 하려면 기준점이 필요한데 옆의 도면을 이용해 덩어리들을 덜어내고 나면 그 전보다 도미노 작업을 하는 데 더 많은 노력이 소모된다. 그래서 도미노 작업을 모두 끝내고 덜어내는 작업을 다시 하는 것이다. 도면의 빨간 라인까지 부재를 덜어내는 작업은 밴드 쏘로 한다.

도면을 자세히 보면 정면도를 기준으로 다리와 보를 연결하는 곳이 곡선이라는 것을 알 수 있다. 이 작업은 의자의 아름다움을 구현하는 것이므로 의자 구조와는 관련이 없다. 따라서 별도의 도면 없이 부재에 선을 그려 ❶처럼 밴드 쏘로 최대한 깔끔하게 가공한다.

라인을 그리는 것에 자신이 없다면 이 부분을 도면으로 그려 1:1로 출력한 후 부재에 대고 그려도 상관없다. 차후 다듬는 작업이 이루어질 것이므로 별도의 가공 없이 깔끔하게만 덜어내면 된다.

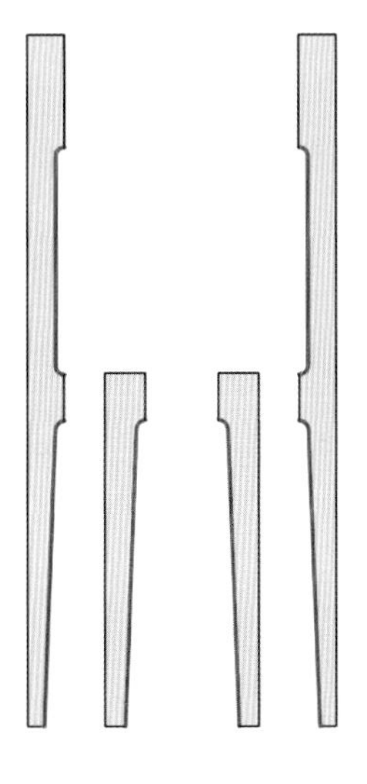

다리의 밴드 쏘 작업 라인

이미 템플릿 작업을 통해 사선 작업이 이루어진 터라서 ❷처럼 밴드 쏘 작업 시 바닥면이 평평하지 않아 어려움이 있을 것이다. 하지만 위험하거나 까다로운 작업이 아니니 여유 있게 작업하면 된다. 단, 도미노 작업을 한 연결 부분을 침범하여 작업하지 않도록 각별히 신경 쓰기 바란다.

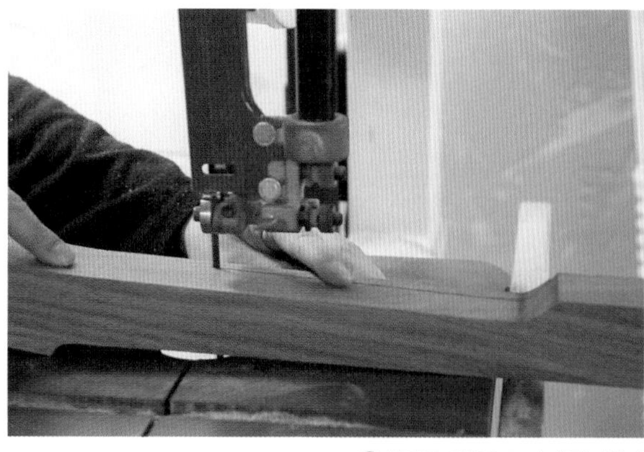

❶ 정면도 기준으로 다리 라인잡기

❷ 밴드 쏘로 곡면 가공을 완료한 모습

❸ 트리머 45도 가공으로 4각 부재 8각 만들기

❹ 그라인딩 작업하기

다음은 그라인더를 이용하여 목봉 형태로 작업하는 일이다. 각진 부분을 그라인더로 깎아내려는 것은 무리이다. 작업의 편의와 완성도를 위해 먼저 트리머의 45도 비트를 이용하여 ❸과 같이 4각의 부재를 8각으로 만들어준 다음 그라인딩 작업을 한다.

그라인딩 작업을 통해 원형으로 만드는 일은 다소 숙련이 필요하다. 하지만 자꾸 하다 보면 목공 기술은 향상된다. 4각에서 8각, 16각, 32각으로 각을 넓혀간다 생각하고 작업하다 보면 어느새 보기 좋은 결과물이 만들어질 것이다. 이미 템플릿과 밴드 쏘 작업으로 의자 라인이 잡힌 만큼 이를 유지하며 목봉을 만든다면 어렵지 않게 결과물을 만들어낼 수 있다. 그라인딩 작업은 다음과 같은 순서로 한다.

1. 어글리 커터로 덩어리를 걷어내며 모양을 잡는다. 앞서 설명한 대로 8각, 16각, 32각으로 각을 넓혀가며 모양을 만든다는 생각으로 걷어낸다. 의자의 전체적인 라인은 완성된 상태이므로 그 라인을 다듬는다는 생각으로 작업에 임한다.
2. 해바라기 사포로 다듬는다. 어글리 커터로 작업된 거친 면을 부드럽게 펴주는 것이다.
3. 면이 깔끔히 다듬어졌다면 샌딩을 통해 표면을 부드럽게 만들어준다.

이미 8각으로 만들어둔 터라 이번 작업은 어글리 커터는 생략하고 곧바로 해바라기 사포로 작업하면 된다. ❹처럼 작업에 방해되지 않는 곳을 클램프로 고정하고 그라인딩 작업을 진행한다.

그라인더 작업 후 표면의 꿀렁거림을 샌딩기로 잡는 것은 효과적이지 않다. 샌딩기의 목적은 표면을 매끄럽게 하는 것이지 꿀렁임을 잡는 것이 아니기 때문이다. 표면이 꿀렁거림을 샌딩기로 잡고자 한다면 그저 꿀렁거리는 매끈한 표면만 만들어질 뿐이다. 따라서 그라인딩의 마무리는 손으로 만져봤을 때 표면이 거칠 뿐 꿀렁함이 없을 때까지 하면 된다. 거친 표면은 샌딩기를 이용해 잡아주면 된다.

핸드 그라인더

그라인더는 우리말로 연삭기'라 하는데, 고속으로 회전하는 연삭 숫돌을 사용하여 면을 깎을 때 사용하는 공구에서 출발했다. 대팻날이나 끌날이 심하게 망가진 경우 이를 바로 잡기 위해 사용하는 탁상용 그라인더 역시 연삭기의 일종이다. 고정형인 그라인더가 기술이 발달함에 따라 손에 쥐고 사용할 수 있는 공구가 된 것이 오늘날의 핸드 그라인더이다.

핸드 그라인더는 수작업용 그라인더라고도 불린다. 목공, 철공, 타일, 석재, 샌드위치 판넬 등 매우 다양한 작업에서 수작업 공구처럼 사용되기 때문이다. 이는 고속으로 회전하는 모터와 30여 가지에 이르는 다양한 날들이 공급되기에 가능한 일이다. 날의 종류는 작업물의 종류와 작업 성격에 따라 구분되지만 크게 절단용과 연마용으로 나뉜다. 목공용 역시 목재 절단용과 연마용 날이 별도로 존재한다. 절단용 날은 4인치의 작은 날이어서 실제 목공용으로 쓰이는 일은 흔치 않다.

그러나 연마용은 사정이 다르다. 매우 다양한 형태로 쓰인다. 그중 가장 많이 쓰이는 것이 어글리 커터(Angle cutter)와 휠 샌드페이퍼(Wheel Sand Paper, 일명 '해바라기 사포')이다.

어글리 커터 휠 샌드 페이퍼(해바라기 사포)

어글리 커터

큰 덩어리의 나무를 원하는 형태에 근접하도록 면을 깎는 작업에 쓰인다. 주로 조각을 하듯 머릿속에 그려 놓은 라인을 따라 깎아내기 때문에 숙련이 필요하다. 어글리 커터는 금속으로 되어있어 작업이 강력하게 진행되며 매우 위험한 날에 속한다. 그러므로 작업의 방향이 그라인더의 회전 방향을 거스르지 않도록 해야 하고 특히 커터 날의 품질을 잘 관리해야 한다. 고속으로 회전하는 날이 부러지면 어디로 튈지 모르기 때문에 날의 상태가 곧 안전을 의미한다. 다른 날도 마찬가지지만 어글리 커터만큼은 가급적 공인된 날을 선택해야 한다. 대부분 이런 조건을 갖춘 날들은 비싸다. 하지만 충분한 값어치를 한다.

어글리 커터를 사용할 때는 안전장비도 철저히 착용할 필요가 있다. 먼저 얼굴을 커버하는 안면 마스크, 귀마개, 방진 마스크로 완전 무장해야 하며 가죽 앞치마는 기본이고 손에도 두꺼운 용접 장갑을 착용해야 한다.

다른 작업에 비해 안전장비를 잔뜩 취하는 이유는 혹시 있을지 모를 날의 파손과 작업 중 튀는 나무 파편 때문이다. 그만큼 위험한 작업이라는 뜻이다.

동영상으로 배우기 다리 도미노 가공 및 그라인딩 작업

의자 구조 조립하기

그라인딩 작업이 끝나면 조립을 할 차례다. 보통은 샌딩을 한 후 조립을 해야 하지만 이번 작업은 조립 후 다리와 프레임이 연결되는 곡면을 다시 그라인딩 작업으로 다듬어야 하기 때문에 샌딩을 생략하고 바로 조립에 들어간다.

도미노 만들기

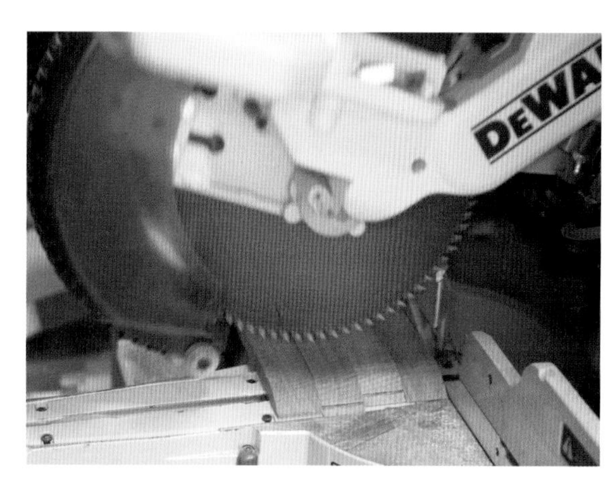

❶ 일단 도미노 결합을 위해 도미노 핀을 준비해야 한다. 시판되는 도미노 핀을 사용하지 않고 직접 만들어 쓰기 위해 부재를 준비한다. 나는 이전 작업에서 다리 곡면을 위해 밴드쏘로 덜어낸 나무를 각도절단기로 잘라 사용했다. 작업 중에 나온 자투리 나무를 도미노 핀 만드는 데 활용하면 부재 손실을 줄일 수 있고, 같은 나무로 도미노 핀을 만들면 나무의 수축·팽창률이 같아 견고성에도 도움이 된다.

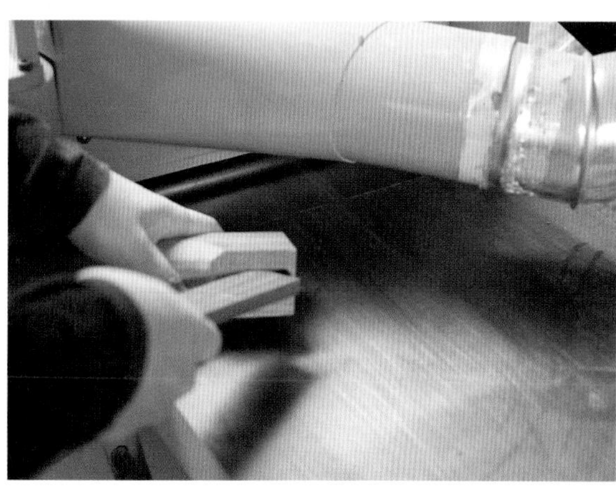

❷ 정재단한 부재에서 떨어져 나간 자투리 나무는 최소 기준면이 한 면 이상은 잡혀있을 것이다. 따라서 수압대패를 거치지 않고 자동대패를 이용해 도미노 핀의 두께를 맞춰주면 된다. 정재단 근사치까지 두께를 맞췄다면 도미노 홈에 끼워 두께를 맞춰보는 것도 좋다.

❸ 두께를 맞춘 도미노 부재는 테이블 쏘를 이용하여 폭을 맞춘다. 앞선 작업에서 도미노의 가장 넓은 폭인 33mm으로 도미노 가공이 되었기 때문에 도미노 핀도 33mm로 정재단한다. 라우터 테이블로 라운드 작업을 할 때 폭을 맞추면서 작업하면 되지 않을까라는 생각은 하지 말자. 라우터 테이블에서의 라운드 작업은 오로지 모서리를 라운드로 만드는 것이다.

❹ 도미노 핀 부재 준비가 끝나면 라우터 테이블을 이용하여 라운드 가공을 한다. 사용된 비트는 10mm 반원 비트이다. 라우터 테이블의 펜스는 33mm 폭이 줄어들지 않도록 세팅해야 한다. 앞서 말한 것처럼 이 작업은 오로지 라운드 작업만 하는 것이다. 펜스를 이용한 작업이기 때문에 상대적으로 안전하게 작업할 수 있다.

❺ 49mm 길이로 ❹의 부재를 잘라주면 도미노 핀이 완성된다. 양쪽으로 25mm씩 도미노 홈이 가공되었으므로 핀의 길이는 이론적으로 50mm여야 하지만 도미노 핀을 만드는 과정에서 살짝이라도 길어진다면 조립이 불가능해지므로 약 1mm 작게 도미노 핀을 만드는 것이 바람직하다.

의자 조립하기

설계대로라면 조립 시 모든 각도는 직각으로 결합되어야 한다. 하지만 실제로는 가공 오차가 생기므로 완전한 직각을 이루기는 어렵다. 따라서 조립은 가급적 모든 부재를 동시에 하는 것이 좋다. 모든 부재를 한꺼번에 조립하면 오차가 발생하더라도 모든 부재가 나누어 갖기 때문에 비록 완전한 직각은 못 이룰지라도 직각에 가까운 조립이 가능하다.

이런 고민을 미리 하는 이유는 조립 시 접착제를 사용하기 때문이다. 접착제를 사용하여 부재들이 결합되면, 나무가 부러지지 않는 한 이 결합은 계속 유지될 것이다. 그런데 부재들을 부분 부분 조립하게 되면 이미 조립된 부분은 결합 각도가 확정되어버리기 때문에 앞 작업에서 문제가 있으면 최종 결합에서 전체적인 직각을 만들 수 없거나 억지로 이를 맞추다가 결합된 부재가 터져버릴 수도 있다. 따라서 가능하면 모든 부재를 동시에 결합해야 한다.

물론 동시 결합은 접착제가 건조되기 전에 작업자가 이를 감당할 수 있을 때 해야 한다. 복잡한 구조물인 경우 동시에 모든 부재를 결합할 수 없을 때도 있다. 이럴 때는 어쩔 수 없이 부분 결합을 해야 하는데, 크게 두 가지 방법을 사용한다.

첫째, 세심하게 부분 조립되는 부재들의 결합 각도를 정확하게 맞춰주는 방법이다. 시뮬레이션을 통해 작업 방식을 미리 계획하고 필요하다면 결합을 보조할 지그를 만들어야 할 수도 있다.

둘째, 부분 조립할 면에 접착제를 발라 먼저 클램핑한 후 접착제가 굳는 시간 안에 나머지 부재들을 접착제 없이 재빨리 결합하여 모든 부재가 함께 결합되는 것처럼 클램핑하는 방법이다. 하지만 이 방법은 먼저 바른 접착제가 완전히 굳기 전에 나머지 작업이 이루어져야 하므로 매우 빠른 시간 안에 작업을 마쳐야 한다. 작업 한계선을 정하고 시뮬레이션으로 작업 방법을 잘 숙지해야 가능한 작업이다. 나는 이 방법을 쓸 때는 접착제로 결합할 부분과 접착제 없이 결합할 부분을 구분하여 접착제 없이 결합되는 부분을 미리 결합해놓은 후에 접착제 바른 부재를 결합한다. 이렇게 하면 접착제 결합과 동시에 전체 부재를 결합하여 클램핑할 수 있다.

❶ 조립은 접착제가 굳기 시작하는 약 5분 이내에 클램핑을 해야 하므로 신속하고 정확해야 한다. 따라서 조립 전에 이미지 트레이닝을 충분히 하고 부재가 서로 바뀌지 않게 잘 배열하도록 한다. 위 사진은 조립을 시작한 모습이다. 블록을 쌓듯 아래에서 위로 조립해나간다.

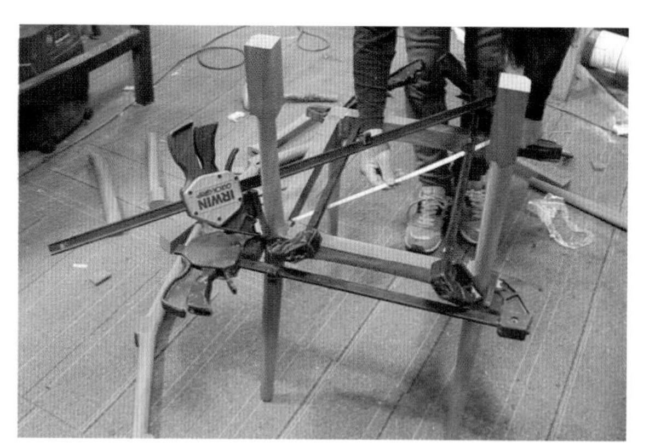

❷ 클램핑이 완료되면 줄자로 조립 직각이 잘 맞았는지 확인한다. 직각자로 각각의 모서리를 확인할 수도 있지만 코너 부분이 튀어나와 있거나 클램프의 간섭으로 측정하는 것이 쉽지 않을 때는 줄자로 대각선 길이를 확인해보면 된다. 양쪽 대각선의 길이가 맞으면 전체적으로 직각이 맞는 것이다. 대각선 길이가 맞지 않다면 긴 쪽 대각선을 클램프로 조금씩 조여주면서 양쪽 대각선 길이를 맞추도록 한다.

❸ 접착제를 바른 부분이 클램핑되고 직각 확인까지 되었다면 의자 다리 하단의 대각선 길이를 재어 양쪽을 맞춰준다. 다리 연결 부분이 이중으로 되어있지 않고 한 개로만 되어있기 때문에, 클램핑할 때 한쪽으로 힘이 쏠려 다리 부분이 휘어 조립되는 것을 방지하기 위해서다.

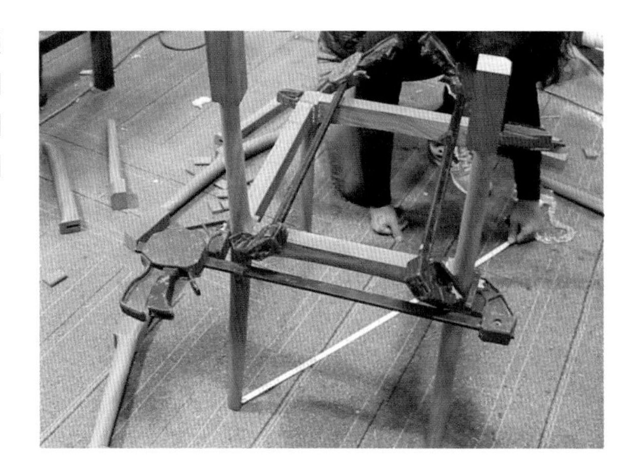

❷에서 다리 프레임 연결 부분의 직각을 확인했다면 다리 하단의 대각선 길이는 동일할 것이다. 이 과정은 매우 정밀해야 하는 것은 아니다. 현저히 차이가 난다면 오차를 바로 잡아야 하지만 지금처럼 다리를 목봉 형태로 가공하게 되면 작업 오차가 생길 수 있으므로 아주 정밀할 필요는 없다. 2~3mm 정도의 작업 오차는 인정해도 된다.

하지만 이보다 큰 오차가 난다면 프레임 쪽 연결 상태가 정상인지 (한쪽으로 과도하게 휜 것은 아닌지) 확인해보고 정상이라면 오차가 큰 대각선 방향을 ❷에서와 같이 천천히 클램프로 조여 양쪽 대각선 길이를 맞춰주도록 한다.

이렇게 다리 하단을 확인하고 클램프를 이용한 보정을 하고 난 다음에는 반드시 ❷처럼 다리 연결 쪽 대각선을 다시 확인해야 한다. 수치가 변경되면서 프레임 쪽 역시 변화가 일어날 수 있기 때문이다. 대각선 길이가 달라졌다면 다시 한 번 클램프를 이용해 길이가 같아지도록 조정해야 한다.

여기서 우선순위는 다리 하단보다는 접착제로 직접 연결되는 다리 대각선이다. 이곳의 대각선이 맞고 나서 다리 하단이 맞아야 한다. 다리의 하단을 맞추는 작업 때문에 다리와 보가 연결된 쪽의 대각선이 흐트러져서는 안 된다. 다리 연결 부분을 먼저 맞게 하고 다리 하단의 대각선 오차를 인정해야 한다. 물론 모든 작업이 설계대로 딱딱 맞았다면 오차는 생기지 않을 것이다. 이 모든 작업은 접착제가 굳기 전에 이루어져야 한다.

조립 시간은 1시간 정도이다. 조립되어 접착제가 굳는 최소한의 시간이다. 이 시간은 작업 내용에 따라 조금 다르다. 면과 면이 붙는 집성은 40분 정도면 이후 큰 충격을 주지 않는 한 다른 작업을 해도 괜찮지만 면과 마구리가 맞붙는 맞춤은 그것보다 시간이 길어야 한다. 면과 면 사이의 집성은 면 사이의 섬유질에 접착제가 침투해 굳으면 되지만 면과 마구리를 접착할 때 마구리는 접착제에 의해 엉길 수 있는 부분이 상대적으로 적다. 밀폐된 짜임 속에서는 진공 상태가 만들어지므로

▶ 동영상으로 배우기 조립하기

충분한 시간을 두고 접착제를 경화시켜야 단단히 결합된다.

여기서 하나 더 고려할 것이 있다. 작업 환경과 다음 작업을 위한 내구도 문제이다. 만약 습한 날씨의 작업 환경이라면 접착제 굳는 시간을 더 늘려야 한다. 그리고 클램프 제거 이후에도 충격을 주는 작업을 삼가야 한다. 아직 장부 속 접착제가 완전히 굳지 않았을 것이기 때문이다. 완전 건조될 때까지 최대한 여유를 가지고 작업하도록 한다.

조립 이후 여유를 가지고 작업하는 시간은 특정 짓지 않겠다. 이 또한 정답이 없기 때문이다. 내 경우 집성은 40분 이후 다음 작업을 진행해도 무리가 없었고 조립은 보통 퇴근 전에 하고 다음날 출근하여 이후의 작업을 이어하는 걸 선호한다.

45도 보강목 만들기

조립을 한후 접착이 될 때까지 기다리는 시간 동안 우리는 무얼 하면 될까? 그렇다. 45도 보강목을 만들면 된다. 빈 시간처럼 보이지만 작업 진행에 맞추어 활용할 수 있다.

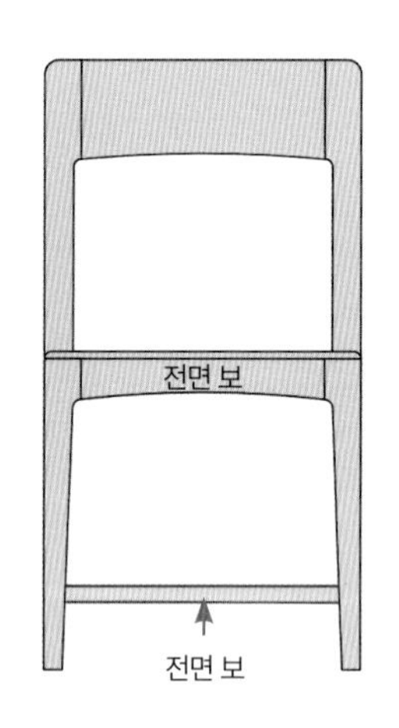

다리와 다리 사이에 보를 두 개 이상 달면 견고성은 좋아지지만 심미성이 떨어진다.

가구 구조의 핵심은 다리다. 다리를 얼마만큼 튼튼하게 하느냐에 따라 가구 전체의 견고함이 결정된다. 그러므로 가구 다리를 설계할 때는 두 개 이상의 보가 하나의 다리를 잡아주도록 설계한다. 그런데 이 경우 다리 하나만 놓고 보면 두 개의 보가 달려있는 셈이지만 다리와 다리 사이는 하나의 보만 존재하는 격이다. 따라서 다리 사이에 중간 보를 달아 보강한다면 의자의 다리는 더 튼튼할 것이며, 하중을 받치는 구조 또한 견고해질 것이다.

하지만 심미성을 강조하는 현대 의자 디자인의 특성상 다리 사이의 중간 보는 점점 사라지고 있다. 이는 목공 기술의 발전으로 다리 사이에 하나의 보만 두어도 구조적으로 아무런 문제가 없기 때문이다. 그러나 혹시라도 다리와 연결된 보가 터지면 좌판이 주저앉으면서 의자로서 기능하지 못할 수 있으므로 구조적으로 문제가 없더라도 보강은 필요하다.

보강의 방법은 다음과 같다. 두 개의 보가 하나의 다리를 잡아주고 있으니 다리를 잡고 있는 두 개의 보를 다시 연결해주는 것이다. 이렇게 프레임을 보강해주면 보강하지 않았을 때와 비교해 그 견고함이 2~3배 이상 올라간다.

그래서 나는 어쩔 수 없는 경우를 제외하고는 45도 보강목으로 구조 강도를 높여주는 설계를 한다. 단, 디자인 특성상 보강목 구조가 불가능한 경우, 즉 보강목이 눈에 보여 심미성을 떨어트리는 경우에는 다른 방법으로 보강 구조를 해결한다. 디자인적으로 거슬리지 않게 다리와 다리 사이에 또 다른 보강 보를 삽입하거나 그 자체가 디자인인 것처럼 다리와 보를 잡아주는 보강 요소를 넣는 것이다.

❶ 45도 보강목 부재를 만들기 위해 보강목 길이를 측정하는 모습이다. 45도 보강목 부재는 각도절단기를 이용하여 준비한다. 각도절단기의 정밀도는 테이블 쏘보다 못하지만 45도 보강목은 정교한 정밀도를 필요로 하지 않으므로 각도절단기를 사용해도 충분하다.

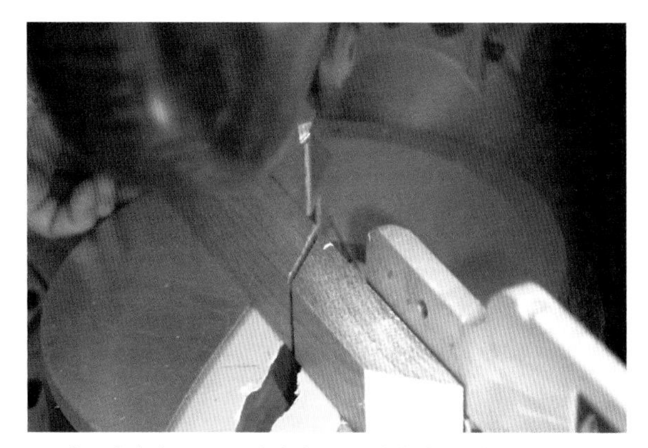

❷ 각도절단기를 45도 세팅한 후 부재의 한쪽 면을 잘라낸 다음 반 바퀴 돌려 양쪽 대칭으로 45도가 만들어지게 한 후 길이에 맞게 잘라낸다. 이 작업을 반복해 필요한 만큼의 보강목을 만들면 된다. 길이가 비교적 짧은 보강목을 만드는 것이므로 자칫 손과 날이 근접할 수 있어 위험을 초래할 수 있다. 충분한 길이로 부재를 준비하여 손과 날이 가깝게 근접하는 일이 없도록 한다.

❸ 보강목 부재가 만들어지면 드릴링을 하여 나사못 머리 자리를 만든다. 45도 보강목은 45도 가공 면에 나사못을 이용해 직각으로 조립하는 것이다. 나사못 머리 자리를 미리 만들어놓지 않으면 조립하기 힘들 뿐 아니라 깔끔한 작업 결과를 내기 힘들다. 드릴링 작업은 가급적 두 개씩 한다. 공간이 없다면 모르겠지만 한 개보다는 두 개가 튼튼하다.

❹ 나사못 머리 자리까지 만들었다면 이제 45도 보강목을 프레임에 붙인다. 45도 보강목을 모두 만들고 나면 얼추 1시간은 넘었을 것이다. 앞서 조립한 의자 구조물의 클램프를 해체하고 45도 보강목을 붙이기 딱 좋은 시간이다.
일단 접착제를 45도 보강목에 충분히 바른 후 각 보에 붙이고 클램프로 접착제가 완벽하게 굳을 때까지 고정시킨다. 약 30~40분 정도면 적당하다.

❺ 45도 보강목의 붙을 면이 마구리인 탓에 접착제만 이용하면 그리 튼튼하지 않다. 여기에 나사못 작업을 완료해야 충분한 강도가 나온다. 접착제가 완전히 굳고 나면 나사못 작업을 한다. 접착제로 이미 붙은 터라 나사못을 박을 때도 45도 보강목은 흔들리지 않을 것이다. 주의할 것은 단단한 나무인 하드우드는 나사못 길을 미리 내주지 않고 작업하면 나사못 머리가 부러지든, 나무가 갈라지든 문제가 발생할 확률이 높다는 것이다. 따라서 나사못 작업 전에 꼭 나사못 길을 내어주도록 한다. 3mm 드릴 비트를 이용하여 길을 내준 후 나사못으로 45도 보강목과 보를 연결시켜주면 45도 보강목 작업이 완료된다.

동영상으로 배우기 45도 보강목 및 등받이 조립

등받이와 최종 그라인딩

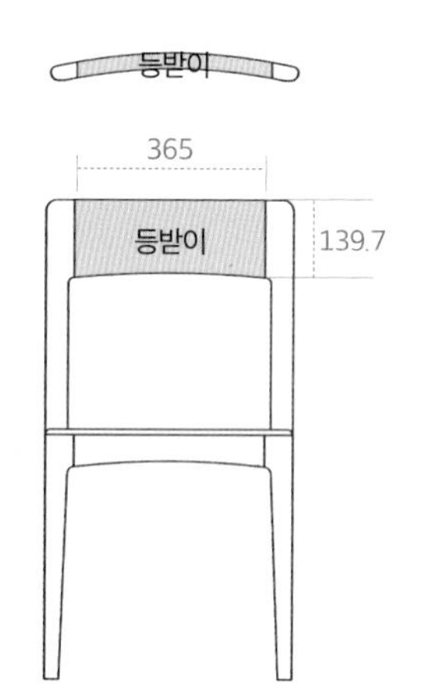

등받이 도면

앞서 우리는 등받이를 제외한 의자 다리의 모든 작업을 완료했다. 이제 등받이를 만들어 결합하는 작업만 남았다. 모든 결합이 끝나면 그라인딩 작업을 통해 완전한 다리 형상을 만들 것이다. 왼쪽 등받이 도면을 참고해 등받이 곡면 작업을 시작해보자.

등받이 곡면 작업하기

❶ 미리 제작해놓은 등받이 템플릿을 이용해 등받이 곡선을 부재에 그려준다. 이때의 템플릿은 라인을 그리기 위한 본뜨기 용도이다.

❷ 등받이 곡면 가공은 밴드 쏘로 한다. 밴드 쏘 가공을 한 다음에는 그라인더로 다듬어야 하므로 라인을 따라 최대한 정밀하게 작업하도록 한다. 삐뚤어진 라인을 그라인딩으로 다듬는 것은 시간이 꽤 많이 걸린다. 깔끔하게 다듬어진 라인을 가볍게 그라인딩으로 작업해 마칠 수 있도록 세심하게 가공한다.

이번 단계에서 잘하면 되는 것을 다음 작업에서 땜하려 하지 말자. 다음으로 미루면 다음 일은 배가 된다. 실수해서 잘못한 것을 다음 작업에서 복구하는 것과 이번에 할 수 있는 일을 미루고 다음에 땜하려는 것은 완전히 다른 일이다.

❸ 밴드 쏘로 윗면을 기준으로 앞뒤 라인을 가공했다면 템플릿을 이용해 정면 기준 등받이 밑 라인을 그려준다. 이 작업을 미리하지 않은 이유는 밴드 쏘 작업을 하게 되면 덩어리가 사라지면서 라인도 같이 사라지기 때문이다. 템플릿 합판이 얇아 곡면이라도 착 달라붙어 편하게 라인을 그릴 수 있을 것이다.

❹ 라인을 다 그렸다면 밴드 쏘로 등받이 밑 곡면을 가공한다. 앞선 등받이 앞뒤 라인 가공 때문에 부재 밑 부분이 볼록하게 곡면으로 되어있어 밴드 쏘 작업에 어려움이 예상되는데, 이럴 때는 밴드 쏘 날과 닿는 부재 밑 곡면 부분을 최대한 정반에 밀착하여 작업한다. 바닥이 뜨지 않도록 컨트롤하는 것이다. 생각보다 어렵지 않으니 바닥면에 신경 쓰면서 작업한다.
만일 이 상태로 작업하기가 불안하다면 앞서 잘라낸 밑면 덩어리를 제자리에 위치시켜 바닥면을 평평하게 한 후 작업한다. 잘라낸 덩어리 자체가 지그가 되는 것이다.

등받이와 의자 다리 조립하기

등받이 부재가 완성되었으면 이제 준비된 의자와 조립할 차례이다. 의자 등받이 조립은 나사못을 이용한다. 굳이 장부를 이용해 조립하지 않는 이유는 두 가지 면에서 완성도를 높이기 위해서이다.

첫째, 등받이가 받는 전체적인 하중이 그리 크지 않기 때문에 장부가 아닌 나사못으로도 충분히 등받이에 필요한 하중을 받칠 수 있다고 판단했다.
둘째, 다리, 보, 등받이를 동시에 조립하고 직각 여부를 확인하려면 숙련된 작업자라도 벅차다. 나는 빠듯한 시간 때문에 발생하는 오차가 전체 완성도를 떨어뜨리는 것을 원치 않는다. 그래서 등받이가 충분히 튼튼하다면 다리와 보를 먼저 조립하고 이후에 등받이를 조립해 나머지 완성도를 높이려는 것이다.

앞서 다리와 보를 먼저 조립했기 때문에 이렇게 진행하면 등받이 작업은 먼저 조립된 의자의 등받이 부분을 실측해 좀 더 정확한 수치로 작업할 수 있다. 앞선 작업에서 일어난 작업 공차를 실측으로 메워 완성도를 높일 수 있는 것이다.

❶는 나사못을 박기 전 등받이 양쪽 면에 접착제를 바르고 위치를 잡는다.

❷ 등받이의 위치를 잡았다면 클램핑한다. 등받이 조립 작업이 마치 45도 보강목 작업과 비슷하다.

❸ 접착제가 완전히 굳으면 8mm 비트를 이용하여 나사못 머리가 들어갈 자리를 만든다. 이 후 3mm 비트로 나사못 길을 내어준 후 나사못으로 고정하면 등받이 고정 작업이 마무리된다.

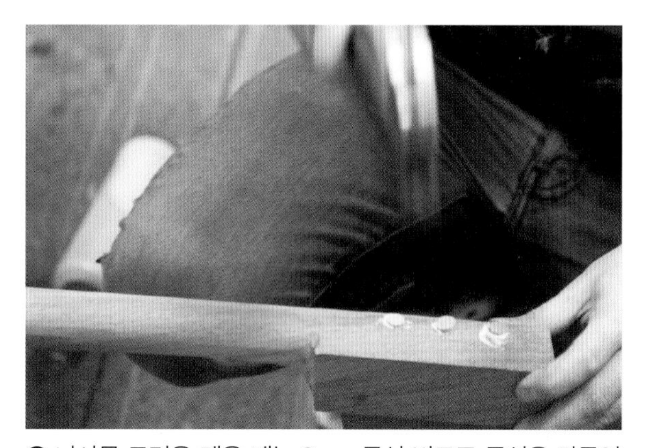

❹ 나사못 구멍을 메울 때는 8mm 목심 비트로 목심을 만들어 사용한다. 같은 나무를 써서 티 나지 않게 메우기도 하지만 위처럼 완전히 다른 색의 나무를 사용해 포인트를 주어도 좋다.

그라인딩 작업하기

이것으로 의자 조립을 완성했다. 이제 다듬는 작업을 해보자.

❶ 먼저 그라인더 어글리 커터를 이용하여 다리와 등받이 연결 부위의 턱을 걷어낸다. 걷어낼 턱이 작으면 해바라기 사포를 이용하여 바로 다듬어주어도 된다.

❷ 이어서 해바라기 사포 날을 이용하여 표면을 다듬어준다. 나는 그라인더 작업을 자주하는 편이라서 두 개 이상의 그라인더를 구비해두고 있다. 여러 대의 그라인더에 각각 다른 종류의 날을 장착해두면 작업 효율을 더 높일 수 있다.

❸ 등받이뿐 아니라 다리와 프레임이 연결되는 모든 곳의 곡면을 그라인딩한다. 조립이 모두 완료된 상태이므로 전체적으로 가장 자연스러운 곡면을 만들어낼 때다. 조립이 완료된 의자를 이리저리 뒤집으며 작업해야 해서 다소 불편하지만 완성도를 생각하면 이 만한 방법이 없다. 옆의 사진은 그라인딩이 완료된 의자의 모습이다. 아직 그라인딩이 되지 않은 의자와 대비를 이루는 것을 볼 수 있다.

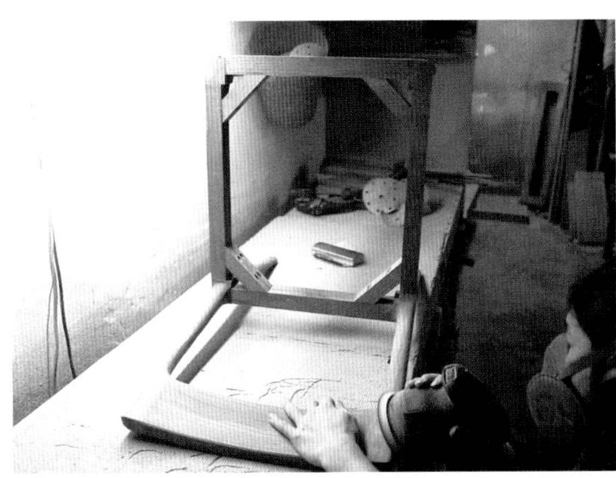

❹ 그라인딩 작업을 끝으로 의자의 최종 형상이 완성되었다. 이제 샌딩으로 마무리한다. 이번 샌딩 작업은 앞선 그라인딩 작업으로 생긴 해바라기 사포 날 자국을 없애주면서 동시에 표면을 매끄럽게 잡아준다는 목적으로 작업한다.
앞서 이야기한 바와 같이 샌딩기는 평을 잡는다거나 턱을 잡는 것이 아닌 표면을 부드럽게 만들어주는 기계다. 따라서 샌딩기로 평을 잡거나 턱을 잡으려는 무리수를 두면 이미 다한 작업을 망치게 된다. 샌딩 작업을 할 때 이 점을 꼭 기억했으면 좋겠다.

다리 연결 부분 하단의 그라인딩 모습

왼쪽 사진은 의자 다리 연결 부분 하단의 그라인딩 전 모습이고, 오른쪽 사진은 그라인딩 후의 모습이다.
두 사진을 비교하면 확연하게 달라진 것을 확인할 수 있다.

다리 프레임 그라인딩 작업 전

다리 프레임 그라인딩 작업 후

동영상으로 배우기 곡면 그라인딩 및 샌딩하기

의자 좌판 만들기

이제 마지막 작업인 의자 좌판을 만들 차례다. 의자 프레임 작업이 모두 완료된 후에 좌판을 만드는 이유는 완성된 프레임을 실측하여 부재를 만들기 위해서다. 디자인 과정에서 고민한 의자의 형상에 맞추어 제작하려면, 그리고 좌판의 높이를 낮추어 프레임과 어울리는 좌판을 만들려면 실측이 가장 효과적이다.

좌판을 마지막에 작업하는 또 다른 이유는 미리 작업해두면 나무가 휠 수 있기 때문이다. 아무리 잘 마른 나무라도 자른 후 바로 작업하지 않으면 휠 수 있다. 조건이 바뀌기 때문이다. 부재와 부재가 중첩되어 구조를 이루면 부재들끼리 맞물려 변형이 방지되지만 혼자 있으면 변형이 일어난다. 휜 나무로 어렵게 작업하기보다 프레임이 완성된 후 작업하는 것이 효과적이다. 의자 좌판을 위한 도면은 다음과 같다.

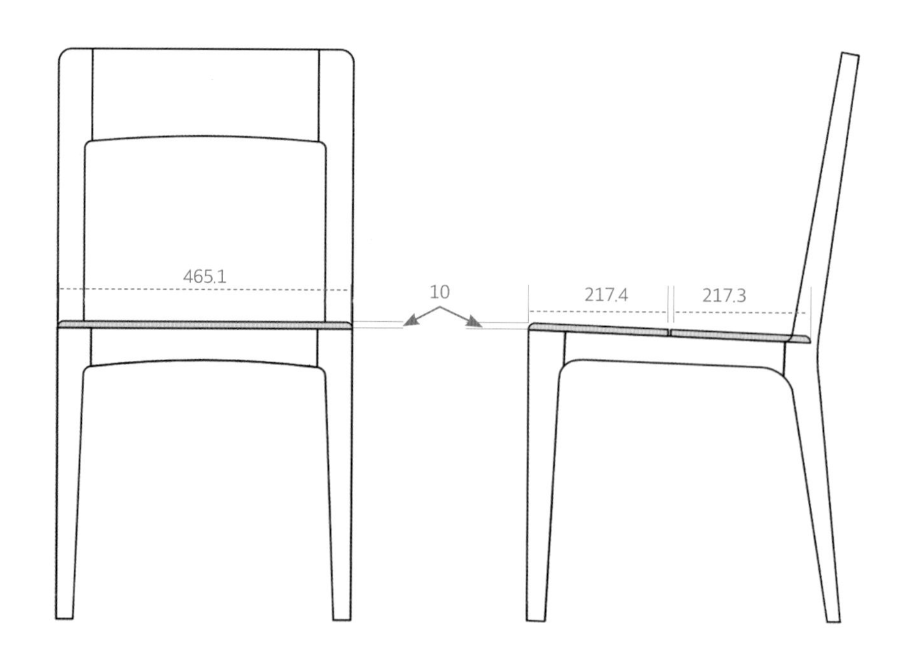

좌판 도면

부재 준비와 정재단하기

❶ 수압대패, 자동대패, 테이블 쏘를 이용하여 부재의 면을 잡은 후 원하는 폭을 만들기 위해 집성한다. 준비하는 부재의 두께는 20mm이지만 왼쪽 페이지의 좌판 도면을 보면 좌판의 두께가 10mm로 차이가 있다.

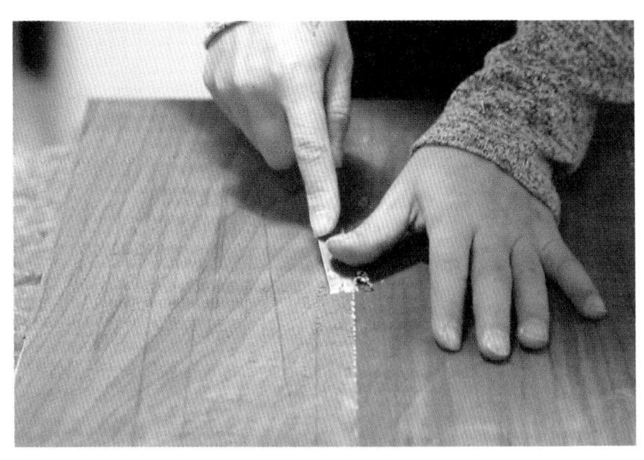

❷ 집성하고 약 30~40분이 지나 클램프를 제거한 후 삐져나온 접착제를 끌을 이용하여 제거한다. 이때가 접착제를 제거하기 딱 좋은 시간이다.

❸ 접착제를 제거한 후 집성 턱을 손대패로 잡아주면 좌판 부재 준비가 끝난다.

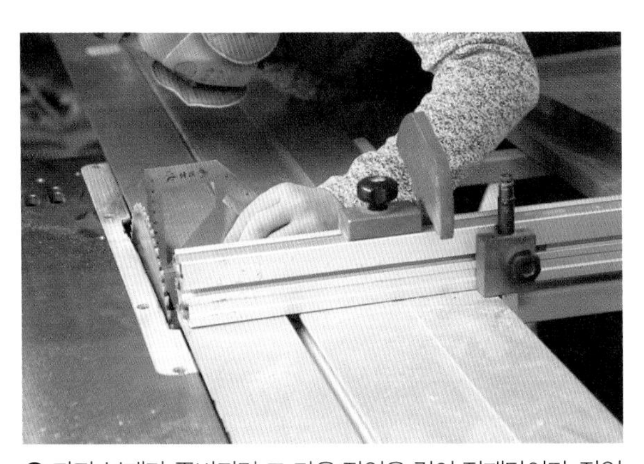

❹ 좌판 부재가 준비되면 그 다음 작업은 길이 정재단이다. 작업 전 사용할 기계에 대한 직각 확인은 필수다. 여러 사람이 쓰는 기계라면 톱날의 직각 여부를 반드시 확인해야 하고 혼자 쓰는 기계라 해도 기계 진동에 의해 세팅이 틀어질 수 있으므로 사용 전 기계의 직각을 확인하는 습관은 꼭 들이도록 하자.

❺ 직슬라이딩 쏘 톱날의 직각을 확인했다면 좌판의 길이 정재단을 한다.

❻ 길이 정재단이 완료되면 좌판의 폭을 반으로 갈라준다. 집성 후 반으로 가르는 이유는 결을 연결시키기 위해서다.

좌판 아랫면 턱 내기

다음은 부재를 세워서 턱을 내는 작업이다. 좌판 도면을 보면 좌판의 두께가 10mm이다. 하지만 이 수치는 보 위로 나온 좌판의 두께이고 실제로는 보 속에 10mm가 숨어 있다. 즉 전체 좌판의 두께는 20mm인 것이다. 지금부터 보 위에 10mm 두께의 부재가 걸쳐지도록 턱을 내는 작업을 할 것이다.

이 작업은 부재를 세워서 할 텐데, 그렇게 되면 펜스의 높이가 낮기 때문에 좀 더 안전하고 효과적인 작업을 위해 지그를 사용한다.

❶ 지그는 테이블 쏘의 펜스 사이에 걸쳐 고정되는 지그로 펜스의 높이가 높아지는 효과가 있어 안전할 뿐만 아니라 작업의 정밀도를 높일 수 있다.

❷ 보의 두께 28mm보다 톱날의 높이를 약 5mm 높게 두고 부재에 톱 길을 낸다.

❸ 부재를 세워 톱 길을 내어 주었다면 다음은 턱을 내줄 것이다. 좌판 아랫면이 아래를 향하게 부재를 놓은 후 톱날의 높이를 방금 만든 톱 길과 같은 높이로 세팅한 후 잘려나갈 부분을 계산해 작업한다. 이때 잘려나가는 부재가 펜스와 톱날 사이가 아닌 톱날 바깥쪽 부재여야 킥백을 방지할 수 있다.

❹ 필요 없는 부분을 잘라내 좌판 아랫면에 턱을 낸 모습이다.

좌판 아랫면 45도 턱 내기

이제 좌판에 45도 턱을 내주어야 한다. 좌판 45도 턱 도면에서 보는 것처럼 완성된 의자에는 45도 보강목이 설치되어있다. 좌판을 설치할 때 45도 보강목에 간섭을 받지 않으려면 그만큼 턱을 내주어야 한다.

버블 체어 좌판 아랫면에 45도 턱 작업은 슬라이딩 테이블 쏘를 이용하며 그 과정은 다음과 같다.

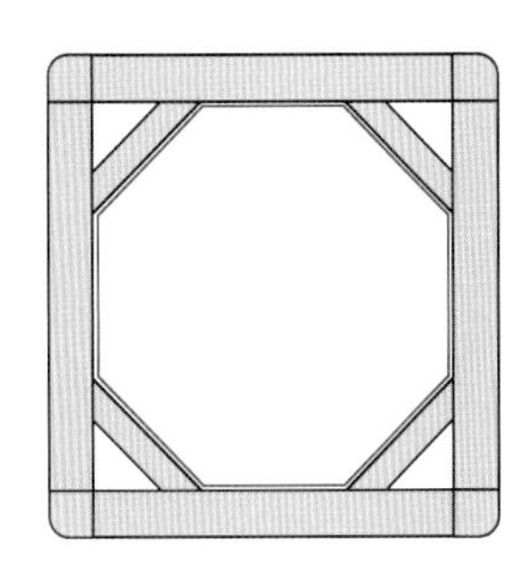

좌판 45도 턱 도면

❶ 45도 작업을 하기 위해 먼저 슬라이딩 쏘 펜스를 45도로 세팅한다. 톱날의 높이를 턱의 높이와 일치시킨다.

❷ 이후 덜어내야 할 턱을 톱날이 촘촘하게 지나가도록 작업한다.

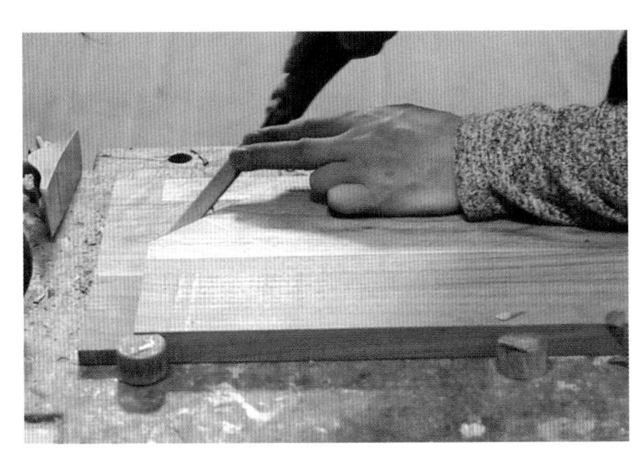

❸ 슬라이딩 쏘를 통해 45도 턱을 낸 후 남은 부분은 끌로 다듬는다. 이미 길이 방향으로는 턱을 냈기 때문에 다듬는 데 오래 걸리지는 않을 것이다.

❹ 좌판의 45도 턱 작업이 완료된 모습이다. 이런 형태로 좌판 바닥 면에 45도 턱 작업을 완료한다.

▶ 동영상으로 배우기 좌판 만들기

좌판과 뒷다리 연결 부위 다듬기

❶ 의자 좌판과 뒷다리는 왼쪽 사진처럼 겹치는 구조다. 이렇게 만들려면 먼저 의자의 다리 사이즈를 측정한 후 해당 좌판에 최대한 근접한 원을 그린다. 그리고 밴드 쏘로 자르고 다듬어준다.

❷ 이후 끌을 이용하여 먼저 가공한 좌판 라운드와 최대한 일치하도록 조금씩 다듬는다.

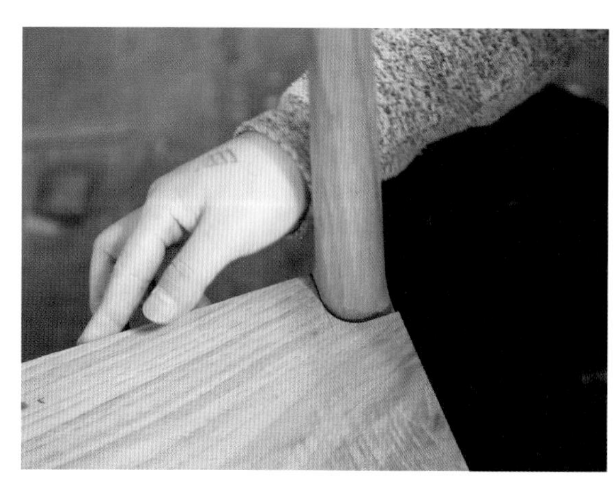

❸ 끌을 이용해 뒷다리를 다듬어 좌판과 잘 맞췄다면 샌딩기를 이용하여 그 표면을 매끄럽게 다듬어 의자 뒷다리 작업을 완료한다.

이어서 의자 앞부분과 뒷부분의 프레임과 좌판의 모양이 일치하도록 다듬어주면 좌판 작업이 완료된다.

마무리 작업하기

❶ 좌판 조립을 제외한 모든 작업이 완료되었다. 이제 편안한 마음으로 오일을 발라준다. 좌판 조립 전 1차 오일을 바르는 이유는 조립을 하고 나면 겹쳐지는 부분에 오일을 바를 수 없기 때문이다.

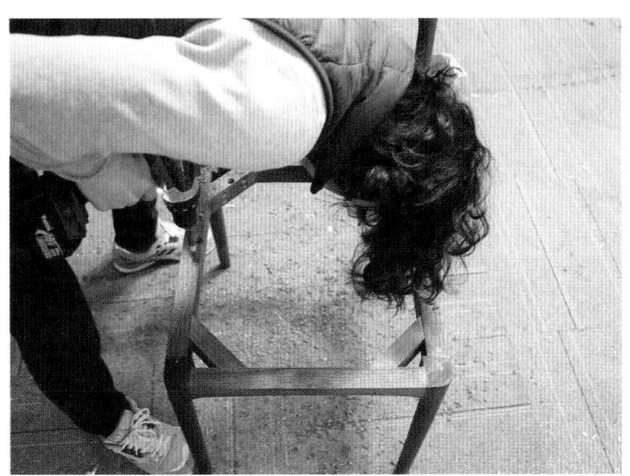

❷ 약 6시간 후 1차 오일 건조가 끝나면 좌판과 프레임을 조립한다. 먼저 8자 철물을 고정할 위치를 표시한 다음 8자 철물이 프레임 속으로 쏙 들어갈 수 있게 드릴링한다. 드릴링 깊이는 보통 8자 철물 두께만큼 하지만, 이번 작업의 좌판은 총 20mm 중 10mm만 프레임 위로 올라가고 나머지는 프레임 속으로 들어간다. 따라서 8자 철물 장착을 위한 드릴링 깊이는 8자 철물 두께+10mm가 되어야 한다.

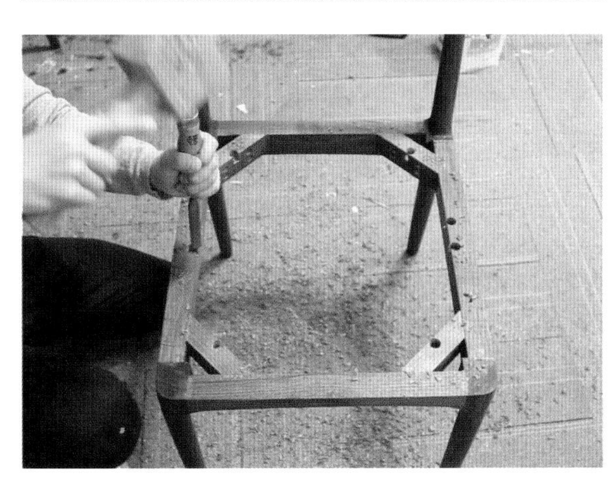

❸ 드릴링한 홀에 8자 철물이 들어가 좌우로 움직일 수 있도록 끌로 다듬는다. 8자 철물의 기능은 좌판이 수축·팽창할 때 자연스럽게 움직임을 통제하는 것이다. 이 기능을 다하려면 8자 철물이 움직이지 못할 정도로 고정되어서는 안 된다.

동영상으로 배우기 버블체어 완성

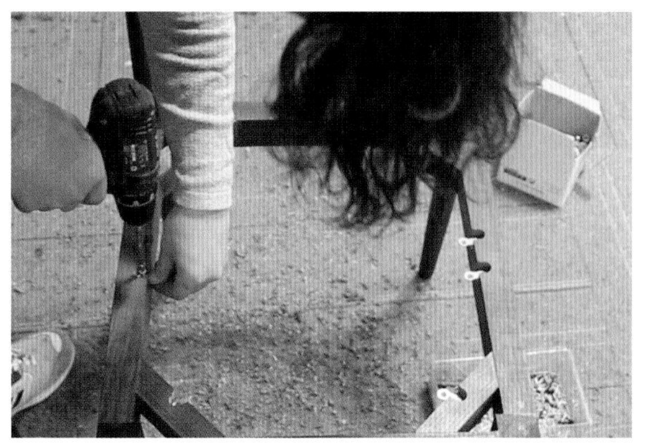

❹ 홀 작업이 끝났다면 3mm 드릴 비트로 나사못 길을 내준 다음 나사못을 이용하여 8자 철물을 프레임에 고정한다. 8자 철물을 잡고 좌우로 움직였을 때 움직이지 않도록 나사못으로 단단히 고정하면 된다. 강한 힘으로 고정되어야 좌판이 수축·팽창할 때 이를 통제하면서 상판을 프레임에 견고하게 고정시켜줄 수 있다.

❺ 8자 철물을 프레임에 고정했다면 의자를 뒤집어 좌판과 가조립한다. 8자 철물 위치를 좌판에 표시하기 위해서다.

❻ 좌판에 8자 철물 표시가 끝나면 3mm 드릴 비트로 좌판에 나사못 길을 내준다. 이때 드릴 비트가 좌판을 관통하지 않도록 조심히 작업해야 한다. 지금까지 애써온 작업이 한순간 무너질 수도 있다.

❼ 마지막으로 나사못을 이용해 좌판과 의자 프레임을 조립한다.

모든 작업이 끝났다면 600방 이상 사포를 이용하여 가볍게 샌딩하고 2차 오일 작업을 한다. 2차 오일 건조 후 다시 600방 이상 사포를 이용하여 가볍게 샌딩하고 3차 오일 작업을 반복하여 오일 작업을 마무리하면 비로소 버블 체어가 완성된다. 오일은 총 3회 이상 작업을 해주어야 생활 방수 기능을 가진다.

4부

리버테이블 블랙

리버테이블 블랙 디자인 스케치

새로운 기술이 뒷받침될 때의 공예

새로운 것은 이전에는 없었던 것이기에 소유하고 싶은 욕망이 생긴다. 어떤 새로운 것이 생겼을 때 이를 좋아하고 소유하는 것에 기쁨을 느끼는 사람들이 늘어나면 그것은 하나의 흐름, 즉 트렌드가 되고 그것을 향한 욕구가 지속되면 장르가 된다.

얼마 전 목공에도 이와 비슷한 바람이 불었다. 2~3년 전 '레진 아트'라는 장르가 외국에서 한창 유행하면서 그 범위가 목공 분야에까지 이른 것이다. 우드슬랩에 레진을 부어 만든 이전에는 없던 새로운 작품들이 우후죽순 선보였다. 지금은 국내에서도 많은 이가 레진을 사용하여 우드슬랩 작업을 하고 있지만 당시만 해도 신선한 충격이었다.

늘 그렇듯 새로운 것이 나오면 평가는 상반되기 마련이다. 새로운 것에 열광하고 박수를 치는 부류가 있는가 하면 나무 이외에 재료가 섞이는 것을 극도로 반대하는 부류가 있다. 외국이든 국내든 마찬가지다.

새로움은 언제나 예술의 경지를 높이는 촉매제가 된다. 나 역시 작품을 만들면서 늘 새로운 것에 목마르다. 이 분야에 신기술이나 신소재가 나오면 마음을 접었던 것들도 해볼 수 있고, 이전 작업의 불안전성을 다시 다듬어볼 수도 있다. 레진 아트라는 매력적인 소재를 나는 그냥 지나칠 수 없었다. 다른 이의 작품을 보면서 어느덧 내 손은 작품 스케치를 하고 있었다. 마침 그 시기의 나는 우든 서핑보드를 제작하며 에폭시 사용에 익숙했기에 레진이라는 신소재를 사용하는 데 자신이 있었다. 비록 우든 서핑보드를 만들 때 레진 아트를 이용해볼 생각은 하지 못했지만 말이다.

작가라면 누군가의 작품을 나의 작품에 적용해보는 시도가 필요하다. 모방이 창조의 씨앗이 되기도 하기 때문이다. 이번에 만들어볼 리버테이블은 흐르는 강을 표현한 것이다. 강을 표현할 때 예전에는 유리를 많이 사용했으나 몇 년 전부터 나는 레진을 사용한다. 두 재료 모두 강을 표현하기 위한 하나의 방법일 뿐 좋고 나쁨을 가릴 수는 없다. 이번 작품의 강은 진한 검정으로 표현했기에 이름을 리버테이블 블랙으로 지었다.

영감을 주는 자연의 패턴들

나는 자연의 패턴에서 작품의 영감을 얻는다. 최근에 만든 작품들도 자연의 패턴에서 영감을 받아 나만의 방식으로 해석해 만들었다. 학자에 따라 자연의 패턴을 분류하는 기준은 다르지만 위키백과에서 검색하면 10가지로 분류된다.

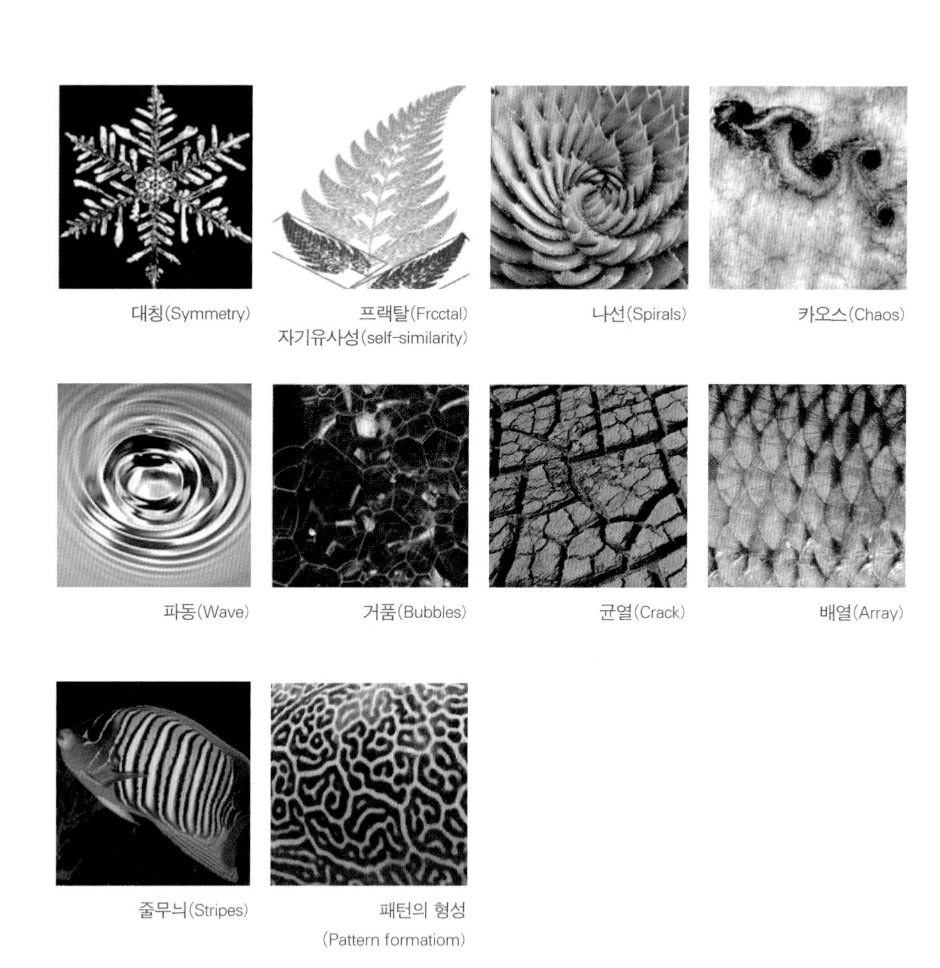

대칭(Symmetry) 프랙탈(Frcctal) 자기유사성(self-similarity) 나선(Spirals) 카오스(Chaos)

파동(Wave) 거품(Bubbles) 균열(Crack) 배열(Array)

줄무늬(Stripes) 패턴의 형성(Pattern formatiom)

2013년 광주 디자인 비엔날레 전시 작품으로 출품한 EYE Table Set은 자연의 패턴에서 영감을 받아 디자인의 메인 콘셉트를 잡았다. 작품을 구상할 때는 도무지 영감이 떠오르지 않아 고생했지만 자연의 패턴 중 하나인 '대칭'을 콘셉트로 정하면서 작품 구상이 풀린 것이다.

수많은 대칭적 요소 중 눈 모양을 모티브로 디자인했다. 내가 바라보는 곳, 모두가 바라보는 곳을 생각에 담았다. 이 테이블 세트에 앉은 사람들이 함께 바라보며 밝은 에너지를 받았으면 좋겠다고 생각했다.

보통의 테이블 세트를 만든다고 생각했다면 결코 생각할 수 없는 형상을 과감하게 도전해볼 수 있었던 것은 '대칭'을 디자인 콘셉트로 정했기 때문이다. 타원형의 눈썹 모양에 그 일부가 파이기까지 했으니 테이블 효율성은 낮다. 게다가 4인용도 아닌 6인용. 그러나 '모두가 함께 바라보는 시선의 시작'을 함의하기 위해 생각이 순환하는 공간을 구성해보았다. 이 작품에 있어 눈의 모양은 단순한 형상이 아닌 바라보는 것, 생각하는 것의 시작이라는 의미를 함축하고 있다.

대칭(Symmetry)

2013 광주 디자인 비엔날레 국제전 〈EYE Table Set〉

2015년 청주 국제공예 비엔날레의 입선작인 물방울 스툴 역시 자연의 패턴인 '균열'을 콘셉트로 만든 작품으로, 이후 만들어진 균열 시리즈의 첫 번째 작품이 되었다. 균열이 콘셉트라면서 왜 물방울인가? 수많은 균열 중 가뭄 탓에 마른 강바닥이 갈라졌을 때의 형상을 모티브로 삼았기 때문이다. 갈라지고 상처 입은 땅에 보내는 나의 메시지는 물방울이다. 각기 다른 형태의 18개 스툴이 하나로 모이면 커다란 물방울이 만들어진다. 각각 따로 있으면 그저 균열된 스툴에 불과하지만 함께 모여 모양을 이루면 마른 땅에 희망을 주는 물방울이 된다. 물방울은 마른 땅을 계속 적셔 가뭄을 해갈하고 틔워낼 새 싹을 상징한다.

또한 이 스툴은 균열을 대하는 자세를 담았다. 분열이 점점 심해져 희망마저 잃게 되는 세상에서 어둠을 밀어내고 하나가 되어 분열을 해결할 물방울이 되어 보는 것은 어떠한가에 대한 물음이다. 기왕이면 희망의 새 싹을 함께 피워내자는 의미이다. 작품 물방울은 완성된 지 4년 만에 의정부 미술 도서관에 설치되었다.

균열(Crack)

2015 청주 공예 비엔날레 입선 〈물방울〉

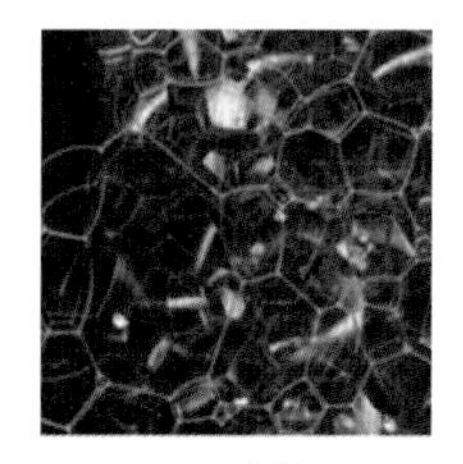

거품(Bubbles)

2015 청주 비엔날레 입선 〈버블 테이블81〉

2015년 청주 국제공예 비엔날레 또 다른 입선작인 Bubble 81 테이블 역시 마찬가지다. 이 작품 역시 자연의 패턴인 '거품'에서 영감을 얻었다. 앞서 말했지만 이 작품을 만들 당시의 나에게 거품이란 정말 많은 것을 함축하고 있어서 살아온 인생과 앞으로 살아갈 인생을 의미할 만큼 심대한 것이었다.

배움과 멘토에 대한 목마름으로 대학원에 입학한 후 미친 듯이 작품에 열정을 쏟던 시기. 버블은 내 모든 것이었고 그 결과로 만들어진 Bubble 81 테이블은 기술적 고려보다는 스케치에 의지해 작품 콘셉트를 완성했다.

나는 최근 들어 보는 즉시 알 수 있는 자연 패턴을 많이 차용한다. 그중 하나가 닢 시리즈다. 자연 패턴인 프랙탈을 차용한 것으로 유사성을 패턴으로 가져온 것이다. 닢 시리즈는 나뭇잎을 모티브 디자인했는데 제작된 소파와 의자 모두 보는 순간 나뭇잎 모양임을 알 정도다. 닢 시리즈는 2019년에는 소파의 형태로, 2020년에는 의자의 형태로 공예 트렌드 페어 전시 때 선보였다.

프랙탈(Frcctal)
자기유사성(self-similarity)

닢(2020)

닢(2019)

리버테이블 블랙의 시작

그 당시 나는 우든 서핑보드 제작을 위해 에폭시를 공부했던 경험이 있어 레진을 써보기로 과감히 결심할 수 있었다. 하지만 무엇이든 첫 도전은 어려움을 겪기 마련이다. 당시의 나는 레진과 에폭시의 차이를 완전히 이해하지 못했다.

재료의 성질만 놓고 본다면 에폭시와 레진은 비슷하다. 에폭시는 접착제로 사용되기 때문에 찐득하고 레진은 에폭시에 비해 묽은 액체에 가깝다는 정도만 다를 뿐 용도에 따라 에폭시 혹은 레진이라 부르는 것이다. 하지만 이 작은 차이를 명확히 알지 못해 첫 시도는 망하고 말았다.

아래 사진은 레인 아트의 첫 도전작인 블루문 리버테이블이다. 사진에서 보는 것처럼 호기롭게 시작한 작업은 완성하기도 전에 터져버리고 말았다. 새로운 기술을 사용한다는 것. 특히 이종 재료끼리의 결합은 염두에 두어야 할 것이 많았다.

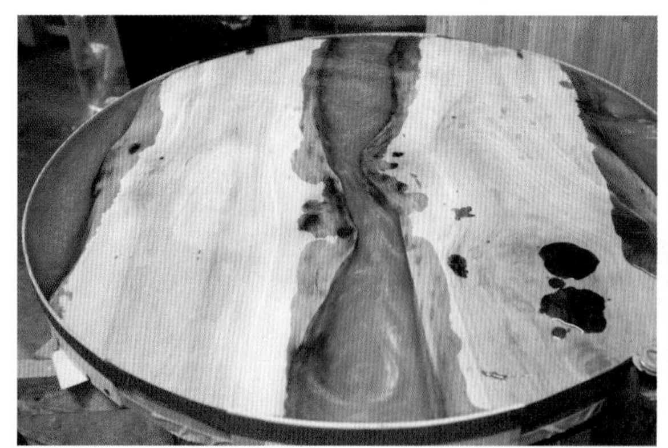

블루문 리버테이블의 제작과 실패

나름 충분히 공부하고 도전한 작업인데도 첫 번째 실패의 참담함을 잊을 수 없다. 실패 요인은 말 그대로 접착제에 가까운 에폭시를 레진처럼 사용했기 때문이다. 결국 따지고 보면 에폭시와 레진의 정확한 개념을 인지하지 못하고 겉멋만 든 셈이다. 하지만 한번 실패했다고 쉽게 포기하진 않았다. 이리저리 원인을 분석하고 레진에 대해 다시 한 번 공부하기 시작했다. 제품 판매처에 가서 처음 물건을 구입하는 사람처럼 배움을 청했다.

블루문 리버 테이블

그렇게 완성한 것이 블루문 리버 테이블이다. 첫 작업에서는 경화에 실패했지만 차분히 마음을 다잡고 접근하니 완성할 수 있었다. 레진 공예로 첫 시도한 작품이었던 블루문 리버 테이블은 작업 중에 판매가 결정되어 만들자마자 주인을 찾아간 행복한 작품이었다.

제대로 신고식을 치루고 나자 좀 더 큰 사이즈의 작업을 해보고 싶었다. 리버테이블 블랙 테이블도 그렇게 탄생했다. 이 작품은 2020년 인사동 경인미술관에서 진행했던 메이앤 아트퍼니처 전시 출품작이다.

리버테이블 블랙 테이블

작업은 우드슬랩을 찾는 일에서부터 시작되었다. 내가 원하는 우드슬랩은 대칭처럼 보이지만 완전한 대칭은 아닌 형상이었다. 가능하면 대칭으로 놓았을 때 가운데 부분이 모든 것을 품는 듯한 공간이 있었으면 했다. 강물이 흘러들어 가득 담겼다가 또 다른 강줄기로 빠져 나가는 형상. 염원하는 소망이 조금씩 들어와 큰 내를 이루고 그렇게 모인 힘으로 또 다른 세상을 향해 나아갈 수 있는 용기를 주는 그런 우드슬랩을 고르고자 심혈을 기울였다.

강은 땅과 땅을 가르는 균열이기도 하지만 그 균열 속으로 스며들어 땅을 풍요롭게 한다. 같은 듯 다르게 대칭을 이루는 두 나무 사이에서 강은 그 둘이 갈라서지 않게 연결해주고 거품이 소용돌이치며 산소를 순환시켜 생명이 죽지 않게 한다.

그런 마음으로 찾은 한 쌍의 우드슬랩. 레진 공예의 특징은 자신이 원하는 소재만 찾으면 그 다음은 레진이 알아서 다 해준다는 것이다. 후반 작업이 만만치 않아 힘이 드는 것은 사실이지만 형상은 레진이 만들어준다.

리버테이블 블랙의 다리 형상

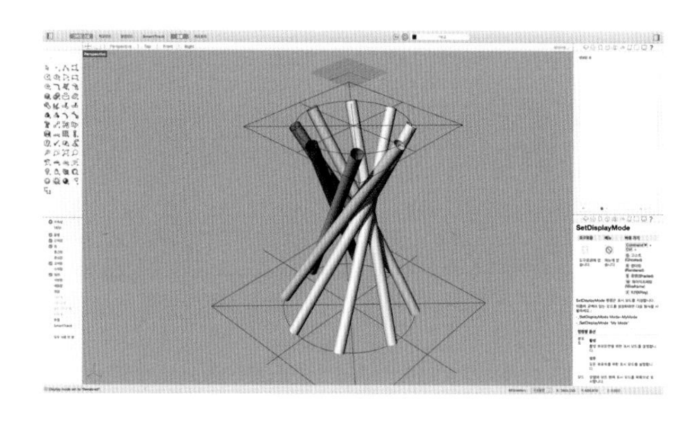

이번 디자인에서 가장 많이 신경 쓴 부분은 다리이다. 내가 원하는 강이 완전하게 작동하려면 그 밑을 받치는 무언가가 필요했다. 이를 다리를 통해 구현하고자 한 것인데, 강 속에서 소용돌이치며 거품을 생성해내는 생명력, 균열이 붕괴되어 나타나는 조화 등을 표현하기 위해 자연의 패턴 중 하나인 '나선'에서 모티브를 가져왔다. 이 형태는 2D 도면으로는 설계가 어려워 3D 프로그램을 이용해 그 형상을 구현했다.

구현하고 싶은 디자인이 생각나면 일단 그려본다. 스케치가 만족스럽게 나오면 그때부터 어떻게 만들지 각오를 다진다. 나선 다리를 만들 때도 그랬다. 고속으로 회전하는 것을 구현하기 위해 수만 가지 생각 중 가장 효율적인 방식을 고민했다. 이번 작업은 아무리 생각해도 고품질 노가다가 될 것 같다. 이 과정을 좀 더 자세히 설명하고 싶지만 글로는 표현하기가 쉽지 않다. 작업 과정을 살펴보며 다시 이야기를 나눠보기로 하자.

〈리버테이블 블랙〉의 다리 형태

리버테이블 블랙
작업 스케치

틀 만들기와 에폭시 작업

에폭시를 다룰 때 가장 주의할 점은 '열'과의 싸움이다. 에폭시는 화학작용에 의해 굳으며 굳어가는 과정에서 열이 발생한다. 특히 적층하는 두께가 두꺼울수록 열이 많이 발생하는 특징이 있다. 이를 잘 컨트롤하지 못하면 낭패를 보게 된다.

내가 블루문 리버테이블을 만들 때 실패한 이유도 서핑보드 마감용으로 사용되는 속건형(빨리 굳는) 에폭시를 무리하게 많이 사용했기 때문이다. 에폭시가 너무 뜨거워져 결국은 연기가 났다.

아무리 속건형이라 해도 에폭시는 얇게 발랐을 때마저 완전 경화(굳는 과정)까지 6시간 이상이 걸린다. 그 긴 시간 동안 열이 발생하면서 굳는 것이라 옆에서 봤을 때는 열이 발생한다는 것을 생각조차 하지 못했다. 즉 에폭시를 조금 많이 붓는다고 열이 오를 거라 생각은 하지 못했던 것이다.

이 사건 이후로 공부를 하기 시작했고, 이를 통해 알게 된 사실은 많은 양을 한꺼번에 두껍게 쓰는 에폭시는 '레진'이라 부른다는 것이다. 이런 실패를 겪지 않으려면 에폭시를 구매할 때 판매자에게 사용 용도를 명확하게 이야기하고 작업 방법에 대해서도 물어보는 것이 좋다. 또한 주의사항을 완벽하게 숙지해야 한다. 오른쪽 사진은 리버테이블 블랙의 상판 에폭시 작업을 보여준다.

사진과 같은 에폭시 작업을 위해서는 에폭시를 채우기 위한 작업틀을 먼저 만들어야 한다. 모양을 성형하고 에폭시를 경화시키는 도중 에폭시가 빠져나가지 않도록 해야 하기 때문이다. 틀은 보통 합판으로 만든다.

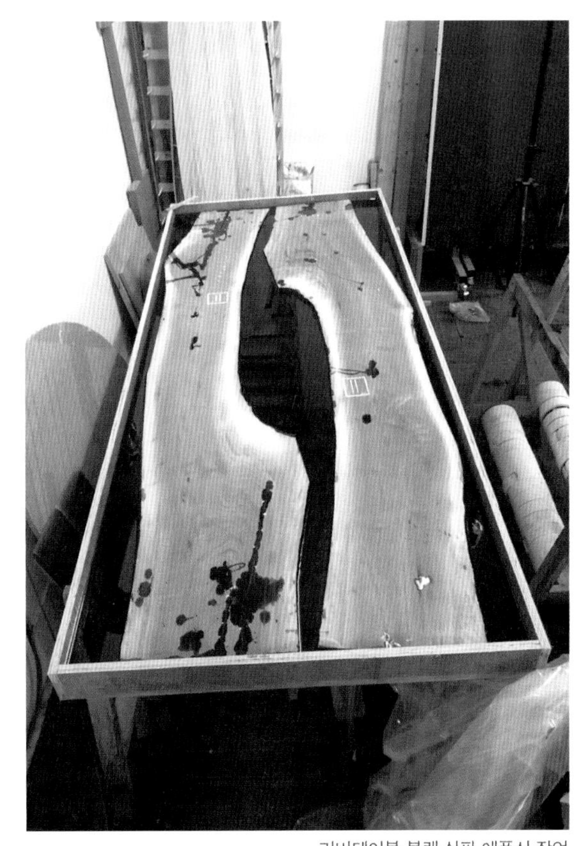

리버테이블 블랙 상판 에폭시 작업

❶ 틀을 제작할 때 에폭시가 닿는 부분은 박스 테이프를 이용하여 꼼꼼하게 붙여준다. 에폭시는 접착제와 같다. 테이프를 붙이지 않으면 틀에 붙어버린다. 에폭시 결과물을 보면 테이프끼리 얇게 겹치는 미세한 턱까지 그대로 들어날 정도로 민감하다. 여유가 있다면 테이프 대신 시트지를 사용하는 것도 좋다.

❷ 틀이 완성되면 작업할 우드슬랩을 구상한 형태에 맞게 틀에 잘 배치한다. 그런 다음 틀 전체의 수평을 맞춘다. 에폭시는 액체다. 수평을 제대로 맞추지 않고 작업을 시작하면 에폭시가 한쪽으로 쏠려 두께가 고르지 못하다. 심할 때는 틀 밖으로 에폭시가 넘쳐 흐를 수도 있다. 에폭시 굳는 시간이 다소 길기 때문에 위치를 정하고 나면 작업이 끝날 때까지 이동이 불가하다. 따라서 가급적 사람 손길이 닿지 않는 공간에서 작업하는 게 좋다.

❸ 에폭시는 주재와 경화제로 구분된다. 이 둘을 혼합해 사용해야 하는데 그 비율은 사용하는 에폭시마다 모두 다르다. 제품 구입 전 판매처에 문의하거나 구매 매뉴얼을 참고하여 혼합 비율을 파악해두어야 한다. 혼합 비율이 잘못되면 문제가 발생할 수 있으니 반드시 주의하도록 한다. 보통 에폭시 10kg를 사면 주재와 경화제가 따로 오는데 그 합이 10kg이기 때문에 그 비율을 계산하면 혼합 비율을 알 수 있다. 예를 들어 10kg의 에폭시를 샀는데 주재가 5kg, 경화제가 5kg라면 혼합 비율은 1:1이다. 만약 의심스럽다면 판매처에게 물어보자. 사고가 나는 것보다 한 번 더 확인하는 것이 더 낫다. 에폭시를 잘 사용하려면 주재와 경화제를 혼합할 때는 적확한 눈금을 가진 전자저울을 사용하여 정확한 양을 맞춘다.

❹ 주재는 비교적 점도가 높고 경화제는 물처럼 점도가 낮다. 점도가 높은 주재를 먼저 용기에 담고 그 비율에 맞춰 경화제를 담는다. 이 둘을 섞다 보면 뻑뻑한 주재가 경화제처럼 묽어진다. 주의할 것은 바닥면과 벽면인데, 점도가 높은 주재를 먼저 용기에 담고 경화제를 넣기 때문에 용기 바닥과 벽에 달라붙은 주재는 잘 혼합되지 않는다. 그래서 혼합의 대미는 주재가 달라붙어있는 바닥과 벽면을 잘 공략하는 것이다. 벽면에 있는 에폭시를 여러 번 꼼꼼하게 긁어내어 섞어주며 혼합한다.

❺ 최초 에폭시를 부을 때는 접착한다는 생각으로 조금만 사용한다. 에폭시도 액체라서 처음부터 많은 양을 사용하면 나무가 틀에서 떠버린다. 나무가 물 위에 뜨는 원리와 같다. 때문에 1차 에폭시 작업을 할 때는 틀에 나무를 고정한다는 느낌으로 미리 잡아놓은 모양이 흐트러지지 않게 주의해 작업한다. 이후 에폭시가 잘 굳으면 그 다음부터는 좀 더 자유롭다. 에폭시마다 다르지만 레진 기능의 에폭시는 하루나 이틀이 지나야 완전 경화되니 여유를 가지도록 한다.

에폭시를 잘 혼합했다면 과연 얼마만큼의 양으로 나누어 작업해야 하는지를 고민해야 한다. 전문가에게 물어봤을 때 에폭시 부피를 구하는 공식은 센티미터 단위로 부피를 구한 다음 1.17을 곱하면 된다고 한다. 이 계산식은 계산이 딱 떨어지는 정각형 공간이라면 문제가 없지만 지금처럼 불규칙한 형태의 우드슬랩은 정확한 계산이 힘들다. 따라서 적당한 양으로 여러 번 작업해서 붓는 양을 조절해야 한다. 참고로 에폭시는 굳으면서 살짝 줄어든다.

지금까지 내가 사용해본 에폭시는 보통 높이 10mm 정도가 한 번에 부을 수 있는 최대 양이었다. 물론 이보다 더 많이 부을 수 있는 에폭시도 있지만 가격이 고가이거나 구하기 힘들다. 해외 영상을 보면 아무리 두꺼운 곳도 한방에 에폭시 작업을 하곤 하는데 경화가 이루어지는 시간은 그에 비례해 아마도 오래 걸릴 것이다. 높이 10mm의 에폭시 건조 시간이 하루라면 높이 40mm의 에폭시 건조 시간은 적어도 5~6일은 걸리지 않을까 싶다. 이번 상판 작업은 모두 40mm를 쌓아야 해서 네 번에 걸쳐 10mm씩을 쌓아 최소 4일의 시간을 예상하고 작업했다.

❻ 최종 완료된 상태를 보면 에폭시 색이 블랙이다. 자세히 보면 반짝이는 펄이 있다. 투명한 에폭시에는 조색제를 넣어 색을 다양하게 낼 수 있다. 조색제는 액체와 분말로 된 제품들이 있으니 잘 찾아 원하는 색으로 작업하면 된다.

❼ 에폭시가 완전 경화한 후 상판을 분리하는 모습이다. 틀을 만들 때 테이프를 잘 붙였다면 그리 힘들지 않을 것이다. 반대로 테이프 작업이 생각만큼 촘촘하지 못했다면 조금 난감해질 작업이다.

상판 평 잡기와 마감하기

이렇게 완성된 에폭시 상판은 작업이 완료한 시점부터 약 2년가량 공방 한 구석에 방치되었다. 여러 일이 겹치면서 완성하지 못한 탓이다. 그런데 무려 두 번의 사계절을 보내면서 에폭시 상판의 변화를 체감하는 귀한 경험을 얻었다.

2년 전 여름에 완성해놓고 차일피일 미루다가 겨울이 되어 비로소 작업을 완성하기 위해 상판을 살펴봤더니 배가 불러 있었다. 나무는 수축·팽창을 한다. 습도가 높은 여름에는 최대치로 팽창했다가 건조한 겨울이 되면 최소로 수축한다. 이 상판도 마찬가지로 수축하며 배가 불러 있었다. 수축을 한다고 나무의 배가 무조건 부르지는 않는다. 이 상판의 경우 좌우 마구리면을 두꺼운 에폭시가 잡고 있어 나무가 수축하면 작아져야 하는데 그러지 못해 배가 불렀던 것이다. 어쩔 수 없이 여름이 되어 나무가 바르게 펴지면 작업하기로 했다.

다음해 여름이 됐을 때 상판은 제자리로 돌아왔다. 작업을 해야 하는 타이밍이었지만 다른 일들이 많아 또 미루어졌다. 그리고 겨울이 찾아왔을 때 어김없이 상판은 배가 불러있었다. 그리고 2020년 여름, 그 해에 있을 메이앤 아트퍼니처 전시 준비를 해야 했다. 이 상판을 사용할 때가 된 것이다.

에폭시 작업 완료된 상판

마구리면 절단과 상판 평잡기

첫 시작은 마구리면을 절단하여 길이를 정재단한 후 상판 위아래 평을 잡는 작업이다. 이번 상판은 에폭시 작업을 한 것이라 목공 기계를 사용할 수 없다. 간단한 지그를 만들어 상판의 평을 잡을 것이다.

마구리면 절단하기

❶ 상판 마구리면을 플런지 쏘를 이용하여 자른다. 마구리면이 드러나도록 에폭시 부분을 전부 잘라내야 한다. 이 작업을 건너 뛰고 에폭시가 덮여 있는 채로 다듬는다면 상판은 돌아오는 겨울에 또 다시 배가 불러올 것이다.

❷ 길이 정재단이 완료되면 상판 위아래의 평면 작업을 해야 한다. 아쉽게도 이번 작업은 평을 잡는 목공 기계를 사용할 수 없다. 그것은 우드슬랩도 마찬가지인데 둘 다 사이즈가 너무 크기 때문이다. 이 정도 넓이와 두께를 감당할 목공 기계가 아예 없는 것은 아니지만 소형 공방들은 감히 그런 기계를 들이지 못한다. 그래서 우드슬랩 같은 경우 직접 손대패로 평을 잡거나 사진처럼 지그를 만들어 핸드 라우터를 이용해 평을 잡을 것이다.

지그 만들기

지그는 다음 도면을 참조하여 합판 18T로 만든다.

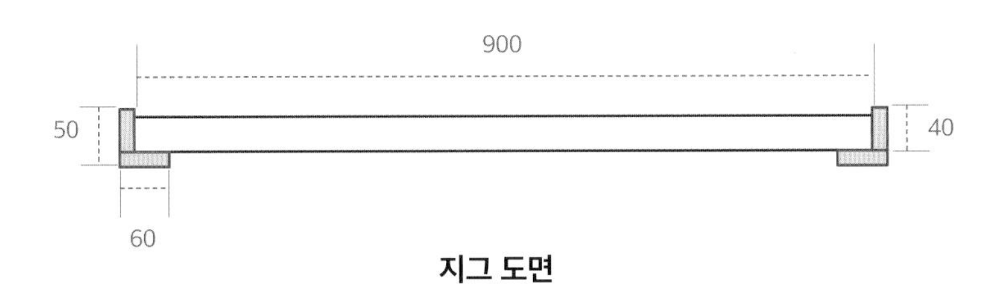

지그 도면

❶ 도면과 같이 ㄴ자 형태로 만들어 상판 아랫면을 지그 위로 올렸을 때 상판보다 약 10mm 정도 튀어나오도록 제작하였다. 이 지그를 기준으로 라우터를 태운 지그가 앞뒤로 평을 잡으면서 좌우로 움직일 수 있도록 하는 것이다.

❷ 지그가 완성됐다면 지그 위로 상판을 올린다. 상판 무게가 상당하여 그냥 올려놓기만 해도 어느 정도 고정되는 느낌이다. 만일 그렇지 않다면 클램프를 채워 작업 중 움직이지 않도록 해야 한다.

이런 형태의 단순한 지그는 에폭시 작업에는 적합하지만 우드슬랩 상판의 평을 잡는 것은 힘들다. 우드슬랩은 위아랫면 모두가 기준면이 불확실하기 때문이다. 우드슬랩은 불확실한 기준면을 잡아줄 또 다른 지그를 함께 제작해야 이 지그를 사용할 수 있다.

이와 달리 에폭시 작업을 한 상판이 이 지그에 적합한 이유는 에폭시 작업을 통해 적어도 아랫면은 평면일 것이라 생각하기 때문이다. 물론 이는 앞서 에폭시 작업 시 만든 틀의 바닥이 평면이라는 전제 하에서다.

이번 지그 제작에서 가장 신경 써야 하는 부분은 지그 부재인 합판의 수평 및 수직이다. 지그의 역할 자체가 평면을 잡는 기준이기 때문이다. 따라서 수압대패로 지그 부재인 합판의 평을 최대한 완벽하게 잡아놓는 것이 중요하다.

지그 세팅하기

다음은 상판의 길이 방향으로 지그를 타고 갈 라우터 지그를 세팅할 차례다.

❶ 먼저 두 개의 ㄴ자 지그 사이로 라우터를 올려놓는다.

❷ 합판 자투리를 이용하여 라우터가 좌우로 움직일 수 있도록 하고 라우터를 멈추게 할 곳을 정해 고정한다.

❸ 마찬가지로 라우터 지그 아랫부분에 라우터를 태운 지그가 길이 방향으로 좌우로 이동할 수 있도록 스토퍼 및 가이드 역할을 하는 합판을 사진처럼 설치한다. 이렇게 해서 상판 평을 잡을 지그가 완성되었다.

❹ 사용할 라우터 비트를 세팅한다. 상판의 넓은 바닥면을 빈틈없이 가공하기 위해 비교적 지름이 큰 35mm 일자 비트를 이용했다. 비트 지름이 크면 회전 반경이 넓어 큰 마찰력이 발생하기 때문에 라우터 회전 속도를 평소보다 낮춰 사용하는 것이 좋다.

상판 평 잡기

이제 지그 및 라우터 세팅이 끝났다. 평잡기 작업을 시작할 차례이다. 아래 사진처럼 한쪽부터 평을 잡아가며 작업하면 된다. 시간이 다소 오래 걸리는 작업이니 여유를 가지고 천천히 작업한다. 특히 에폭시는 라우터 가공 시 깨지거나 움푹 파이는 경우가 있으므로 가급적이면 한 번에 많은 양을 깎기보다 조금씩 나누어 작업하는 것이 좋다.

상판 평 잡기

 동영상으로 배우기  에폭시, 상판 평잡기 지그  상판 가공 및 마감

샌딩과 오일 마감하기

상판의 평이 다 잡혔다면 이제부터는 고난의 샌딩 작업이다. 에폭시는 샌딩 작업이 매우 까다롭다. 목재를 샌딩할 때 고운 가루가 나온다면, 에폭시는 열을 받아 그 입자가 뭉쳐서 나온다. 샌딩을 하다 보면 금세 사포에 에폭시가 늘러 붙는다. 그럴 때마다 샌딩 페이퍼를 교체하거나 자투리 나무로 샌딩 페이퍼에 붙은 에폭시를 긁어내며 작업해야 한다.

❶ 1차 샌딩은 라우터 비트 자국 등 잡아야 할 면이 많다. 따라서 힘이 강하고 작업 면적이 넓은 벨트샌더기를 이용하면 도움이 된다. 벨트샌더는 가공 속도가 빠른 반면 반듯한 평을 만드는 데는 다소 어려움이 있다. 기계 힘이 세서 면을 잡는 것이 아닌 면을 갈아 먹는 느낌이 들기도 한다. 이럴 때는 샌더기를 멈추지 말고 작업해야 한다. 하염없이 움직여 면을 넓게 사용해야 고른 면을 만들어낼 수 있다.

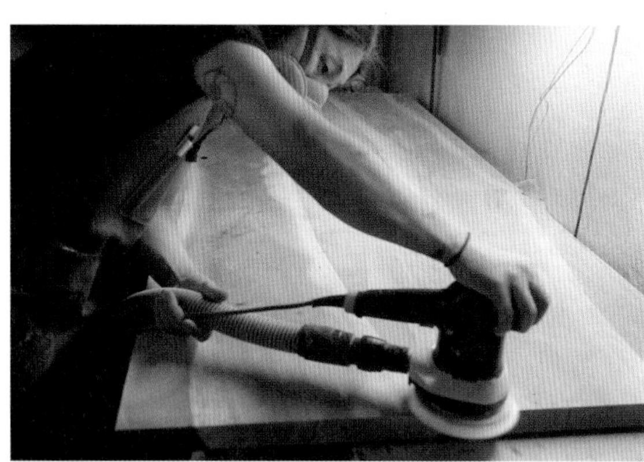

❷ 벨트샌더로 어느 정도 면을 덜어냈다면 원형 샌더로 상판 면을 잡는 작업을 한다. 이 작업 또한 에폭시가 자주 늘러 붙으므로 샌딩 페이퍼를 자주 갈아주어야 한다. 에폭시 부분을 작업할 때는 한곳에서 오래 머무르면 열이 발생하여 늘러 붙는 현상이 많아지니 최대한 면적을 넓게 보고 작업하는 것이 좋다.

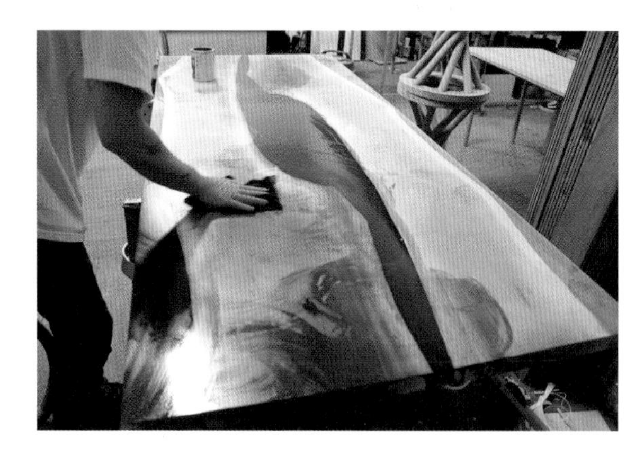

❸ 긴 시간의 샌딩이 끝나면 오일을 발라 마감한다. 에폭시도 나무와 마찬가지로 오일을 사용해 마감한다. 천연 오일 마감재는 코팅 기능을 하기 때문에 에폭시에도 사용이 가능하다.

다리 디자인과 다리 받침대 준비하기

상판 작업이 모두 끝났다면 다리를 만들 차례다. 우드슬랩 두 개가 들어간 크고 무거운 상판을 버틸 제법 튼튼한 다리여야 한다.

작업이 복잡하기 때문에 아래 사진과 같이 완성된 다리를 먼저 보여주고자 한다. 8개의 다리가 나선 모양으로 휘몰아 올라가고 있다. 보기보다 작업 난이도가 꽤 높은 편이다.

리버테이블 블랙 다리

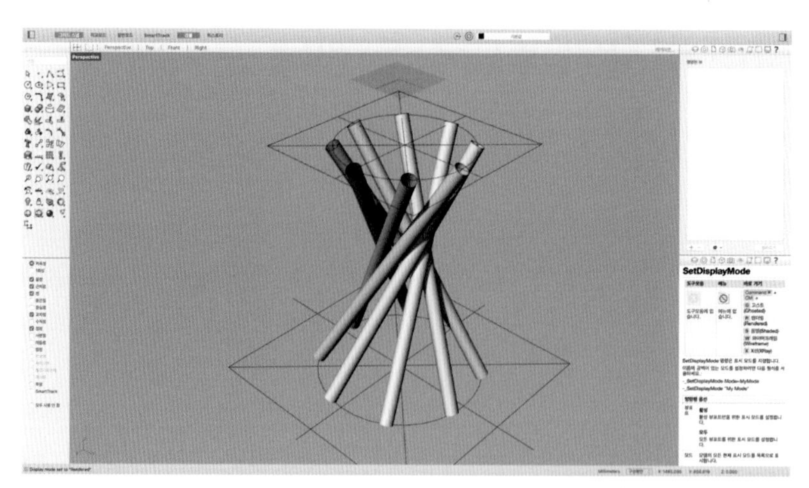

3D 프로그램에서 설계한 다리 형태

이런 형태의 다리는 2D용 그래픽 프로그램으로는 설계 작업이 불가능하여 3D 프로그램에서 설계 작업을 진행하였다. 자연의 패턴인 나사 모양을 차용해 설계했으나 이를 구현하기 위한 작업 방식은 여러 지그와 정확한 실측을 요구한다.

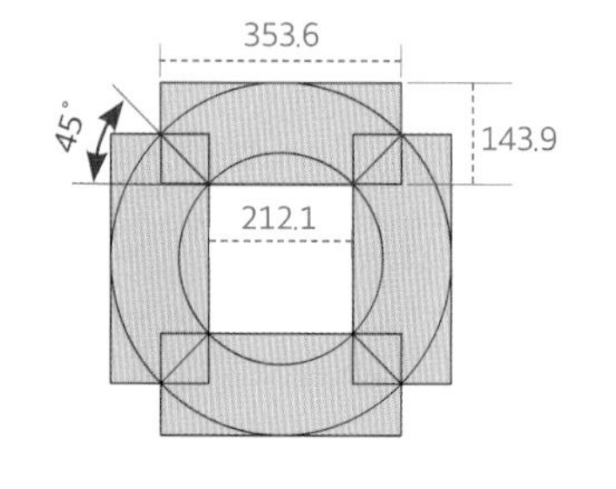

도넛 형태의 다리 받침대 도면

이 작업을 위해 먼저 목봉으로 만들어진 다리가 고정될 다리 받침대를 만들어보자. 다리를 잡아주고 상판과 연결 역할을 할 다리 받침대는 왼쪽 도면에서 보듯 도넛 모양이다. 다리를 튼튼히 잡아주어야 하므로 두께는 35mm로 했다.

부재 준비를 위해 도면을 자세히 보면 빨간색 형상 4개를 결합해 하나의 도넛 모양을 만드는 것을 알 수 있다. 테이블의 다리 프레임이 두 개라 두 개의 도넛을 만들어 받침대를 만들어야 하니 빨간색 부재가 총 8개 필요하다.

리버테이블 블랙 다리 프레임 부재 준비표

이번 작업을 위한 부재 준비표를 알아보자. 아래의 준비표를 보면 완성된 화려한 모습과는 달리 심플하게 딱 두 가지 부재로 이루어져 있다.

단위 : mm

목록	폭×길이	두께(T)	부재 개수	기타
다리 받침대	134.9×353.6	35	8	4개씩 결합
다리	42×885.3	42	16	목봉 다리 목봉 가공 2mm 여유 반영

다리 받침 암장부 가공하기

이 중 먼저 작업할 다리 받침대 부재를 준비한 후 정재단할 것이다. 도면에 맞게 부재를 준비하고 4면이 잘 잡힌 부재를 길이 정재단한다.

4면이 잡혔다는 것은 수압대패, 자동대패, 그리고 테이블 쏘 작업을 한 이후를 말하며 이때는 두께와 폭의 정재단이 끝난 상태라는 의미이다. 부재 준비는 어떤 작업이든 동일한 방법으로 이루어지니 잘 숙지해야 한다.

TIP. 부재 준비에 관해 이해가 부족하다면 '1부. 집사 소파' 부재 준비 35쪽을 참조하기 바란다.

부재 정재단하기

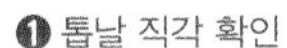

❶ 톱날 직각 확인

❷ 길이 정재단

❸ 45도 가공

❶, ❷처럼 톱날 직각을 확인한 후 정재단 작업을 시작한다. 정재단할 길이는 353.6mm이다. 앞선 작업에서 언급했듯 작업자가 직접 설계하는 작업 특성상 작업의 효율을 위해 소수점 없이 딱 떨어지는 단위로 설계가 가능하지만 지금은 도넛 형태의 외경과 내경 사이즈가 결정되고 다시 부재를 나누는 과정에서 나온 수치이므로 소수점 정리를 하지 않고 그대로 진행했다. 하지만 소수점은 반올림하여 354mm로 작업한다. 그 이유는 8개 부재 모두가 같은 각도 같은 길이로 가공되면 가공된 8개의 부재 치수 모두가 같을 것이기 때문이다. 이렇게 되면 도넛 형태의 프레임을 만드는 데 별 문제가 없다. 게다가 가능한 정밀하게 작업하면 좋겠지만 도넛의 크기는 상판과 연결되고 다리를 확실히 고정하기만 하면 되기 때문에 1~2mm 정도 오차가 난다 해도 크게 상관은 없다.

❸ 8개의 부재가 같은 값의 길이로 정재단되었다면 다음 과정은 45도 가공이다. 마이터 펜스를 45도로 설정한 후 한쪽 면씩 45도 가공을 해준다. 이때 기준이 되는 곳은 옆 페이지에 있는 도넛 형태의 다리 받침대 도면에서의 212.1mm다. 양쪽 45도 가공 후 남은 거리가 212.1mm가 되면 도면과 같이 정재단되는 것이다. 이때도 소수점은 무시하고 212mm로 가공한다. 앞에서와 같은 이유다.

❹ 부재 가조립 모습

가공하는 자세한 방법은, 먼저 한쪽 면을 적당한 거리로 가공할 수 있도록 펜스의 스토퍼와 함께 세팅한다. 양쪽 모서리를 45도로 가공한 후 밑변 길이를 측정한다. 만약 측정한 값이 220mm라면 220-212=8mm이기 때문에 스토퍼를 4mm 이동 후 양쪽을 4mm 추가 가공하여 정재단하면 된다. 첫 번째 부재가 잘 맞았다면 나머지 7개의 부재도 같은 값으로 45도 가공한다.

❹ 이렇게 정재단한 가공된 부재를 가조립해본다.

장부 가공하기

쪽매 이음 암장부 완성 모습

다음 작업은 4개의 부재를 연결시켜줄 장부를 가공하는 일이다. '2부. 슈러스 테이블'에서 사용한 쪽매 이음(138쪽 참조)을 적용한다. 왼쪽 사진은 이번 작업에서 쪽매 이음으로 암장부를 완성한 모습이다.

쪽매 이음 암장부 가공은 테이블 쏘를 이용하여 작업한다. 부재를 세워서 작업해야 하는 특성상 테논 지그를 이용해야 하지만 이번 작업은 45도로 가공된 부재 면적이 비교적 넓어 테논 지그를 사용하지 않고도 비교적 안전하게 작업할 수 있었다. 만일 작업 과정에서 위험을 느낀다면 테논 지그를 사용하도록 한다. 자신의 안전은 자신이 챙겨야 한다.

쪽매 이음 홈 가공하는 모습

가공 방법은 오른쪽의 쪽매 이음 암장부 도면을 참고한다. 먼저 톱날 높이를 30mm로 세팅한다. 이 높이는 쪽매 이음 암장부 깊이가 된다. 테이블 쏘를 사용하기 전 직각 체크는 필수다. 톱날 높이를 세팅하였다면 다음은 펜스와 톱날 거리를 8mm로 한다. 쪽매 이음 암장부 도면처럼 부재 측면이 8mm가 남도록 세팅하는 것이다. 펜스와 톱날의 거리가 정확히 세팅되었는지는 자투리 나무를 이용하여 테스트 컷을 해본 후 측정하여 맞추면 된다.

테이블 쏘 세팅이 끝나면 45도 가공 면이 바닥으로 향하게 한 후 암장부를 가공한다. 부재 바닥면이 비교적 적지만 안전하게 작업할 정도는 된다. 다시 말하지만 만약 불안하다면 테논 지그를 이용하여 작업한다.

쪽매 이음 암장부는 부재 1면당 두 개다. 펜스 8mm 세팅 후 1차 가공을 했다면 첫 번째 암장부는 톱날 두께만큼 만들어졌을 것이다. 이때 부재를 반대 방향(바닥면 기준으로 반바퀴 돌림)으로 돌려 두 번째 암장부를 가공한다. 그러면 양쪽 모두 펜스 쪽으로 8mm가 남고, 톱날 두께만큼의 암장부가 가공되었을 것이다.

그 상태에서 반대쪽 45도 가공면도 동일한 방법으로 2회 가공해주면 한 부재당 양쪽 두 개씩 총 4개의 톱날 두께만큼의 암장부가 가공된 부재를 얻을 수 있다. 이렇게 나머지 7개의 부재를 모두 동일한 방법으로 가공한다.

톱날 두께는 보통 2~3mm 정도이기 때문에 6mm의 암장부를 만들려면 여러 번의 가공이 필요하다. 톱날 두께만큼 암장부가 넓어지도록 펜스를 세팅해가며 8개 부재 모두를 가공한다. 이렇게 가공하면 어느새 6mm 암장부의 정재단 가공이 완성된다. 만약 최종 암장부가 6mm를 조금 넘어섰다 해도 상관없다. 우리는 아직 숫장부를 제작하지 않았기 때문이다. 최종 결과물을 측정하고 거기에 들어갈 숫장부를 제작하면 된다. 실수가 있더라도 모든 암장부에 동일한 실수를 했을 것이므로 괜찮다.

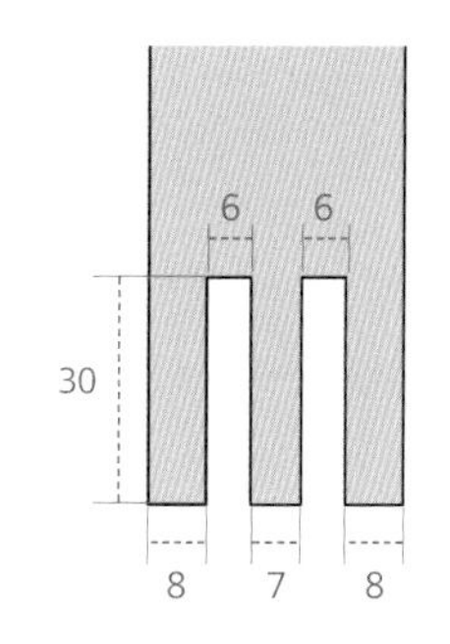

쪽매 이음 암장부 도면

다리 받침대 숫장부 가공하기

이제 쪽매 이음 숫장부를 만들어보자. 먼저 부재의 4면을 잡은 후 밴드 쏘로 반 갈라 사용한다. 1인치 부재 4면을 모두 잡으면 22mm의 평균 두께가 나온다. 이를 반으로 갈라 사용하면 넉넉하게 6mm 촉을 만들어 사용할 수 있다.

❶ 부재를 반으로 가를 때 밴드 쏘 펜스를 세팅하여 작업을 해도 되지만 나는 펜스를 사용하지 않고 부재에 직접 중심선을 긋고 그 선을 기준으로 작업한다. 펜스를 사용하면 가공 열이 상대적으로 많이 발생해 반으로 가른 부재가 휠 확률이 높기 때문이다.

❷ 부재를 반으로 가를 때 두께가 고르게 나오게 하는 것은 밴드 쏘 세팅에 따라 많은 차이를 보인다. 밴드 쏘 작업 전 꼭 톱날과 정반의 직각 여부를 체크해야 한다. 밴드 쏘는 생각보다 세팅에 민감하다.

❸ 밴드 쏘를 이용해 부재를 가른 모습이다.

❹ 밴드 쏘를 이용하여 반으로 가른 부재가 가공 열로 인해 휨이 발생했다면 수압대패를 이용하여 기준면을 다시 잡아준다. 이때는 6mm 숫장부로 사용할 수 있도록 부재 두께에 여유가 있어야 한다. 만약 수압대패로 면을 다시 잡는 과정에서 6mm보다 얇게 부재가 만들어질 것 같다고 판단되면 수압대패 작업 없이 바로 자동대패를 이용하여 6mm 숫장부를 만든다.

❺ 수압대패로 기준면을 잡은 후에는 자동대패로 6mm 정재단 두께를 만들어내면 된다. 버니어 켈리퍼스와 같은 측정 도구를 이용하면 조금 더 정밀한 작업이 가능하다.

❻ 버니어 켈리퍼스로 정밀하게 측정했다 하더라도 암장부에 숫장부를 직접 넣어보며 확인하는 것이 좋다. 이런 건 많이 확인해도 된다.

❼ 다음은 테이블 쏘를 이용하여 숫장부를 정재단한다. 하지만 그전에 암장부 깊이를 반드시 확인해야 한다. 암장부 가공 시 톱날 높이를 30mm로 정확하게 세팅했더라도 다시 한 번 암장부의 깊이를 체크한 후 숫장부 길이의 정재단 작업을 해야 한다. 변수 많은 목공에서 확인은 늘 중요하다.

❽ 암장부 깊이 확인이 끝났다면 펜스를 이용하여 부재 한쪽 면의 직각 기준면을 만든 후 정재단을 진행한다.

이렇게 해서 다리 받침대의 모든 부재가 준비되었다. 이제 준비한 부재를 결합하면 된다. 그런데 조립 직전에 해야 하는 것이 있다. 그렇다. 샌딩이다. 하지만 이번 작업은 샌딩을 생략하기로 한다. 최종 목적인 도넛 형태의 받침대를 만들려면 아직도 가공해야 할 부분이 많기 때문이다.

장부 조립하기

목공 작업은 일정한 순서를 갖는다. '부재 준비-샌딩-조립'을 반복한다. 이중 조립은 한 고비를 넘기는 일이다. 부재 준비를 잘했더라도 조립을 망치면 일이 커진다. 조립은 빠른 시간 안에 재빨리 원하는 작업을 해내야 한다. 조립 전 충분히 이미지 트레이닝을 해야 한다. 접착제는 어떤 순서로 바를 것이며 클램프는 어떤 걸 어느 위치에 사용할 것인지와 같은 생각을 항상 먼저 정리해두어야 한다.

❶ 숫장부에 접착제를 바른다.

❷ 암장부에도 접착제를 바른다.

동영상으로 배우기 프레임 만들기

❸ 마지막 부재까지 접착제를 바르고 조립한다. 접착제가 건조되는 5분 이내에 클램핑을 완료해야 한다. 여유 부릴 시간이 없다. 조립을 효과적으로 하려면 구간을 잘 나누어야 한다. 접착제를 바를 때는 접착제만, 숫장부를 넣을 때는 숫장부만, 블록을 쌓아올리듯 조립해주는 것이 가장 효과적이다.

❹ 클램핑을 할 때는 힘을 골고루 분배하는 것이 중요하다. 특히 이번 작업처럼 막힌 부분 없이 오픈되어있는 암장부에 숫장부를 끼워넣을 때는 더욱 그렇다. 한쪽 면만 클램프를 고정하면 부재가 반대쪽으로 밀리는 현상이 발생한다. 클램프를 네 귀퉁이 모두 걸고 골고루 조여가며 한쪽으로 쏠림 없이 조립될 수 있도록 힘 조절을 잘하는 것이 중요하다.

❺ 약 1시간이 지나면 접착제가 건조되었을 것이다. 물론 완전 건조까지는 시간이 더 있어야 하지만 클램프를 풀고 작업하기에는 큰 무리 없이 건조된 상태다. 이때 무리한 충격을 가하는 작업을 해야 한다면 건조 시간을 조금 더 주는 것이 좋다. 클램프를 풀고 삐져나온 접착제를 끌을 이용하여 제거한다. 1시간 정도 지난 접착제이므로 아직은 말랑말랑한 상태다. 접착제 제거하기에 가장 좋은 때이다.

❻ 다음은 손대패를 이용하여 결합면의 미세한 턱을 잡아준다. 이 작업이 완료되면 일단 도넛 형태의 다리 받침대 부재 준비가 끝난 것이다. 이제 다음 과정을 통해 도넛 형태의 다리 받침대를 완성해보자.

다리 받침대 완성하기

다리 받침대는 템플릿 가이드를 이용하여 라우터 테이블 작업을 통해 완성한다. 그러려면 먼저 템플릿 가이드를 만들어야 할 것이다. 템플릿 가이드는 오른쪽의 다리 받침대 도면을 이용한다.

템플릿은 원형 라인을 제외한 모든 라인을 합판에 그려주는 것으로 시작한다. 먼저 다리 받침대 도면의 × 형태의 라인은 템플릿 원형 가공을 위한 센터 표시이자 다리 부재의 45도 가공 라인에 위치시키기 위한 기준선이다. 빨강색 점은 목봉으로 된 다리가 조립될 홀 가공을 위해 드릴링 센터를 표시해준 것이다.

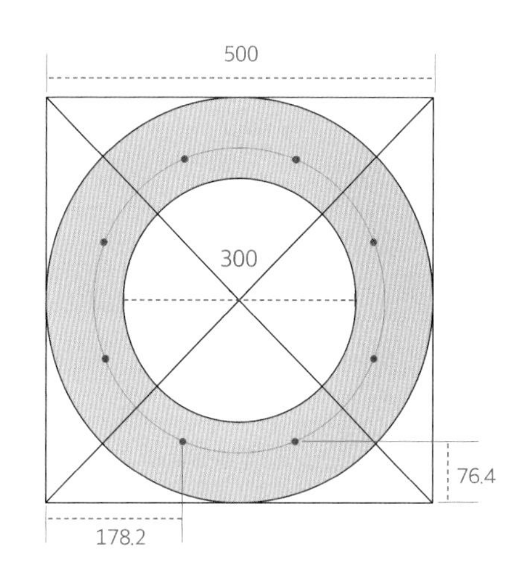

다리 받침대 도면

템플릿 가이드 만들기

❶ 다리 받침대 도면의 모든 라인을 합판에 직접 그려 표기한다. 합판은 18T를 사용한다.

❷ 모든 라인을 그렸으면 원형 가공을 위해 트리머 원형 가공 지그를 이용하여 작업한다. 무리한 작업이 아니므로 가벼운 트리머를 사용하도록 하자. 트리머 원형 가공 지그는 컴퍼스 원리를 이용한 지그이다. 아크릴에 부착된 트리머를 정확한 원형 가공이 되도록 위치를 잡고 나사못으로 중심을 합판과 고정하여 컴퍼스처럼 돌려가며 가공한다.

❸ 도넛 모양의 원형 작업은 먼저 외경부터 작업 후 내경 작업을 해야 한다. 내경부터 작업하면 지그를 고정할 센터가 없어지기 때문이다. 주의할 점은 트리머 작업을 할 때 한꺼번에 많은 양을 작업하면 트리머에 무리가 간다. 약 5mm 이하로 반복 작업하여 원형 가공을 한다. 지그를 사용할 때는 오른쪽으로 돌려 가공한다. 왼쪽으로 돌릴 경우 고정된 나사가 풀릴 수도 있다.

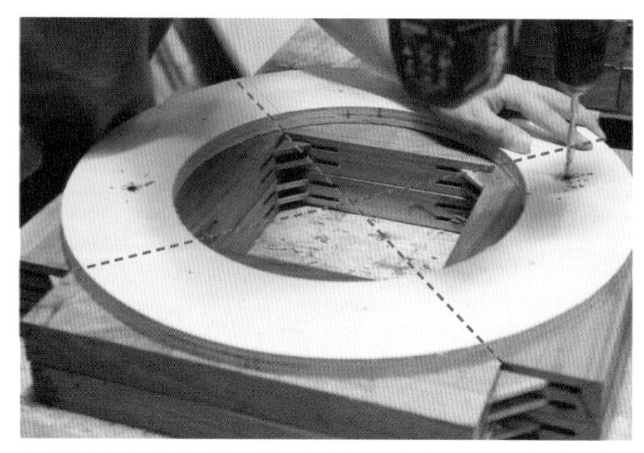

❹ 템플릿이 완성되었다면 부재에 고정시킨다. 먼저 템플릿에 표시한 × 라인을 부재 45도 가공 라인에 맞춘 후 템플릿에 표시한 8개의 빨간 점 중 두 개에 나사못을 고정한다. 일종의 기준점을 찍어주는 것이다. 3mm 나사못 길을 내준 다음 나사못으로 고정하면 된다.

❺ 다음은 템플릿에 표시한 빨간색 점에 3mm 드릴 비트를 이용하여 가공한다. 이때 템플릿을 관통해 부재까지 드릴링 표시가 남게 하는 것이 중요하다. 그 표시가 다리 목봉이 들어갈 홀의 센터 위치다.

❻ 그런 다음 연필 또는 볼펜으로 템플릿 가이드와 같은 라인을 부재에 그린다. 라우터 작업 전에 불필요한 부재 덩어리를 걷어내기 위한 라인이다.

여기까지 하였다면 템플릿 가이드를 분리한 후 남은 하나의 부재에도 같은 작업을 반복한다. 가급적이면 앞에서 했던 순서를 지키면서 작업한다. 템플릿을 조립하고 분해하는 번거로움을 피하기 위해 라우터 테이블로 가공한 후 드릴링 센터 지점(다리 받침대 도면의 빨간색 점)을 표시할 수도 있지만 이렇게 되면 오차가 생길 확률이 높아진다. 오차를 줄이려면 최대한 기준점이 섰을 때 모든 표기를 하는 것이 좋다.

다리 받침대 부재 가공하기

다음은 라우터 테이블로 원형 가공 전 부재 덩어리를 걷어내는 작업이다.

❶ 먼저 내경 원형 작업은 직 쏘를 이용한다. 템플릿을 대고 그린 라인을 침범하지 않는 선에서 최대한 가깝게 걷어내야 이후 라우터 테이블 작업 시 터짐을 방지할 수 있다.

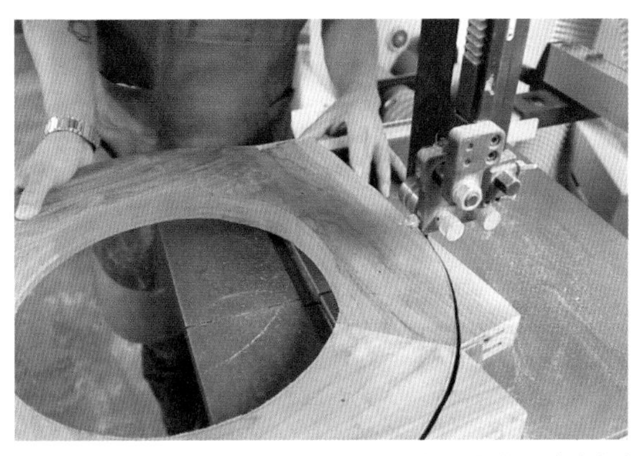

❷ 외경 원형은 밴드 쏘로 작업한다. 이때도 라인을 침범하지 않고 최대한 가깝게 작업하는 것이 중요하다. 밴드 쏘는 내경 작업이 불가능하다. 그래서 내경 원형 작업은 벤드 쏘가 아닌 직 쏘를 이용한 것이다.

❸ 불필요한 부재 덩어리를 다 걷어냈다면 템플릿과 부재를 나사못을 이용하여 다시 고정시킨다. 이미 나사못 길을 내어놓은 상태이기 때문에 제자리를 찾아 정확히 고정할 수 있다.

❹ 이제 라우터 테이블 작업이다. 나는 프리 스타일로 하는 이런 작업을 기피하는 편이다. 위험 요소가 높기 때문이다. 날이 돌출되어있으며 부재가 잘 튀어 터짐 현상이 발생할 수 있다. 긴장을 늦추지 말고 안전하게 작업하는 것이 중요하다.
작업을 위해 먼저 라우터 비트 높이를 맞춰야 한다. 사용한 비트는 베어링 일자 비트이다. 이 비트는 베어링은 템플릿을 타고 가고 베어링과 높이가 같은 날은 나무를 다듬어준다.

라우터 테이블 작업 시 유의할 점

라우터 테이블은 날이 테이블 위로 노출되어있어 매우 위험하다. 가능하면 손이 날과 가까워지지 않도록 하고 그러려면 라우터 날과 손의 위치에 적정한 거리를 두고 작업해야 한다.

특히 작업 처음이 매우 위험한데, 라우터 날이 처음 나무와 닿는 순간 자기 쪽으로 부재를 끌어당면서 부재가 터지며 사고가 발생할 수 있다. 이를 방지하기 위해 '스타트 핀'을 사용하는데, 스타트 시점에서 라우터 날이 끌어당기는 힘을 지렛대 원리로 분산시켜 좀 더 안전한 작업이 되도록 해준다. 대부분의 라우터 테이블은 스타트 핀을 꼽아 사용할 수 있으니 꼭 활용하기 바란다.

❺ 이번 작업에서 스타트 핀 역할은 펜스가 맡았다. 펜스에 부재가 닿아있다. 이는 스타트 핀 역할을 부재가 펜스에 의지하는 것으로 대체한 것이다. 터짐 없이 스타트했다면 베어링이 이미 템플릿에 닿아있게 된다. 이때부터는 라우터 날이 끌어당길 공간이 없기 때문에 튀는 현상은 일어나지 않는다.
라우터 테이블 가공 시 주의해야 할 또 하나는 가공 방향이다. 부재를 시계 반대 방향으로 회전시켜 작업해야 한다. 날이 시계 반대 방향으로 회전하기 때문이다. 이 부분은 설명하려면 너무 길어진다. 안전과 직결되는 중요한 부분이니 《철학이 있는 목공수업》의 '라우터' 편을 참조해주길 바란다.

❻ 내경 작업은 외경 작업의 반대 방향으로 부재를 회전시켜야 한다. 부재를 시계 방향으로 회전시켜 작업하는 것이다. 이 역시 자세한 사항은 《철학이 있는 목공수업》의 '라우터' 편을 참조해주길 바란다.
스타트 핀 또는 지지할 펜스가 없다면 가공할 부분이 가장 적은 곳에서부터 시작한다. 터져나갈 부재가 약하면 좀 더 쉽게 작업을 시작할 수 있다.

❼ 이것으로 라우터 테이블 작업이 완료되었다. 안전하게 잘 사용하면 라우터 테이블만큼 빠르고 정확한 작업이 없다. 하지만 항상 위험에 노출된 상태로 작업해야 하기 때문에 각별히 주의해야 한다. 나는 정밀도를 필요로 하는 작업 외에는 라우터 테이블의 사용 빈도를 낮추는 편이다. 라우터 테이블 작업이 아니더라도 안전하게 작업물을 만들 수 있다면 그 방법으로 하는 것이 좋다. 그것을 차근차근 찾아가는 것도 각자의 몫이다.

다리 부재 준비와 원형 홀 작업하기

다리 받침대를 완료했으니 다음은 다리로 쓰일 목봉을 만들고 준비된 받침대에 목봉이 조립될 홀 가공을 해야 한다. 홀 가공에 대한 도면은 다음과 같다.

다리 목봉 가공하기

먼저 목봉 형태의 다리를 가공할 것이다. 다리 받침대 드릴링 작업 시 잘 맞는지 확인할 필요가 있기 때문이다.

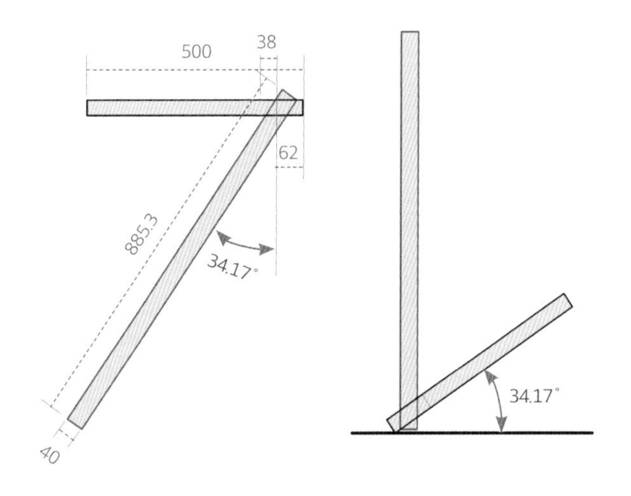

다리 및 다리 받침대 홀 가공 도면

❶ 지름 40mm 목봉을 만들기 위한 부재를 준비한다. 부재의 가로세로는 약 2mm의 여유를 주어 42mm 정사각형으로 만들고 길이는 정재단한다.

❷ 부재를 4각에서 8각으로 만든다. 테이블 쏘의 톱날 각도를 45도로 맞추어 4각의 모서리를 날려준다. 테이블 쏘를 세팅할 때 정확한 45도로 정8각 면이 나오도록 세팅해야 40mm 두께를 맞출 수 있다.

❸ 8각 부재가 완성되면 양쪽 끝 마구리면에 센터 표시를 한다. 목봉을 만드는 대표적인 기계로 목선반이 있다. 하지만 목선반은 봉의 형태와 사이즈를 손의 감각에 의존해 작업해야 한다. 만약 필요한 봉의 개수가 얼마되지 않는다면 목선반으로 작업해도 좋지만 16개는 다소 많으므로 테이블 쏘 지그를 이용하여 만들고자 한다. 이 작업을 위해 양쪽 고정이 필요한데 지금의 센터 표시는 그 고정을 위한 표시이다.

❹ 센터 표시가 완료되면 드릴링 작업을 한다. 테이블 쏘 목봉 지그에 고정할 수 있게 하기 위해서이다.

❺ 이 작업을 위해 제작한 목봉 지그이다. 이를 이용하면 앞뒤로 고정한 부재를 회전시켜 테이블 쏘의 톱날 위를 지나가면서 목봉이 만들어진다. 톱날 높이에 따라 목봉의 지름을 결정할 수 있다. 정확도와 작업성에 있어 놀라움을 금치 못할 정도로 만족도가 높은 작업이다.

❻ 이렇게 16개의 다리 목봉이 완성되었다.

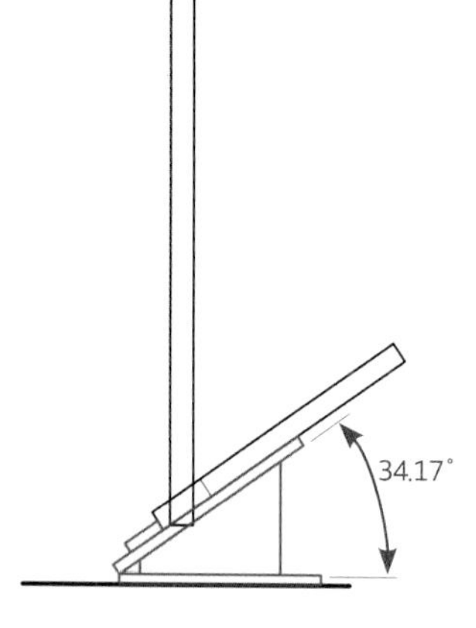

드릴 프레스 작업을 위한 각도 도면

목봉을 고정할 원형 홀 작업하기

다음으로 다리 받침대에 목봉 다리를 고정할 원형 홀 드릴 프레스 작업을 한다. 이 작업을 원활히 하려면 지그가 필요하다. 왼쪽 도면은 해당 지그에 대한 도면이다. 이를 보면 34.17도의 각도 가공이 될 수 있도록 지그를 만들어야 한다. 지그를 만들어보자.

❶ 테이블 쏘를 이용하여 34.17 각도의 직각 삼각형 부재를 두 개 만든다.

❷ 그런 다음 넓은 합판 두 개를 준비한다. 직각 삼각형 부재의 바닥면과 사선 면에 각각 고정하여 바닥면으로부터 34.17도 기울어진 지그를 만든다.

❸ 다음은 합판 자투리를 이용하여 스토퍼를 만든다. 이렇게 지그를 만들어 세팅하면 원형인 프레임을 돌려가면서 같은 포인트에 같은 각도로 반복적으로 드릴 프레스 작업을 할 수 있다.

그럼 지그가 잘 맞는지 테스트를 해보자. 템플릿으로 사용된 합판에 먼저 테스트를 해볼 것이다. 보통 템플릿은 5mm 합판을 사용한다. 두께가 얇아 가공이 쉽기 때문이다. 하지만 이번 작업에 필요한 템플릿은 18mm의 두꺼운 합판을 사용했다. 그 이유는 지그가 잘 완성됐는지 테스트하기 위한 용도로 사용하기 위해서였다.

자신만만하게 해보았던 1차 테스트 결과는 오른쪽 사진처럼 대실패였다. 드릴 프레스 작업 후 맞춰보니 도면대로 맞지 않았다. 뭐가 문제일까? 예측치를 빗나간 결과였다. 기대한 대로 작업이 되지 않으면 힘이 빠진다. 이럴 때는 잠시 쉬며 여유를 갖도록 한다. 실패에 천착하여 열을 내다보면 정작 찾고 있는 답이 보이지 않을 수 있다. 잠시의 휴식 후 디자인 스케치를 다시 검토하고 작업 방식을 검토해보았다. 마땅한 대안이 떠오르지 않는다. 나는 가능한 스케치를 먼저 완

1차 테스트 실패

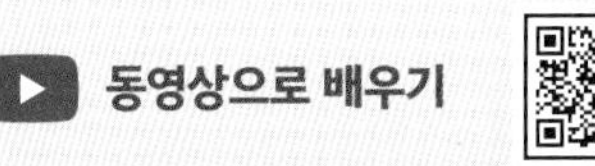

다리, 목봉 만들기

테이블 쏘 응용 목공 '목봉 지그' 제작

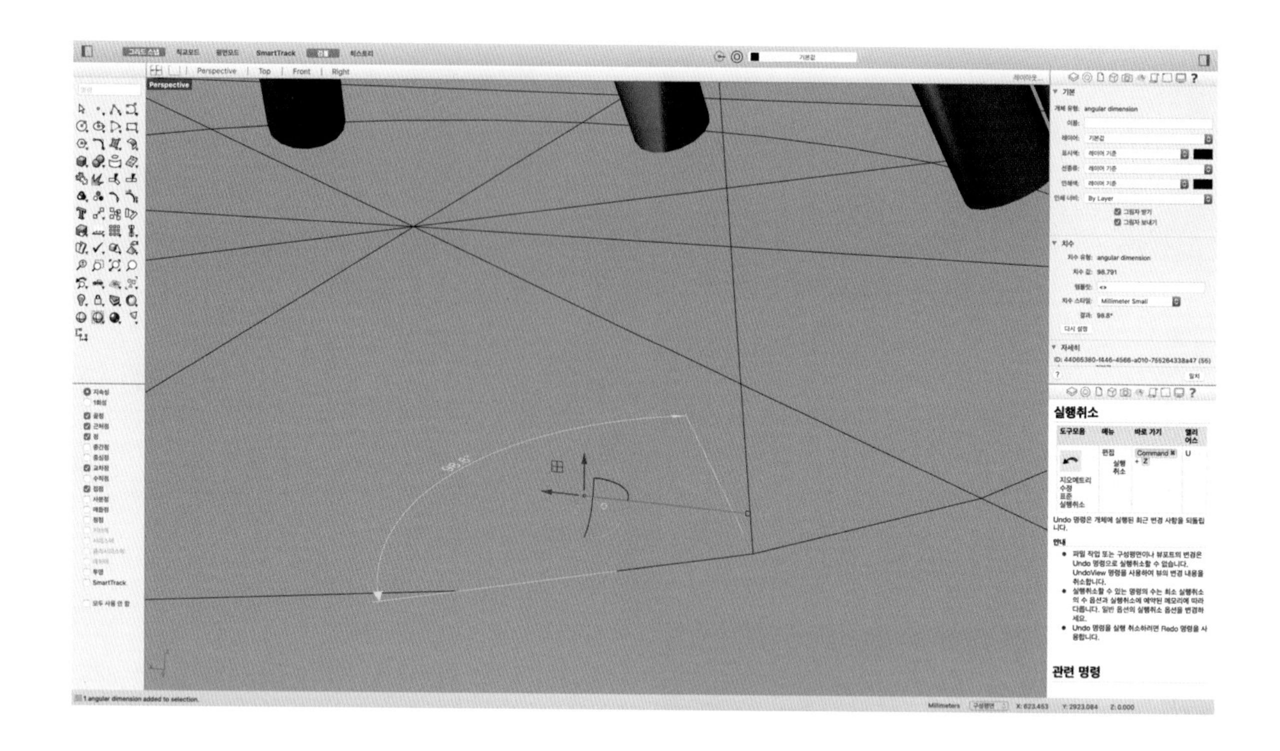

성한 후 그래픽 툴로 도면을 그린다. 작가의 상상력은 무한하다. 머릿속으로 상상한 것을 스케치로 옮기는 것은 디자인의 끝이 아니다. 작업을 위한 정확한 사이즈를 구하려면 설계 툴을 쓰는 게 마땅하다.

반면 스케치를 건너뛰고 디자인 툴에 의존해 설계에만 집중하다 보면 툴 사용 실력 대비 디자인 확장성이 떨어지는 결과를 불러오기도 한다.

그래서 나는 디자인에 집중하지 못한다면 툴 사용을 그리 권하진 않는다. 조금 불편하더라도 설계 툴로는 꼭 필요한 도면만 그리고 나머지는 상상의 확장에 더 중점을 두어 작업할 것을 조언한다. 하지만 1차 테스트 실패로 오랜만에 디자인 툴로 3D 작업을 해야 했다. 상상하는 것을 구현하기 위해 정확한 수치의 도움을 받을 때였다.

3D 작업으로 실패의 원인을 분석하던 중 위의 그림처럼 각도 하나를 발견했다. 대각선으로 넘어가는 각도다. 이 각도를 모르고 지나친 것은 아니었다. 드릴 프레스 정반에 각도 지그를 설치할 때 그 각도만큼 대각선으로 지그를 꺾으면 될 줄 알았다. 하지만 그 정도 세팅으로는 대각선 각도가 적용이 되지 않았고, 그래서 1차 테스트가 실패한 것이란 결론을 내렸다.

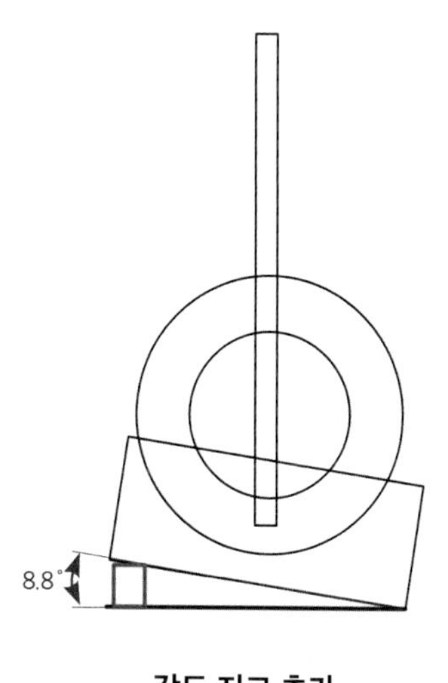

각도 지그 추가

답은 8.8도. 대각선으로 넘어가는 각도를 적용시켜야 했다. 이 각을 적용하기 위해 지그 전체가 8.8도 기울어질 수 있도록 자투리 나무를 바닥에 위치시켜 지그 전체가 기울어지도록 설계를 바꾸었다. 258쪽 드릴 프레스 작업을 위한 각도 도면에 각도 지그 추가 설계를 추가한 것이다. 드릴 프레스 작업을 위한 각도 도면은 측면도, 각도 지그 추가 설계는 정면도라고 생각하면 이해가 쉬울 것이다. 테스트 결과 이번에는 원하는 결과 값이 나왔다.

기계가 다양할수록 작업은 수월해진다. 마찬가지로 다룰 수 있는 툴이 많으면 작업의 접근성과 정확도가 높아진다. 배워서 나쁠 건 없다.

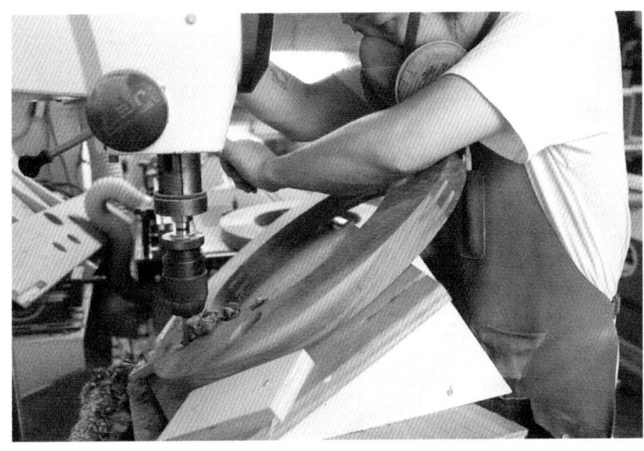

❶ 테스트가 끝났으니 본격적으로 다리 받침대에 드릴링을 한다. 어떤 곳에 드릴링을 해야 하는지는 이미 템플릿 고정 과정에서 드릴 비트로 표시해두었다. 그 포인트를 잡아 다리 받침대를 돌려가며 8개의 목봉 고정 원형 홀 드릴링 작업을 하면 된다.

❷ 테스트 결과가 좋았더라도 한번 맞춰봐야 안심이 된다. 실수가 있는지 한 번 더 체크한다. 다행히 본 작업에서도 잘 맞았다.

❸ 드릴링 깊이 세팅은 드릴 프레스 자체에 장착되어있는 스토퍼를 사용한다. 무리하게 힘을 주어 작업하면 스토퍼도 무용지물이니 최대한 힘을 빼고 작업하는 게 중요하다. 드릴 비트가 회전하여 나무가 깎인다. 아래로 살짝 누르는 느낌 정도로 부재가 흔들리지 않게 작업한다.

❹ 최종적으로 가조립을 해본다. 예상치 않게 앞에서 실수를 했기 때문에 최종 가조립은 긴장의 연속이다. 다행히 잘 맞았다. 마음을 졸이다가 결과가 좋으면 일종의 카타르시스가 느껴진다.

동영상으로 배우기 프레임 드릴프레스 가공

다리 조립하기

가조립까지 끝났다. 사실 가조립을 해본 다른 이유도 있다. 쐐기 홈의 깊이를 측정해야 하기 때문이다. 다리를 더 견고하게 고정시키기 위해 쐐기를 박을 것인데, 이 작업을 위해 미리 쐐기 홈을 가공하려는 것이다. 환거기는 이러한 작업을 하기에 제격이다.

❶ 환거기를 이용해 쐐기 홈 작업을 한다. 환거기가 없다면 밴드 쏘 또는 손톱을 이용해 쐐기 홈을 만들면 된다.

❷ 쐐기 홈 가공을 했다면 쐐기도 만들어주어야 한다. 다리 사이즈와 같은 40mm 폭 부재를 밴드 쏘를 이용하여 쐐기로 만든다.

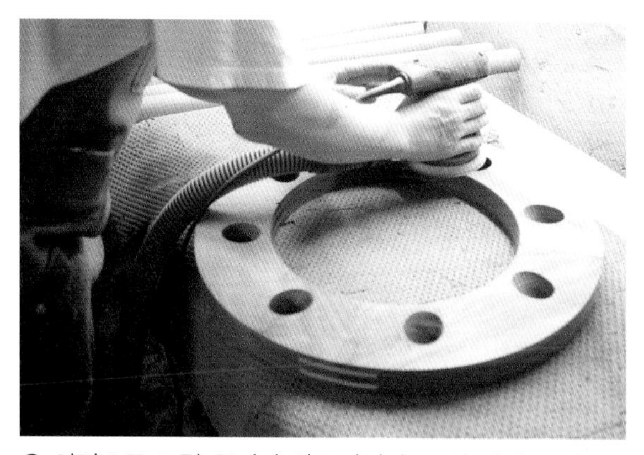

❸ 이것으로 조립 준비가 완료되었다. 조립 전에는 언제나 샌딩을 해야 한다. 다리 받침대 샌딩을 한다.

❹ 다리 받침대 샌딩이 끝나면 목봉 다리를 샌딩한다. 목봉 같은 원형 부재의 샌딩은 살살 돌려가며 하면 된다. 밀가루 반죽하듯 부재를 한 손으로 굴려주며 샌딩한다.

❺ 샌딩이 모두 끝났다면 조립한다. 지금의 조립 방식은 여러 개의 부재가 서로 연결되는 방식이 아니다. 다리 하나하나가 독립되어있기 때문에 하나에만 집중하면 된다. 시간적 여유가 많으니 편안하게 조립하도록 한다.

❻ 쐐기는 다리를 다리 받침대에 조립한 후 다리에 미리 가공해놓은 쐐기 홈을 살짝 벌려 그곳에 쐐기를 박음으로써 다리를 다리 받침대에 꽉 고정시키는 것이다.

❼ 이번 작업은 다리가 원형이라 접착제가 굳은 다음 끌로 제거하기가 쉽지 않다. 따라서 다리 하나를 쐐기까지 박고 난 후 접착제가 굳기 전에 물티슈 또는 칫솔 등으로 완벽하게 닦아낸다.

❽ 이것으로 다리가 모두 조립되었다. 완성된 형태를 보면 8개의 다리가 서로 교차하며 나선(스파이럴) 형태를 만든다. 다리 하나의 구조는 다리의 각도가 다리 받침대 기준으로 많이 벌어져 있고 다리가 고정되는 받침대의 두께가 두꺼운 편이 아니라서 분명 튼튼하지 못했을 것이다. 하지만 이 구조는 위에서 아래로 하중이 있을 때 다리끼리 서로 잡아주어 견고함이 다리 개수인 8배만큼 된다. 재미있는 구조다.

쐐기의 두께와 깊이는 어느 정도가 되어야 할까?

먼저 두께를 고려한다면 다리 받침대의 목봉 고정 원형 홀과 다리 지름의 단차만큼만 벌릴 두께면 된다. 만약 다리 받침대와 다리가 꽉 끼는 형태라면 쐐기의 두께는 목봉 고정 원형 홀보다 살짝 두꺼우면 된다. 이 기준에서 다리와 목봉 고정 원형 홀 사이에 틈이 있다면 그 틈만큼 쐐기 두께를 키우면 된다. 이때 두께의 기준은 쐐기 깊이의 2/3 지점 정도가 좋다. 즉 쐐기가 끝까지 박히면서 벌려주는 형태다.

쐐기의 방향도 고려해야 한다. 쐐기는 나무를 벌리는 역할을 하는데 이때 폭 방향으로 벌어지는 형태라면 나무의 결을 따라 힘을 받기도 전에 갈라질 가능성이 높다. 쐐기를 박을 때는 폭 방향과 직교하도록 작업해야 한다. 나무의 길이 방향으로 벌려 힘을 준다고 생각하면 된다. 쐐기를 박는 과정에서 망치에 전해지는 충격이 다리 전체로 전달됐을 때가 되면 더 이상 들어가지 않을 것이다. 이때 쐐기가 다 박혔다고 생각하면 된다.

동영상으로 배우기 다리, 프레임 조립

쐐기 다듬기

접착제가 완벽하게 굳었으면 이제 뒷정리 시간이다. 먼저 다리 받침대 위로 튀어나온 다리와 쐐기를 잘라 다리 받침대와 같은 높이로 만들어주어야 상판과 간섭이 없을 것이다. 이 작업은 보통 플러그 톱을 사용한다. 플러그 톱은 바닥으로 파고드는 성질이 있어 톱질이 비교적 힘든 편이다. 이럴 때 내가 자주 사용하는 방법이 있다.

❶ 등대기톱을 이용하여 올라온 다리와 쐐기를 잘라준다. 이때 등대기톱의 등대기 두께만큼 약 1~2mm 남겨놓고 잘라주어야 부드럽게 잘리고 안쪽으로 파먹는 현상이 없다.

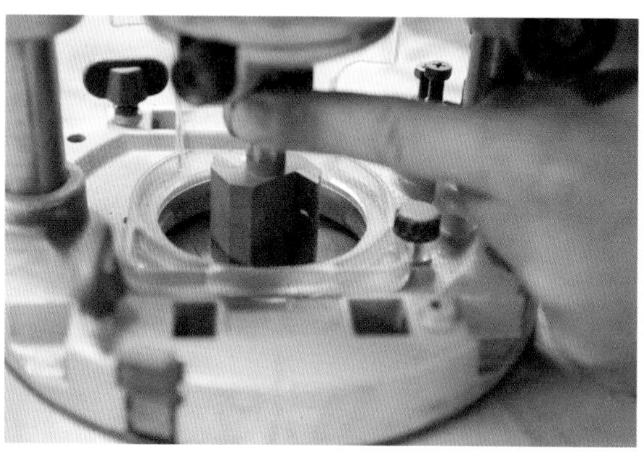

❷ 남아있는 부분은 라우터 일자 비트로 잘라낸다. 일자 비트를 라우터에 설치한 후 평평한 바닥면과 라우터 높이가 일치하도록 세팅한다.

❸ 라우터를 튀어나온 다리 및 쐐기 위에서 작동시킨다. 이 튀어나온 부분 없이 프레임과 평이 맞으면 가공은 끝난 것이다. 라우터 날의 높이를 바닥면과 일치하도록 세팅하면 이렇게 단시간 내에 깔끔하게 평을 잡을 수 있다.

❹ 라우터 작업으로 평을 잡은 모습이다.

목봉 다리 바닥면 맞추기

다리 하단도 처리할 차례이다. 다리 끝 부분을 수평이 되도록 잘라주어야 한다. 목봉은 이 과정을 미리 작업하는 게 쉽지 않다. 목봉을 만들려면 양쪽 끝을 기준으로 고정하기 위한 직각이 필요하고 봉을 만든 후 폭 방향으로 직교하도록 쐐기를 박을 때도 높이 차가 발생한다. 그러니 이를 미리 계산하는 게 힘들다. 때문에 이 작업은 조립이 완료된 후에 하는 것이다.

❶ 튼튼하게 고정된 8개의 다리 높이가 맞는지를 측정한다. 공방에서 평면이 완벽한 곳은 잘 정돈된 바닥도 아니요, 깔끔한 합판 위도 아닌 테이블 쏘 정반 위다. 스툴이나 의자 같은 가구들은 완성하면 무조건 정반 위에 올려 다리 높이가 잘 맞는지 체크해야 한다. 이보다 큰 가구들은 어쩔 수 없이 작업에 대한 확신을 갖고 다리 길이를 맞출 수밖에 없다. 보통 크기가 큰 가구는 자체 하중이 있어 살짝 처짐이 있는데 다리 길이만 잘 맞는다면 크게 걱정할 일은 아니다.

❷ 다시 작업으로 돌아가 높이를 측정할 수 있는 철자 또는 직각자를 이용하여 다리 전체의 높이와 수평을 체크한다. 이때 가장 높은 치수를 찾고 이보다 낮은 곳은 나무 조각들을 다리 밑에 끼워 같은 높이가 되도록 만든다. 이렇게 다리 전체의 높이를 똑같이 만들어 다리 받침대와 정반이 수평이 되게 만들면 된다.

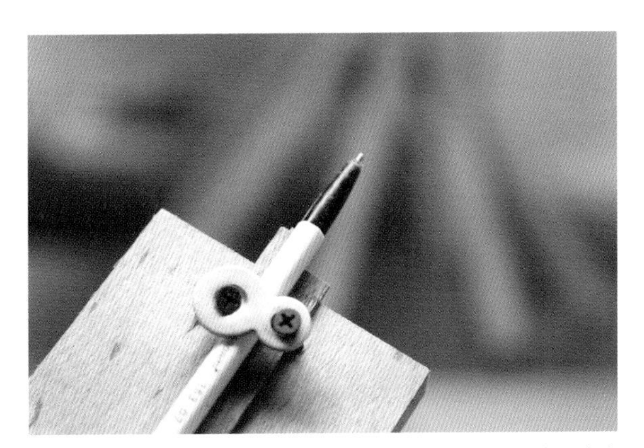

❸ 다리를 잘라야 할 곳에 선을 표시하기 위한 임시 지그이다. 테이블 전체의 설계 높이는 750mm이다. 상판 두께 40mm가 빠지면 다리 높이는 710mm가 되어야 한다. 선 표시 지그는 합판과 자투리 나무 위에 펜을 고정시켜 단순하게 만들었다. 이 지그로 표시한 곳이 프레임 위에서부터 다리 끝까지 직각으로 정확하게 710mm가 되는 곳이다.

❹ 정반 바닥면을 기준으로 선 표시 지그를 이용하여 선을 그린다. 이 선을 등대기톱으로 자를 것이므로 원형으로 돌아가며 다리의 모든 부분에 선을 그려주어야 한다.

동영상으로 배우기 다리 높이 맞추기 및 완성

❺ 톱질할 선을 모두 그렸다면 등대기톱으로 과 같이 다리를 잘라준다. 톱질을 잘하려면 자세가 중요하다. 톱 선이 수직으로 들어갈 수 있도록 다리를 잘 고정해야 한다. 총 16개의 다리를 잘라야 하는데, 하나라도 잘못 자르면 다리 높이가 맞지 않게 된다. 목공 초보 때부터 연습한 톱질 실력을 발휘할 시간이다.

TIP. 하늘에는 전투기가, 바다에는 잠수함이, 땅 위에는 탱크가 전장을 누빈다. 하지만 적진에 마지막 승리의 깃발을 꼽는 이들은 보병이다. 아무리 목공 기계가 발전해도 최종 작업의 마무리는 수공구가 한다. 기계 중심으로 목공 작업을 하더라도 수공구를 쓰는 수련은 꾸준히 해야 한다.

❻ 작업이 모두 완료되면 3회 이상 오일을 발라야 생활 방수 기능을 가진다. 바닥 부분에는 스크래치를 방지할 수 있는 부직포를 붙인다. 부직포는 양면테이프로 되어있어 접착제 없이 부착할 수 있지만 시간이 흐르면 밀리기도 한다. 따라서 순간접착제를 살짝 발라 부탁하도록 한다. 부직포는 실내 바닥의 스크래치를 방지할 뿐만 아니라 실내 바닥면과 미세한 턱을 맞춰주는 역할도 한다.

최종 조립하기

다리와 상판을 고정하는 마지막 작업이 남았다. 상판과 다리 프레임을 결합할 때는 항상 원목의 수축·팽창을 고려하여 조립해야 한다. 이때 사용하는 것이 8자 철물이다.

오른쪽의 8자 철물 도면을 보면 8자 철물 사용 방법이 일반적인 형태와 다르게 구성된 것을 볼 수 있다. 상판의 폭과 직교하도록 설치해야 하는 8자 철물은 원형 프레임에서는 직교되도록 설치하기가 까다롭기 때문에 이런 형상을 만들었다.

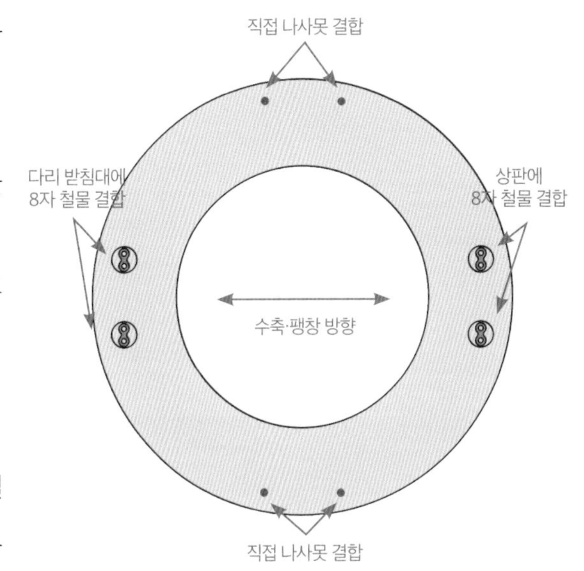

8자 철물 도면

작업 방법은 다음과 같다.

먼저, 좌우로 두 개씩 총 8개의 드릴링 작업을 한다. 8자 철물 도면에서 빨간 화살표가 수축·팽창이 일어날 방향이므로 8자 철물을 홈의 좌우 방향에 위치시킨다. 이 말은 다리를 상판에 고정할 때도 이 방향을 고려하여야 한다는 뜻이다.

8자 철물 도면의 빨간 점은 수축·팽창의 영향을 받지 않는 지점이다. 수축·팽창의 영향을 받지 않으므로 8자 철물이 아닌 나사못으로 바로 고정할 것이다. 두 개의 간격은 수축·팽창을 무시해도 될 정도로 작은 100mm 이하로 한다.

❶ 약 30mm 이상의 포스너 비트를 이용하여 8자 철물 두께만큼 가공한 후 8자 철물을 다리 받침대에 장착했다. 8자 철물이 받침대 위로 튀어나오지 않게 하기 위한 작업이다.
이때 8자 철물의 방향은 상판과 직교하도록 하여 수축·팽창이 자연스럽도록 한다. 8자 철물을 나사못으로 다리 받침대에 고정하기 전 8자 철물의 남은 빈 구멍([8자 철물 도면] 중 '상판에 8자 철물 결합' 위치 참조)은 8mm 이상으로 드릴링하여 관통시킨다.

❷ 상판과 결합하기 위한 8자 철물의 구멍을 위해 완전히 관통된 다리 받침대의 모습을 보여주고 있다. 상판과 연결할 때 이 구멍을 통해 나사못을 박아주면 나사못은 8자 철물의 구멍에 걸린 채 상판과 밀착되어 결합될 것이다. 수축·팽창에 대응하면서도 단단히 상체와 고정된다.

❸ 준비가 모두 완료되면 상판과 다리를 조립하여 리버테이블 블랙의 작업을 완료한다. 아래는 완성된 리버테이블 블랙의 모습이다.

5부

미니멀 소반

미니멀 소반
디자인 스케치

무거운 가구에 관한 가벼운 고찰

가구 제작에 적합한 나무는 우리가 흔히 알고 있는 활엽수 또는 낙엽수로 불리는 하드우드 계열의 나무이다. 반면 침엽수라 불리는 소프트우드는 가구 재료로 사용하기에는 무른 정도가 심하여 적합하지 못하다. 굳이 가구를 만든다면 불가능한 일은 아니지만 대신 두께가 두꺼워야 해서 투박하고 변형이 심하다. 또 나무가 무른 탓에 작업성도 떨어진다. 하지만 인장력은 우수해 건축 재료 또는 인테리어 재료로는 사용된다.

여기서 하고자 하는 말은, 하드우드와 소프트우드의 특성이 아니다. 목공을 하다 보면 디자인을 구상하고 이를 실현할 작업의 시간이 돌아왔을 때 언제나 느끼는 것이 있다. 몸이 힘들다는 것이다. 그렇다. 나무는 어떤 나무든 무겁다. 잘 재제되고 건조된 원목조차 각종 가공을 할 때면 무거움에 힘겹다. 특히 수백 개로 쪼개졌던 부재들이 하나로 합쳐지는 완성의 단계가 오면 무거움은 극에 달한다.

하드우드는 무겁다. 침엽수보다 단단하고 비중도 높으니 당연히 더 무거울 수밖에 없다. 이를 숙명처럼 받아들여야 목수가 될 수 있다.

목공 아카데미를 운영하다 보면 의도하지 않아도 나무의 무게에 대해 생각하는 시간을 갖게 된다. 학생들은 나무의 무게를 가볍게 풀어보려고 애를 쓴다. 처음에는 열정에 넘쳐 이것과 저것을 합해 부피가 큰 작품을 만들려고 하는데 그 과정에서 무게에 학을 뗀다. 좀 더 가볍게 만들기 위해 프레임끼리의 연결에 재미를 붙이기도 하지만 이 또한 작업의 지난함에 고개를 절래절래 흔든다.

가구의 무게를 줄여보려는 과정에서 큰 벽은 '구조'다. 가볍게 만들어보려고 이것저것 덜어내다 보면 결국 구조가 약해져 만들어보지도 못하고 포기하게 한다. 하지만 실패할지언정 이런 시도들은 필요하다. 목수에게 있어 중요한 것은 자기 확신이다. 초보자들은 아직 자신이 사용하는 소재에 대해 정확히 모르고 있고 자신이 만드는 것의 내구력에 대해서도 확언하지 못한다. 성공이든 실패든 다양한 시도는 초보자가 가진 불확실성을 확신으로 바꾸어줄 것이기에 "한 번 해봐. 아니면 다시 하면 되지." 하며 북돋아준다. 그리고 그 과정에서 살펴야 할 것과 방법적

오류들을 지적하며 만들고자 하는 것들을 가능하면 실패가 아닌 성공으로 이끌어 주려 조언한다.

아쉽게도 나무라는 소재는 '적당히'는 있어도 '정량'은 존재하지 않는다. 나무의 상태, 가공 방법, 그리고 그것이 놓일 환경에 따라 나무는 변한다. 그래서 다른 소재처럼 '무엇을 얼마나 투입하면 이런 결과가 나온다'라고 예측할 수 없다. 다만 지금까지의 경험으로 볼 때 구조적으로 안전하고 문제가 없을 근사치는 존재한다. 그것은 목수마다 가지고 있는 자기 확신에 근거하며 이는 정량화되지 않는 것이기에 우리는 이것을 '감'이라고 부르며 공통으로 적용되는 감은 '상식'이 된다.

우리 공방의 학생들은 나무라는 소재를 다루면서 공통적으로 적용되는 감, 즉 '상식적인 목공'을 기본으로 배운다. 그런 다음 자신의 작품을 만들게 될 때가 되면 나는 아직 시도되지 않은 그만의 감을 찾도록 독려한다. 여기서 감은 '경험'과도 같다. 남들과 똑같이 만들려면 굳이 비싼 돈을 내고 내게 배울 필요가 없다. 그렇게 배우고 창업해봐야 이미 자리 잡고 있는 다른 공방과 차별화도 되지 않는다.

학생들이 만들어내는 작품들은 때로는 신선하고 황당하고 도발적이다. 그들의 경험은 때로 성공하고 때로 좌절하지만 이를 통해 나무를 바라보는 자신만의 확신, 구조를 세우는 명징한 체계를 만들어내며 오직 그만이 자아낼 수 있는 목공 스타일을 만들어간다. 이를 통해 나 역시 배우고 있다. 신선한 자극을 주어 현재에 안주하지 않게끔 하고 난해한 질문들을 함께 해결하는 과정 속에서 나 역시 연구하고 있다. 지금은 나의 학생이지만 앞으로는 목공의 길을 함께 가는 동료가 될 모습을 보면서 말이다.

한만호 〈파도〉

박진석 〈2-1=3〉

2022년 2월
메이앤 아트퍼니처 전시 [human&nature]
학생 작품들

김희주 〈씨앗〉

조형준 〈WEB〉

이번에 소개할 작품인 '미니멀 소반'은 '원목 가구는 무겁다'는 통념을 깨기 위해 만든 작품이다. 학생들의 황당한 도발로 시작되었지만 구조적으로 문제가 없을 만큼 가벼운 가구에 대한 답을 구하는 과정으로 이어졌다.

가구를 가볍게 만드는 방법에는 여러 가지가 있다.

첫째, 무겁지만 가볍게 보이는 것. 오늘날 많은 브랜드 가구들을 보면 끝 면의 두께가 점점 얇아지는 것을 볼 수 있다. 테이블 상판의 끝을 사선으로 날려 얇은 두께처럼 보이려는 것이다. 시각적 요소를 바꿔 날렵하고 예쁘게 보이려는 시도이다.

둘째, 프레임 스타일의 가구들. 북유럽 가구로 대표되는 가구들은 최소의 프레임으로 제작되어 부재의 덩어리를 덜어내 가구를 가볍게 만든다. 우리로 치면 짜맞춤 가구이다. 실용성을 명분으로 필요한 부분만을 강조하며 구조를 잡는 것이다.

이 외에도 여러 가지 방법이 있을 것이다. 그러나 모든 방법을 고려해보아도 두께를 줄이는 것만큼 효과적인 것이 없다. 여기서 목수의 감이 발동한다. '가구는 최소 이 정도 두께는 되어야 한다'라는 상식이 과연 모든 가구에 정답일까? 그 상식을 확인해보지 않으면 가벼운 가구에 대한 고민은 그저 해프닝에 불과할 것이다.
가령 원목으로 만드는 식탁 상판의 최저 두께이자 통상적인 두께는 20mm이다. 이것은 목수에게 상식에 속한다. 이 상식은 원목 시장에서 하나의 규칙이 되어 구하기 쉬운 재재목의 최소 두께를 1인치로 만들었다. 상업적으로 많이 쓰이는 1인치 재재목은 원목 판매상이라면 누구나 구비해놓아야 할 필수 상품에 이른 것이다. 1인치 재재목을 주문해 수압대패와 자동대패를 이용해 깎아내면 20mm의 깔끔한 원목 부재를 얻을 수 있다. 여기서 질문을 던져보자. 왜 20mm여야만 하나?

그것은 나무의 수축·팽창에 대한 경험치 때문이다. 나무는 두께가 얇을수록 수축·팽창에 약하다. 원목이 얇으면 수분의 이동 시 뒤틀림에 저항할 섬유질의 두께도 얇아 마음대로 움직일 수 있기 때문이다. 그래서 너무 두껍지 않으면서 프레임을 갖추었을 때 나무의 수축·팽창에 충분히 저항할 수 있는 두께를 20mm로 보는 것이다. 이 20mm는 고객의 심미적 저항선에도 해당한다. 충분히 쓸 만해 보이지만 견고해 보이지 않으면 고객은 그 제품을 선택하지 않는다. "이 정도면 튼튼해 보이네요."라고 하는 마지노선이 20mm라는 이야기도 있다.

목수가 상판의 수축·팽창을 다루기 위해 대표적으로 사용하는 제품에는 8자 철물이 있다. 8자 철물은 수축·팽창하는 나무를 쉽게 컨트롤하면서도 상판이 프레임에 견고하게 밀착되게 해준다. 그런데 8차 철물을 사용하려면 나사못으로 고정해야 하는데 그 고정이 견고하게 힘을 받으려면 최소 두께가 20mm는 되어야 한다.

이런 상식적인 여러 사항들 때문에 테이블 상판의 최소 두께가 20mm로 되어 버린 것이다. 그렇다면 20mm라는 벽을 깰 수는 없는 걸까? 나는 20mm의 벽을 10mm로 낮춰 보고 싶었다. 그러기 위해 일단 지금의 상식을 점검하면서 다음의 질문들을 하나하나 풀어보았다.

- 10mm 두께의 부재에서 나무의 수축·팽창을 통제할 방안이 있을까?
- 그것과 연결하여 8자 철물을 사용할 수 있나?
- 사용하지 못한다면 수축·팽창과 관련한 다른 방안은?
- 10mm 두께의 가구는 불안정해 보일까? 그렇다면 이를 해결할 방법은?

정말 미니멀한 접근, 띠열장

사실 크게 만드는 것보다 작은 것을 만드는 게 더 위험하고 어렵다. 작고 심플한데 그 안에 숨은 디테일은 무시할 수 없기 때문이다. 이런 요소를 가진 작업은 작업자를 한층 성장시킬 수 있다. 그래서 이 책의 마지막 작품으로 단순하지만 디테일이 필요한 미니멀 소반을 설계하고 작업한 과정을 보여주려 한다. 이런 고민의 끝에 그려낸 도면이 미니멀 소반과 부재 준비표이다.

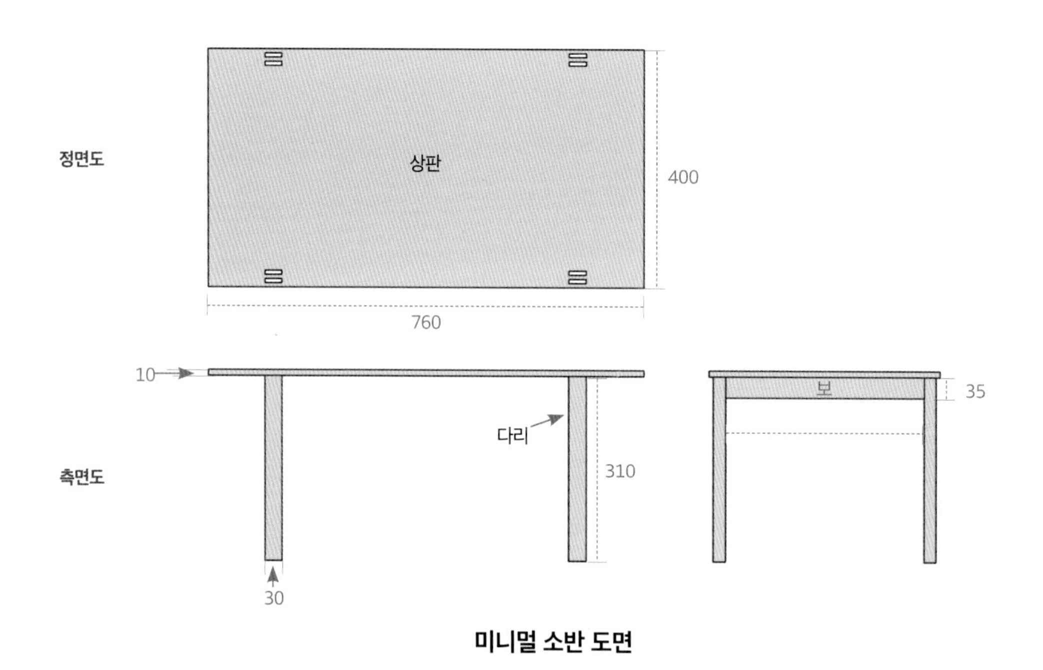

미니멀 소반 도면

미니멀 소반 부재 준비표

단위 : mm

목록	폭×길이	두께(T)	부재 개수	기타
상판	400×760	10	1	상판 집성으로 작업
다리	30×325(310+15)	21	4	상판 결합 부분 포함
보	30×372(344+14+14)	10	2	다리 결합 부분 포함

소반이란 작은 밥상을 의미한다. 760×400mm의 크기는 한 사람이 앉아 밥을 먹거나 공부를 하는 데 부담이 없는 사이즈다. 선비들의 책상인 서안 정도 되는 맞춤한 크기다.

이 소반의 용도는 밥을 먹거나 공부를 하거나 티타임을 갖는 정도로 정했다. 이를 제품화한다면 아마도 "의자로 쓰지 마시오. 용도 외 사용을 금함"과 같은 경고문이 붙을 것이다.

미니멀 소반 설계의 주요 포인트는 10mm 두께의 상판이다. 두께가 10mm 밖에 되지 않는데 나무의 수축·팽창을 어떻게 잡을 것인가. 보통의 테이블에서는 프레임에 8자 철물을 촘촘히 붙여 그것을 해냈지만 여기서는 그 방법을 쓸 수 없다. 그래서 이를 해결하기 위해 생각한 것이 접착제를 쓰지 않는 건식 조립이다. 내가 생각하는 건식 조립을 정리하면 다음과 같다.

1. 다리 사이에 프레임을 하나 둔다. 옆의 도면 중 측면도를 보면 다리 사이에 보가 보일 것이다.
2. 보는 상판과 띠열장(슬라이딩 도브테일)으로 결합한다. 단 접착제를 바르지 않고 건식으로 결합한다. 상판과 결합되어있으나 접착제로 결합하지 않고 끼워 상판이 수축·팽창해도 띠열장을 통해 움직임을 통제할 수 있다. 부족한 상판 폭 방향의 힘을 보완하고 수축·팽창 시 발생할 수 있는 휨을 잡아주려는 것이다.
3. 보가 상판과 견고하게 결합된 상태를 지속적으로 유지하기 위해 보 끝 부분을 다리와 암수 장부로 만들어 끼운다. 이 역시 띠열장의 자유로운 움직임을 위해 접착제를 바르지 않고 끼운다. 이렇게 하면 8자 철물의 견고한 결합력도 함께 얻을 수 있을 것이다.
4. 다리와 상판을 결합할 때는 접착제로 결합해 미니멀 소반의 지지력을 확보한다.
5. 전체적인 작업 공정을 원활하게 하기 위해 상판은 두 쪽을 내어 작업하고 최종 결합과 동시에 접착제를 이용해 집성한다.

TIP. 띠열장

발음상으로만 보면 '띠-열장'이다. '열장'이 '띠'를 이룬다는 뜻이다. 여기서 열장은 주먹장을 의미하는 순우리말이다. '주먹장'이 '주먹 모양의 장부'라는 형상을 표현한 말이라면 '열장'은 '끝이 넓고 안으로 갈수록 좁게 된 장부'를 말한다. 주먹장이나 열장이나 결국 같은 의미를 가진다. '띠'가 폭이 좁고 긴 물건을 의미하는 순우리말임을 감안하면 '띠열장'이란 '긴 주먹장', '긴 열장'으로 달리 표현해 쓸 수도 있겠다.

'열장'은 '열다'에서 왔다는 말이 있다. 여닫이 문을 보면 열기 전에는 그 전체 폭이 작지만 열고 난 후의 문 폭은 커져 있다. 좁았던 윗면(닫았을 때의 문)과 넓었던 아랫면(열었을 때의 문)을 장부에 빗대 설명하다 보니 '열장'이라 불리게 되었다는 것이다.

결국 주먹장이든,열장이든 보이는 형상을 차용해 표현한 말이다. 순우리말로 된 대부분의 기술적 용어들이 이러하다. 쉽게 설명하고 알아들을 수 있는 것에서 유래하는 경우가 많다.

사실 특별한 방법은 아니다. 우드슬랩이나 두꺼운 대형 테이블의 경우 띠열장을 이용해 하단 프레임을 만들고 이를 이용해 다리를 다는 작업들을 많이 한다. 다만 얇은 부재에 사용된 예는 흔치 않다.

방법을 정하고 나니 10mm 두께의 상판으로 작품을 만들 수 있겠다는 확신이 들었다. 다시 설계를 본다. 가벼움을 미니멀로 해석하는 것에 대해서는 의견이 다를 수 있지만 일단 나는 필요 없는 모든 요소를 제거했다. 구조적인 한계가 어디까지인지 가보기 위해서였다. 그렇게 완성한 도면은 상판, 다리, 상판의 수축·팽창과 휨을 잡아줄 측면 보만 존재한다. 설명이 필요 없는 단순하고 심플한 도면이다. 그러나 자세히 들여다보면 깊은 고민의 흔적이 보일 것이다. 단순한 구조이지만 정교한 작업이 예상되는 도면이다.

Mirka DEROS

미니멀 소반 작업 스케치

상판 부재 준비하기

상판 부재를 준비해보자. 5/4인치 부재를 이용해 작업한다. 수압대패와 자동대패를 이용하여 면을 잡고 테이블 쏘를 이용해 남은 면을 잡아 직각 4면을 잡으면 평균 두께 약 28mm가 나온다. 길이의 경우 760mm 정재단보다 20~30mm 여유 있는 790mm 정도로 가재단한다.

이 작업은 28mm 두께의 부재를 반으로 갈라 두께 10mm 상판을 만들기 위한 준비 작업이다. 상판의 최종 폭이 400mm가 나오면 되기 때문에 부재 폭은 여유 있게 110mm 정도면 된다. 두 개의 부재를 반으로 갈라 총 4개의 부재로 집성하면 400mm 상판을 만들 수 있다.

상판 부재 재단하기

❶ 110×790mm짜리 준비된 부재를 테이블 쏘를 이용해 부재의 정중앙을 위아래로 갈라준다. 테이블 쏘로 가공하는 이유는 이후의 작업에서 밴드 쏘 날이 나무를 반으로 가공할 때 최대한 중심선을 벗어나지 않게 하기 위해서이다. 밴드 쏘 날은 얇은 철판에 톱니를 내어 만든 것이라서 작업 양이 쌓이면 날이 무뎌진다. 밴드 쏘 기능이 떨어지면 작업 시 가공 열이 심해져 나무가 휘고 직각과 직진성이 떨어진다.
그런데 이렇게 테이블 쏘로 선 가공을 해놓으면 직각, 직진성에 도움을 주고 가공 열이 적어 휨 역시 방지된다. 물론 밴드 쏘 날 상태가 좋다면 바로 반을 갈라 사용해도 좋다. "무조건 이렇게 작업해라."가 아닌 상황에 맞게 작업하는 것으로 이해하자.

❷ 테이블 쏘로 1차 가공이 끝나면 그 길을 따라 밴드 쏘로 반을 가른다. 톱날의 홈 사이를 밴드 쏘 날이 벗어나지 않게 작업해야 하는데 기능이 떨어진 밴드 쏘 날을 사용한다 하더라도 밴드 쏘가 잘라야 할 두께보다 톱 길의 공간이 크기 때문에 밴드 쏘 날이 홈을 벗어나지 않고 작업이 될 것이다. 밴드 쏘로 작업하기 전에 테이블 쏘로 톱 길을 먼저 내어준 이유가 바로 이 때문이다.

❸ 밴드 쏘로 반을 가른 부재는 자동대패로 면을 잡는다. 이미 4면을 다 잡은 부재이기 때문에 수압대패를 거치지 않고 바로 면을 잡으면 된다.

이때 자동대패로 잡을 부재의 두께는 도면과 같은 10mm가 아니다. 밴드 쏘 작업까지 하고 나면 부재가 많이 휘어 있을 것이다. 부재의 두께가 얇을수록 작업을 하고 나면 부재의 휨이 커진다. 이렇게 휘어 있는 상황에서 수압대패로 휜 부재의 평을 잡는다면 10mm 두께 이하로 나올 가능성이 크다.

이를 해결하기 위해 일단은 자동대패로 톱날의 거친 면을 잡을 정도만 작업한다. 즉 현재의 휨을 감수하고 부재의 두께를 최대한 확보하는 것이다. 휨은 판재 집성을 하면서 어느 정도 잡을 수 있으므로 지금은 거친 면이 잡힐 정도로만 작업하는 것이다. 단 4개의 부재 두께는 같아야 한다.

상판 부재 집성하기

❶ 상판 부재가 모두 준비되었다면 집성을 할 차례다. 접착제를 효과적으로 바르기 위해 부재를 세운다. 아무리 얇은 부재라 해도 직각면이 잘 잡혀있다면 쉽게 세울 수 있다.

❷ 접착제를 발라준다. 접착제의 양은 클램핑했을 때 흘러내리지 않고 물방울 모양이 되는 정도가 적당하다. 그 양을 감안해 최대한 얇고 빈틈없이 발라준다.

❸ 얇고 빈틈없이 작업하기 위해 롤러를 사용하는 것이 좋다. 접착제 이외에는 아무것도 묻지 않은 깨끗한 롤러를 사용한다. 사용 중 바닥에 내려놓을 때도 이물질이 롤러에 묻지 않도록 주의한다. 롤러는 집성할 때마다 사용하는 도구라서 관리가 필요하다. 사용 후 접착제를 제거하고 깨끗한 물통에 담가 청결한 상태를 유지하도록 한다.

❹ 한쪽 면에 접착제를 발랐다면 반대쪽 면도 발라주어야 하는데, 부재를 돌려 바닥에 세우면 이물질이 묻게 되고 접착제도 바닥에 묻어 엷어진다. 그래서 이미 접착제를 바른 면끼리 맞붙도록 부재를 겹쳐 올린 후 접착제를 바르지 않은 면에 롤러를 이용해 접착제를 바른다. 이런 방식으로 양쪽 측면에 이물질 없이 접착제를 잘 바르도록 한다.

❺ 접착제를 다 발랐다면 부재를 다시 조심히 바닥에 눕히고 한쪽 면을 기준으로 4개의 부재 높이가 같도록 맞춘 다음 클램핑을 한다. 사진을 보면 클램핑을 한 반대쪽 면 일부가 휘어서 들린 모습을 볼 수 있다. 걱정할 필요는 없다. 부재가 얇아 얼마든지 휨을 잡아가며 집성할 수 있다.

❻ 집성 마지막 부분까지 갔다면 마지막 높이는 C 클램프로 클램핑을 해준다. 처음 부재의 높이를 잡았던 것과 같은 방법이다. 부재가 많이 휘지 않았다면 이 정도 사이즈는 3개의 클램프로도 집성이 가능했을 테지만 휜 정도가 커서 클램프가 많이 들어갔다. 이런 식의 집성에 사용되는 클램프는 F형 클램프가 효과적이다.

동영상으로 배우기

상판 집성

나무를 붙이는 목공기술 '집성' 1탄
나무를 붙이는 목공기술 '집성' 2탄

부재의 휨 잡기

부재를 집성하며 휨을 잡는 과정은 다음과 같다.

1. 시작 면에 클램프를 놓고 적당히 조인다. 이 과정에서 기준이 되는 시작면의 높이가 흔들리지 않아야 하는데 아래 사진처럼 C 클램프를 이용하여 접착제를 바른 부재와 부재가 연결된 면을 고정해주면 시작면의 높이가 일정하게 유지되는 데 도움이 된다.

2. 접착제가 붙은 면들의 높이가 균일하도록 클램프를 조인 반대쪽을 들어 올리거나 내려 휨을 잡으면서 높이를 맞춘다.
3. 두 번째 클램프의 위치는 2에서 반대쪽 나무를 들어 올리거나 내렸을 때 전체 부재의 높이가 딱 맞아 떨어지는 첫 번째 위치가 된다. 그 위치에 클램프를 적당한 힘으로 조인다.
4. 2와 3의 방법을 반복하여 마지막까지 계속 클램프를 고정해야 한다.

주의할 점은 나무를 충분히 들어 올려 높이를 맞추려 했어도 맞출 곳의 부재 높이가 움직이지 않는다면 앞의 클램핑을 너무 강하게 한 것이다. 이때는 앞의 클램프를 조금 풀어 전체적인 높이가 맞도록 조정해야 한다. 모든 작업이 완료되면 조금 더 강하게 클램프를 조여 다음 클램핑 자리의 부재 높이를 맞추는 과정에서 이미 고정해놓은 높이가 변하지 않게 해야 한다.

이렇게 클램프를 이용해 모든 부재의 높이를 맞췄다면 부재의 휨이 대부분 잡힐 것이다. 부재와 부재가 강하게 결합되면서 서로가 붙은 면을 당겨 휨을 잡게 된다.

상판 판재 가공하기

집성 후 약 40분 후면 나무가 접착제를 흡수하면서 어느 정도 접착 강성이 생긴 상태이므로 클램프를 풀어 다음 작업으로 넘어갈 수 있다. 흡수한 접착제가 완전 건조되면 접착 강성은 더 강해지지만 시간이 더 필요하다. 현재의 접착 강성도 무리한 작업이 아니라면 어느 정도 안심하고 작업할 정도는 된다.

집성 후 40분은 삐져나온 접착제를 제거하기에도 알맞은 시간이다. 말랑말랑 뭉쳐있으나 완전히 굳지는 않은 상태라서 제거하기에 편하다.

❶ 접착제 제거는 손대패를 이용한다. 접착제뿐 아니라 집성 중 완전히 맞추지 못한 부재 사이의 단차를 잡는 일도 이때 함께한다. 집성이 잘된 부재일수록 손대패 작업 시간이 줄어들 것이다. 지금처럼 휜 부재를 높이를 맞추어가며 집성할 때는 완전히 맞추지 못한 단차가 생길 확률이 높기 때문에 작업 시간이 오래 걸릴 수 있다.

❷ 판재 면을 손대패로 잡은 다음에는 다시 테이블 쏘를 이용하여 판재를 반으로 켜는 작업을 한다. 집성한 면의 위치를 정확히 잡아 반으로 켠다.

400mm가 넘는 판재를 만들어놓고 다시 반으로 가르는 이유는 무엇일까?

그 이유는 띠열장 위치 도면(289쪽 참조)에서 보듯 중앙에서부터 띠열장으로 조립할 예정이기 때문이다.

그렇다면 굳이 상판을 다 만들어놓고 반으로 가르지 말고 애초에 반반씩 집성해도 좋지 않았을까? 맞다. 그게 작업 효율상 좋다. 하지만 이렇게 작업한 이유는 부재를 반으로 가르는 과정에서 판재가 너무 많이 휜 탓이다. 2장씩 집성했다면 휨을 잡을 수 없다. 최소 3장 이상 집성해야 효과적으로 휨을 잡을 수 있어 4장을 한꺼번에 집성하고 이후 반으로 켜는 작업을 한 것이다.

❸ 반으로 가른 부재를 수압대패로 평을 잡는다. 이 작업을 위해 선행 작업인 자동대패에서 최대한 여유를 남겼고 집성하면서 휜 판재를 어느 정도 잡아 반을 가른 것이다. 지금의 부재는 휨이 최대한 잡힌 상태이고 어느 정도 여유도 있어 수압대패로 평을 잡아도 필요한 판재 두께 10mm를 만들어낼 수 있다.

❹ 수압대패로 기준면을 잡은 후 자동대패를 이용하여 10mm 두께 정재단을 한다.

❺ 이후 수압대패로 부재의 측면을 잡은 후 테이블 쏘로 정재단 폭을 가공한 다음 길이 정재단 작업까지 마무리한다. 이렇게 작업을 마치면 미니멀 소반 상판 부재 준비가 끝난다.

띠열장 만들기

다음은 상판과 보를 결합하기 위해 띠열장을 만드는 작업을 살펴볼 것이다. 띠열장이 위치할 곳은 아래 도면에서 색이 칠해져 있는 부분이다.

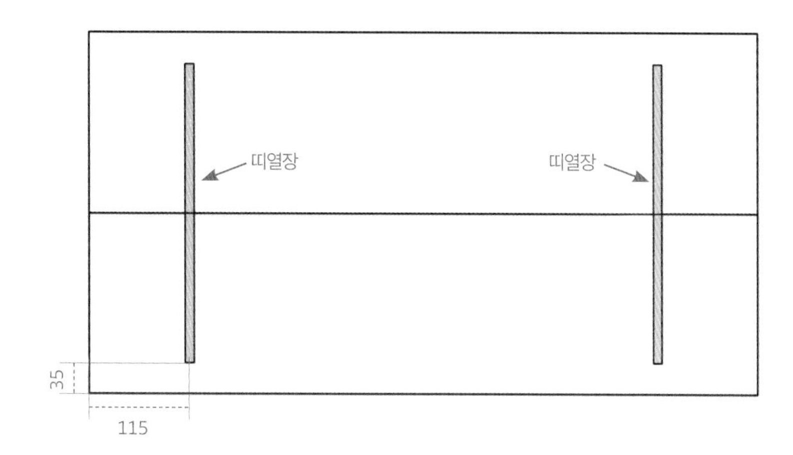

띠열장 위치 도면

띠열장 부재 준비하기

띠열장을 선택한 이유는 상판 부재가 얇아 8자 철물을 이용하여 나무의 수축·팽창을 통제할 수 없기 때문이다. 미니멀 소반은 상판 전체의 무게를 다리와 함께 보가 지탱하는데, 보를 띠열장으로 결합하면 상판과 굳건히 결합되어 빠지지 않으면서도 수축·팽창 방향으로 움직일 수 있어 수축·팽창의 영향을 받지 않게 된다.

띠열장은 상판 바닥면에 위치해 있다. 작업 중 혹시라도 상판의 앞뒤가 바뀌지 않도록 주의해 배치한 다음 가공 기준점을 잡아야 한다.

❶ 분리된 두 개의 판에 동시에 가공 선을 그을 것이기 때문에 두 개의 판을 잘 붙여 움직이지 않도록 한 다음 가공 기준점을 잡는다.

❶ 가공 기준점 잡기

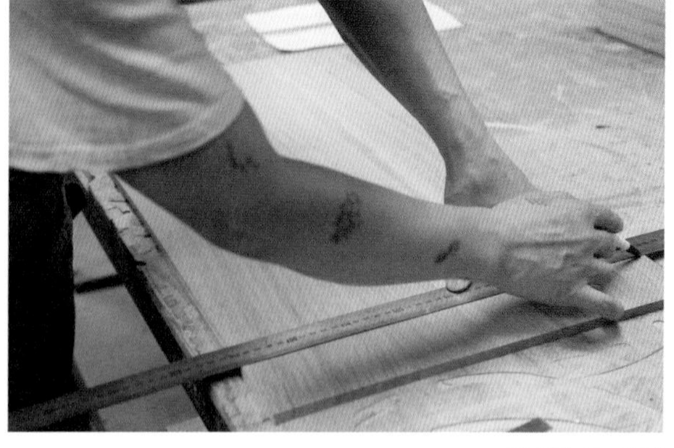

❷ 가공 선 그리기

❸ 라우터 스톱 위치 표시

❹ 라우터 주먹장 비트

찾아야 할 가공 기준점은 띠열장 위치 도면에 보면 115mm로 표기되어있다. 띠열장이 만들어질 위치의 정가운데이다. 도면을 그릴 때나 도면에 그려진 선들을 해석할 때는 이런 부분을 항상 주의해서 보아야 한다. 가운데 부분에 표기된 숫자인지 끝선을 표시한 숫자인지를 정확히 보고 판단해야 한다.

❷ 기준점을 표시한 후 직자로 선을 그어 가공 선을 그려준다. 이 선에 맞추어 임시 펜스를 설치할 계획이다.

❸ 라우터 스톱 위치도 표시해야 한다. 띠열장 위치 도면을 보면 35mm 떨어진 곳까지만 작업이 진행되어야 하는데 그 이유는 그 위치에 다리가 조립될 것이기 때문이다. 우리가 사용할 띠열장은 상판과 프레임과의 조립 관계만 있을 뿐 다리와의 간섭이 있어서는 안 된다.

❹ 모든 표식이 다 끝났다면 라우터에 주먹장 비트를 장착한다. 주먹장 비트는 날이 7~14도 정도 아래쪽이 넓은 사선으로 되어있는 형태의 비트이다. 비트의 모양이 마치 주먹을 쥔 형태 같다고 하여 주먹장이라 부른다. 서양에서는 비둘기 꼬

리를 닮았다 하여 '도브테일 비트'라도 부른다. 우리가 지금 쓰는 띠열장이란 용어의 '열장'도 '주먹장'과 같은 말이다.

용도와 비트의 크기에 따라 사용자가 선호하는 주먹장 비트의 각도는 각각 다르다. 나는 띠열장을 만들 때 14도 주먹장 비트를 선택해 제작하는 편이다.

암장부와 숫장부 모두 하나의 비트, 즉 한 각도로 작업할 것이기 때문에 몇 도의 비트를 사용하던 크게 상관은 없지만 보통 깊이가 깊은 작업에는 각도가 적은 비트를, 깊이가 얕은 작업에는 큰 각도 비트를 사용하는 것이 좋다.

비트를 장착했다면 펜스를 설치해야 한다. 라우터의 베이스 크기(지름)와 비트의 크기에 따라 계산해 펜스를 설치한다.

현재 우리가 그려 넣은 가공 선은 띠열장 위치 도면에 따라 115mm 지점에 기준점을 잡아 그린 것으로 가공할 부분의 센터에 위치해 있다. 이렇게 그어진 선은 '가공 선'이면서 '센터 기준선'이라고 할 수 있다.

이 경우에 비트와 관계없이 라우터 베이스의 지름만 알면 펜스 선을 계산할 수 있다. 비트는 라우터의 정중앙에 달려있으므로 라우터 베이스 지름의 절반을 계산하여 펜스 선을 긋고 펜스를 설치하면 된다. 즉 라우터마다 베이스 크기가 다르지만 만약 베이스 지름이 200mm라면 가공해야 할 센터 기준선으로부터 100mm 떨어진 곳에 펜스 선을 긋고 펜스를 설치하면 된다. 그런 다음 올바른 비트를 꼽고 정확히 높이 조절을 하여 작업하면 된다.

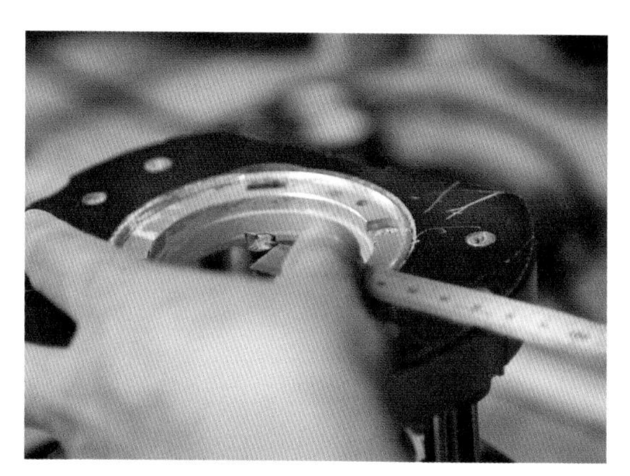

❺ 라우터 베이스 외경과 비트 사이 거리 측정

그런데 그어진 '가공 선'이 '센터 기준선'이 아니라 '끝선'이라면 이렇게 작업할 수 없다. 이때는 어떤 비트를 설치했는지에 영향을 받으므로 ❺처럼 라우터 베이스와 비트 사이 거리를 측정해야 한다. 가공될 기준점인 끝선과의 거리를 알기 위해서다.

더 정확하게 계산하려면 '라우터 베이스의 반지름 - 비트 지름의 반지름'으로 계산하면 정확한 수치가 나온다. 하지만 비트를 구입한 후 지속적으로 사용하면 비트는 마모된다. 그래서 처음 구입 시의 정확한 명세표에 따른 '비트 지름'이 나오지 않는 경우가 많다. 그래서 빠른 판단을 위해 ❺처럼 직접 측정하는 것이다. 이렇게 측정한 거리가 펜스 선을 그을 거리이고 이 선을 기준으로 펜스를 설치하면 된다.

띠열장의 홈과 촉 작업하기

이제 준비를 마쳤으니 띠열장을 만들어보자. 두 개를 붙여 작업한 부재를 분리한 후 상판 아랫면에 표시한 펜스 선에 맞춰 판재 또는 각재로 임시 펜스를 고정한다. 클램프로 물려 움직이지 않게 단단하게 고정하면 된다.

띠열장은 얼마만큼 들어갈지 깊이를 세팅하고 난 후 한방에 작업해야 한다. 사선으로 깎이기 때문에 여러 번 나누어 작업할 수 없는 구조다.

띠열장 홈(암장부) 가공하기

❶ 펜스에 의지해 288쪽 ❸에서 표기한 라우터 스톱 위치까지 한방에 가공한다. 가공 후 그 상태로 다시 빠져나와야 하는데 나오는 과정에서 흔들리는 실수를 범할 수 있으니 라우터 스톱 위치까지 갔다면 라우터를 끄고 비트의 회전이 멈춘 후 빠져나오도록 한다.

❷ 작업이 완료된 모습이다. 판재 바닥면 중앙에서부터 다리 쪽으로 진행되었다. 작업이 완료되면 나무 거스름이 많이 붙어있을 것이다. 샌딩 페이퍼로 살짝 다듬어주면 사진처럼 깔끔하게 완료된 모습을 볼 수 있다.

❸ 작업이 완료된 측면의 모습이다. 비트의 깊이는 5mm로 세팅하여 작업했다. 상판의 두께가 10mm인데 딱 절반의 깊이로 가공한 것이다. 가공 폭도 비트 폭과 같다. 한 번에 끝내기 위한 설정값이다.

현재의 설계보다 보 두께가 더 두꺼워지면 주먹장 가공 폭이 비트의 가공 폭보다 늘어나야 될 수도 있다. 비트 가공 폭이 늘어나면 비트를 한 번에 밀어 작업하는 것이 불가능해서 앞에서 이야기한 '끝선'을 기준으로 펜스 선을 잡아 필요한 가공 폭에 도달할 때까지 여러 번 작업해야 한다. 하지만 그렇게 되면 작업을 위한 펜스 기준선을 최소 두 개나 만들어야 해서 번거로운 작업이 될 수 있다. 보의 두께가 더 두꺼워져 더 큰 가공 폭을 구현해야 한다면 폭이 좀 더 큰 사이즈의 비트를 이용해 한번에 작업하는 것이 안정성 면에서 훨씬 좋다.

띠열장 숫장부 가공하기

이것으로 띠열장 홈을 파는 작업이 끝났다. 장부로 치면 암장부 작업이 끝난 것이다. 다음은 촉 작업, 즉 숫장부 작업이다.

❶ 숫장부 가공은 라우터 테이블에서 작업한다. 암장부 가공 때 사용한 라우터 비트를 분리하여 라우터 테이블에 장착한다. 이후 연귀자 등의 측정 도구로 라우터 비트의 높이를 5mm로 세팅한다.

❷ 정확한 세팅이 되었는지 테스트한다. 직각이 잡혀있는 자투리 나무를 이용하여 테스트 가공한 후 버니어 켈리퍼스로 측정해 정확한 높이로 세팅되었는지 확인한다.

❸ 라우터 비트의 높이 세팅이 완료되면 본격적으로 숫장부 가공에 들어간다. 펜스를 설치해 비트가 가공할 두께를 결정한 후 펜스에 의지해 준비된 보 부재를 밀면서 가공한다. 좌우로 한 번씩 가공하여 좌우 두께를 동일하게 만든다.

숫장부는 암장부 가공과 달리 조금씩 두께를 줄여 가며 작업해야 한다. 한 번에 정확하게 맞추려 하지 말고 조금씩 가공하여 실패하지 않도록 주의하자.

❸을 보면 펜스 중앙이 뚫려있는 것을 볼 수 있다. 뚫린 사이로 라우터 날이 삐져나와 가공을 하는 것이다. 때문에 펜스가 얼마나 나왔느냐 들어갔느냐에 따라

동영상으로 배우기  슬라이딩 도브테일 라우터 테이블을 활용한 템플릿 작업

가공 두께가 결정된다. 가공 시에 실수로 부재가 흔들려 펜스에 의지하지 못하고 벗어난다 하더라도 크게 위험하진 않다. 단지 가공되어야 할 부재가 덜 가공될 뿐이다. 이때에는 다시 한 번 펜스에 의지해 가공하면 덜 가공된 부분도 완전하게 가공할 수 있다.

때때로 라우터 테이블을 잘못 이해해 사고가 나는 경우가 있다. 라우터 테이블을 테이블 쏘와 같은 방법으로 펜스를 설치해 펜스와 비트 사이에서 부재를 가공해 사고가 나는 것이다. 손이 바로 비트에 노출되어 작업 자체의 위험도가 매우 높아지고, ❸처럼 펜스의 중앙이 분리되어있어 부재가 작을 경우 잘못하면 그 속으로 부재가 빨려 들어갈 위험이 있다. 이는 고속으로 회전하는 비트와 부재가 맞대어 있는 상태에서 통제력을 상실하는 것이기 때문에 부재가 튀거나 부서져 비산하면 대형사고로 이어질 수 있다.

기계 사용법을 잘 숙지하지 못했거나 작업 시 안전에 대한 확신이 없다면 작업을 멈춰야 한다. 특히 라우터 테이블은 매우 위험한 기계이다. 언제나 안전 수칙을 숙지하고 작업하도록 한다.

숫장부 가공이 완료됐다 싶으면 직접 끼워 테스트해본다. 꽉 끼는 느낌보다는 조립되었을 때 흔들림 없이 부드럽게 움직이는 것이 잘 된 것이다. 가장 이상적인 가공 상태는 초입에서 유격 없이 부드럽게 들어가서 마지막 지점까지 그 느낌이 유지되는 것이다. 하지만 이런 결과는 쉽지 않다. 대부분 초입에서는 부드럽게 들어가다가 약 2/3 지점부터 빡빡해 잘 들어가지 않는 경우가 많다. 이유는 여러 가지다.

장부 가공 테스트하기

첫째, 먼저 생각해볼 것은 암장부이다. 암장부는 똑같은 깊이에 완벽한 직선이 되어야 한다. 라우터를 펜스에 의지해 잘 밀었더라도 미세한 요동에 의해 일정한 직선이 이루어지지 않았을 공산이 있다. 또 핸디형 라우터를 밀 때는 펜스에 의지해 미는 것도 중요하지만 라우터를 바닥에 잘 밀착시켜야 하므로 바닥으로 누르는 손의 힘 역시 동일하게 유지해야 하는데, 이런 변수에 따라 똑같아 보이지만 약간씩 다른 깊이가 형성될 수도 있다.

둘째, 그 다음 생각해볼 것은 숫장부이다. 숫장부로 쓰인 프레임 부재는 휨 없이 완벽한 직각으로 준비된 부재여야 하고 가공 역시 정확한 수치에 의해 만들어져야 한다. 이 두 가지 조건이 완벽하다면 견고하지만 매우 부드럽게 끝까지 조립될 것이다. 하지만 나무라는 소재를 다룰 때는 이런 요소가 딱 맞아 떨어지는 경우가 흔치 않다. 목공 작업은 이런 모든 변수를 줄여가는 작업이고 경험치가 많아질수록 변수가 줄어들어 완벽에 가까운 작업을 하게 된다.

이런 변수를 고려해볼 때, 내가 '충분하다'고 여기는 기준은 '약 2/3 정도까지 흔들림 없이 부드럽게 들어가는 것'이다. 이 정도면 더 이상 추가 가공 없이 조립 시 충분히 통제 가능하다고 보고 있다.

소반 다리 만들기

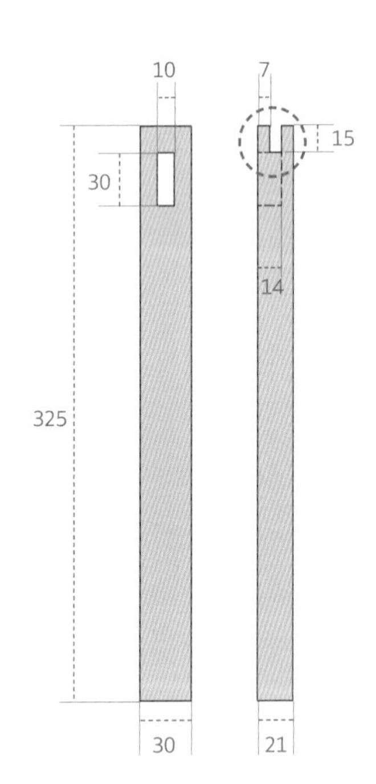

소반 다리 도면

이제 상판 및 다리 부재의 장부를 가공할 것이다. 이에 대한 도면은 왼쪽의 소반 다리 도면을 참고한다.

장부 가공 전 필요한 작업은 먹금 넣기이다. 먹금이란 ❶처럼 그므개, 마킹나이프 등을 이용하여 나무에 미세한 칼자국을 만드는 것이다. 미세한 칼자국으로 끌 작업에 필요한 선을 그어 끌이 나무를 파낼 때 정확한 위치에서 작업하도록 도와준다. 먹금은 정확하게 그을 수 있다면 조금 깊게, 같은 위치에 여러 번 그어 표시가 잘 나도록 한다.

그므개는 눈금이 표시되기 때문에 정확한 위치를 표시할 수 있을 것 같지만 생각보다 정밀도가 떨어진다. 그래서 연필이나 볼펜으로 선을 그린 후 그므개와 마킹나이프로 작업하는 경우도 있다. 이때 주의할 점이 먹금은 결국 칼자국이기 때문에 쉽게 지울 수 없다는 것이다. 지우려면 결국 칼자국 깊이만큼 갈아내야 한다. 때문에 먹금은 장부를 만들어야 할 부분에만 사용한다. 그 외 부분에 사용한다면 마지막 작업에서 곤경에 처할 수도 있다.

소반 다리 장부 가공하기

❶ 소반 다리 먹금 넣기

먹금 긋기

소반 다리 도면을 참조해 ❶처럼 다리에 먹금을 그린다. 신중하게 필요한 만큼만 그린다. 먹금을 잘못 넣으면 아무리 장부 가공이 잘 되었어도 조립이 안 될 수 있다. 그만큼 가공 전에 더욱 더 신경을 써야 한다. 가공에서 실수가 있어도 먹금을 정확하게 그었다면 수정해야 할 곳이 명확하니 수월하다.

작업의 흐름에 따른 집중도를 높이기 위해서 먹금을 넣을 때는 먹금만 넣는다. 즉 필요한 먹금은 모두

❷ 그므개로 상판에 먹금 넣기

❸ 마킹나이프로 상판에 먹금 넣기

한꺼번에 작업하는 것이 좋다. 먹금을 넣을 때는 다리뿐 아니라 ❷처럼 다리와 결합할 상판에도 함께 넣는다. 그므개로 먹금을 넣기 애매한 작은 선은 ❸처럼 마킹나이프로 넣는다.

숫장부 가공하기

먹금을 다 넣었으면 다리 장부에서 촉에 해당하는 숫장부를 만들어야 한다. ❶과 같은 숫장부를 만들 때 이 결과물을 두고 장부촉이라고도 부른다. 모두 같은 것을 가리키는 말이다.

숫장부를 기계로 작업할 때는 테논 지그를 이용하여 테이블 쏘에서 작업한다. ❶에서 보는 기계는 '환거기'라는 오래된 기계로 요즘 공방에서는 흔히 볼 수 없다. 숫장부를 만들 때 특화된 기계인데, 모양 자체도 테논 지그가 결합된 테이블 쏘를 90도 돌린 듯한 모습이다. 테이블 쏘의 테논 지그가 부재를 세워 가공한다면 환거기는 부재를 눕혀 가공할 수 있다. 작업 원리는 같지만 형태와 작업 방식이 조금 다르다.

❶ 다리 숫장부 가공하기

숫장부는 기계가 모든 것을 작업해주지 않는다. 단지 덩어리만 빠르게 걷어내줄 뿐 마무리는 먹금 기준으로 끌을 이용하여 작업해야 완성도가 높아진다.

기계를 쓸 때도 해당 기계에서 작업해야 하는 모든 부재를 모아 한꺼번에 작업하는 것이 집중도를 높인다. ❷처럼 보의 숫장부 역시 함께 가공한다.

❷ 보의 숫장부 가공하기

지금 만든 보의 숫장부는 다리에 만들어질 암장부로 들어가 조립될 것이다. 그렇기 때문에 이번 작업은 보에 있는 띠열장의 숫장부를 다리에 들어갈 암장부 길이만

❸ 보의 숫장부 완성 모습

큼 제거해주는 것이다. 다만 소반 다리 도면(296쪽 참조)을 보면 다리 암장부의 깊이가 14mm로 표기되어있다.

보의 길이는 변함이 없지만 숫장부 구역의 길이는 안쪽으로 약 25mm 정도로 11mm 더 길게 가공해준다. 더 길게 가공하는 이유는 상판이 수축·팽창할 때 보의 띠열장을 타고 충분히 움직이면서도 다리에 간섭을 주지 않기 위해서이다. ❸은 환거기를 이용해 완성한 보의 숫장부이다.

암장부 가공하기

❶ 다리의 암장부는 각끌기를 이용하여 작업한다. 각끌기는 사각형으로 구멍을 뚫을 수 있다. 예전에는 환거기와 각끌기가 숫장부와 암장부를 만들어내는 기계로 쌍을 이루었다. 지금은 장부가 아니어도 목공을 할 수 있는 수많은 방법이 존재하기 때문에 굳이 다 갖출 필요는 없다. 각끌기가 없다면 드릴 프레스나 드릴로 먹금 안쪽으로 필요한 깊이까지 조심스럽게 구멍을 내고 끌로 마무리를 해주면 된다.

❶ 다리 장부 홈 각끌기

각끌기도 마찬가지다. 필요 없는 부재 덩어리를 각끌기로 걷어내고 끌로 마무리한다. 그 편이 품질 면에서 훨씬 깔끔하다. 먹금을 긋는 이유도 끌로 깔끔하게 마무리하기 위해서이다.

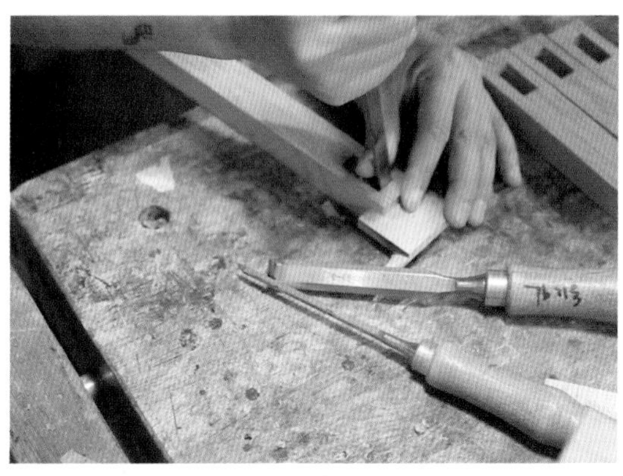

❷ 자투리 나무를 끼워 장부 다듬기

소반 다리 도면(296쪽 참조)을 보면 다리의 암장부 위에 숫장부가 겹쳐지는 곳(빨간색 원 부분)이 있다. 숫장부 위쪽에서 아래로 내려다보면 암장부의 구멍이 숫장부를 만들기 위해 걷어낸 부분의 바닥을 뻥 뚫어 버린 격이다. 끌 작업을 할 때는 이런 곳을 조심해야 한다. 부재가 들떠 있는 상태라서 끌에 밀려들어가 뜯길 우려가 있다. 이런 실수를 줄이기 위해 ❷처럼 숫장부 사이에 맞는 자투리 나무를 만들어 끼운 다음 다리 암장부 홈을 가공한다.

❸ 장부 다듬기 중 가조립하기

끌로 다듬는 과정에서 작업이 잘 되었는지 알아보기 위해 ❸처럼 암장부와 숫장부를 끼워보면서 작업한다. 끌로 장부를 다듬을 때는 먹금을 기준으로 최대한 직각을 유지하며 작업해야 한다. 가조립된 모습을 보면 슬라이딩 주먹장 숫장부가 끊겨있는 것을 볼 수 있다. 숫장부의 길이를 11mm 길게 만들었기 때문에 가조립을 하면 이런 형태가 된다. 이렇게 해서 다리와 보 작업이 완료되었다.

상판 암장부 가공하기

다음 작업은 상판 암장부 가공이다. 먼저 상판 암장부보다 지름이 작은 드릴 비트를 이용하여 암장부 끝 부분을 오른쪽의 상판 암장부 드릴 작업 도면처럼 타공한다. 이 과정 없이 끌만으로 작업해도 되지만 이렇게 드릴 작업을 미리 해두면 작업의 속도나 효율이 매우 좋아진다.

상판 암장부 드릴 작업 도면

❶ 상판 암장부 드릴링 작업하기

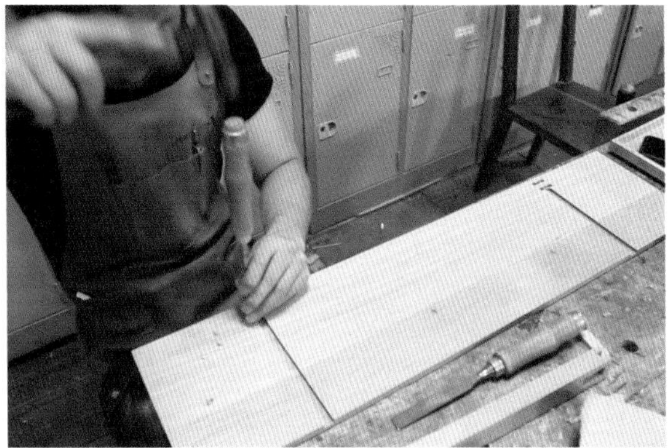

❷ 상판 암장부 끌 작업하기

❶ 드릴링 작업을 하다 보면 관통한 바닥면이 뜯기는 현상이 발생한다. 이를 방지하려면 관통할 위치에 드릴을 대고 위에서 한 번 아래서 한 번씩 뚫어주어야 한다. 끌 작업 역시 마찬가지다. 위아래에서 반씩 작업해야 품질이 좋아진다. 이를 위해 먹금은 상판의 위아래 모두 정확한 위치에 넣어주어야 할 것이다.

❷ 드릴링 작업으로 길을 끊어주었다면 끌을 이용해 암장부 가공을 해준다. 이 판재는 부재를 고정하는 영역이 좁아 각끌기를 사용할 수 없다. 불편하지만 수작업으로 암장부 가공한다.

❸ 장부 가조립하기

❸ 상판 암장부 가공이 다 되었다면 다리의 숫장부를 맞추어 가조립해본다. 가조립이 정확이 잘 되었다면 이제 작업이 거의 끝난 셈이다.

▶ **동영상으로 배우기** 장부 가공 및 다듬기

미니멀 소반 조립하기

이제 대망의 조립만 남았다. 조립 전에는 샌딩을 한다. 샌딩할 때는 부재가 조립되는 면은 최소로 한다. 샌딩은 평면을 미세하게 곡면으로 만들어버리기 때문이다.

상판에 보 조립하기

❶ 샌딩이 끝났다면 첫 조립을 시작한다. 상판에 보를 조립하는 것이다. 보 조립은 접착제를 바르지 않고 한다. 상판의 수축팽창이 띠열장을 타고 자유롭게 이루어지도록 하기 위함이다.

❷ 상판 양쪽으로 보를 조립했다면 상판 암장부 직전에 보의 앞뒤가 위치하도록 간격을 조정한다. 상판 양쪽 모두 스톱 기능을 하는 턱이 없기 때문에 보를 조립한 후 마구리 부분을 숫장부가 일그러지지 않도록 망치로 살짝 툭툭 치면서 간격을 조정해준다. 접착제를 바르지 않았으니 여유롭게 작업할 수 있다.

소반 다리 조립하기

지금부터 상판에 다리를 조립하여 접착제가 굳기 시작하는 약 5분 이내에 클램핑을 해야 한다. 접착제로 조립하기 전에 어떻게 조립할 것인지 이미지 트레이닝을 하고 조립해야 할 부재가 섞이지 않도록 잘 배열해둔다.

❶ 접착제는 서로 조립되어 붙는 모든 면에 발라주어야 하지만 이번 작업은 건식 조립을 위해 다리에 연결되는 보의 숫장부와 다리의 암장부는 접착제를 바르지 않는다. 접착제를 발라야 할 곳은 상판의 암장부와 이것을 연결할 다리의 숫장부이다.

❷ 상판의 암장부와 다리의 숫장부에 접착제를 발라 조립한다. 보는 상판 암장부 직전에 멈추어 있으니 조립하는 데 있어 간섭을 받진 않을 것이다.

❸ 다리를 상판에 끼워 넣었다면 다리에 보가 조립되도록 상판을 클램프로 조인다. 양쪽 4개의 다리에 보가 잘 끼워졌는지 확인하면서 클램프로 조금씩 조여가며 조립한다.

❹ 두 개의 상판이 서로 붙기 전 접착제를 발라 집성하듯 조립한다. 그런데 다리는 왜 클램프로 조립하지 않을까? 보가 상판과 조립된 다리를 꽉 잡고 있어 클램프 역할을 하기 때문이다. 이는 장부 작업이 충실히 잘 되어있다는 전제에서의 이야기다.

❺ 상판에 접착제를 붙이는 작업까지 끝났다면 두 개의 상판이 집성되도록 클램프로 고정한다. 고정할 때 상판이 만나는 면의 높이가 같은지 수시로 체크해야 한다.
이 작업이 끝나면 다리의 직각 여부를 체크한다. 상판의 두께가 얇아 조립된 다리가 직각에서 벗어날 수 있기 때문에 접착제가 굳기 전 다리의 직각이 맞도록 힘을 주어 조정해주어야 한다. 필요하다면 클램프를 이용하여 직각을 잡아준다.

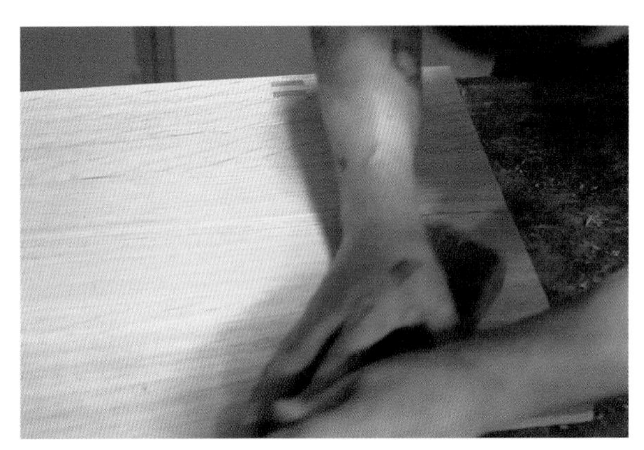

❻ 소반 다리 도면(296쪽 참조)을 보면 다리의 숫장부 길이가 15mm이다. 상판보다 5mm 튀어나오도록 설계하여 상판을 매끈하게 마무리할 수 있게 고려한 것이다. 조립이 끝나고 접착제가 완전히 굳으면 튀어나온 숫장부 부분을 플러그 쏘를 이용하여 깔끔하게 잘라낸 후 대패로 마무리한다.

❼ 집성한 두 개의 상판에는 미세한 턱이 있을 수 있다. 손대패를 이용하여 잡아준다.

샌딩 및 오일 마감하기

이렇게 모든 작업이 완료되었다. 2차 샌딩을 가볍게 하고 오일을 바르면 모든 작업이 마무리된다.

❶ 오일 작업은 소반을 뒤집어 아래 부분부터 작업한다.

❷ 소반이 완성됐을 때 눈에 보이는 면은 상판의 윗면이다. 이 윗면을 마지막에 바른다. 윗면부터 오일을 바르면 뒷면을 바를 때 앞면에 먼지나 이물질이 묻을 수 있다. 별 문제가 아니라고 생각한다면 상판부터 오일을 발라도 문제될 것은 없다.

오일은 최소 3회 이상 발라야 도막이 충분히 형성되어 생활 방수가 가능하다. 테이블은 물과 닿는 일이 많으니 윗면 오일 작업을 더 꼼꼼히 해주거나 횟수를 더 해주는 것이 좋다.

원목 가구에 주로 쓰이는 천연 오일은 한번 바른다고 해서 영구히 유지되지 않는다. 나무도 수축·팽창을 하며 자리를 잡듯 오일 역시 나무에 스며들어 일정기간 나무와 어우러지다가 서서히 사라진다. 그래서 원목가구는 주기적으로 오일을 발라주면서 관리를 해야 한다. 고객에게 작품을 보낼 때는 이를 충분히 설명하는 것이 좋다. 원목 가구는 다른 가구보다 관리가 필요하다.

이것으로 미니멀 소반이 완성되었다. 처음에 생각했던 것처럼 정말 가볍고 강하게 만들어졌다. 딛고 올라서지만 않는다면 충분히 그 용도를 다할 것이다.

동영상으로 배우기 60조립 및 완성

건식 조립

아래 그림은 건식 조립의 원리를 다시 한 번 정리하려고 만든 도면이다. 앞에서 작업한 사항을 정리해보면서 다시 한 번 살펴보자.

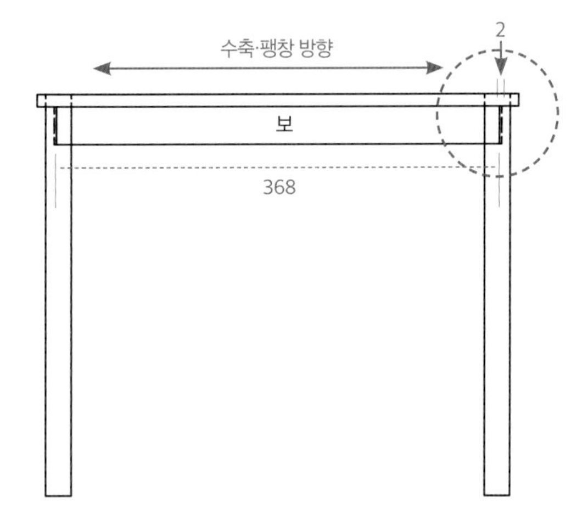

건식 조립은 접착제를 바르지 않는 조립을 말한다. 특히 여기서는 띠열장으로 작업한 보를 접착제를 바르지 않고 조립함을 의미한다. 이 점을 생각하면 다음의 설명이 이해하기 쉬울 것이다.

도면의 화살표 방향은 상판이 수축·팽창하는 방향이다. 상판이 얇아 8자 철물을 사용할 수 없기 때문에 띠열장 작업을 통해 보와 상판이 연결되어있다. 이때 보와 다리의 장부는 접착제로 고정하는 것이 아닌 끼운 상태이다. 다리는 상판과 접착제를 이용하여 고정한다.

이렇게 되면 상판은 수축·팽창할 때 접착제로 결합된 다리를 잡고 수축·팽창할 것이다. 하지만 보는 길이 방향으로 만들어진 부재라 수축·팽창하지 않기 때문에 다리에 꽉 끼워진 상태로만 있을 것이다. 다시 도면을 보면 보 끝 부분과 다리 홈 공간(빨간색 원형)에 약 2mm 정도의 공간(여분)이 존재함을 볼 수 있다. 상판의 수축·팽창을 통제하는 공간이다. 상판의 수축·팽창 예상 구간을 상판 폭인 400mm의 1%인 4mm로 본다면 양쪽 2mm씩의 공간은 팽창이 충분히 이루어져도 견딜 수 있는 공간이 된다.

그럼 수축·팽창이 얼마나 진행될 것인지 어떻게 가늠을 할 수 있을까? 판재의 수축·팽창률은 나무마다 조금씩 다르지만, 지금까지의 경험으로 봤을 때 하드우드는 약 1% 변화를 기준으로 작업한다. 상판 폭이 400mm일 때 1%를 적용하면 약 4mm가 수축·팽창할 것이다 이를 반으로 나누어 한쪽 공간당 2mm의 여유를 준 것이다.

이렇게 작업하면 상판이 수축·팽창하더라도 건식으로 조립된 보 덕분에 띠열장을 따라서 움직일 것이고 충분한 수축팽창 공간을 가지고 있어 수축·팽창이 일어나더라도 고정된 보가 아니어서 문제될 것이 없다. 또한 띠열장으로 굳건하게 상체를 붙잡고 있을 뿐 아니라 다리의 홈에도 꽉 끼어있어 휨이 발생하기도 힘들다.

하나 더 생각해볼 것은 보 없이 상판과 다리만 고정시켜 수축·팽창이 자유롭게 이루어지면 어떨까 하는 것이다. 그럼 골치 아픈 여러 가지 설정이 필요 없어지지 않을까? 아쉽게도 보가 없으면 상판의 폭 방향이 약해져 가구의 견고함에 문제가 생긴다. 상판의 두께를 줄이면서 견고함을 담보하는 바탕은 보가 이를 보완하기 때문이다. 또한 보가 없으면 상판의 휨을 잡아줄 수 없다. 비록 접착제는 바르지 않았지만 보와 다리의 꽉 끼인 장부 구조가 어느 정도 다리를 잡아주기 때문에 폭 방향으로 수축·팽창이 일어나도 나무가 휘거나 뒤틀어지는 약점을 보완할 수 있는 것이다.

때문에 이번 건식 조립 원리의 가장 중요한 것은 띠열장으로 작업한 보가 건식으로 상판을 견고하게 붙잡으며 수축·팽창을 통제하는 역할(8자 철물과 같은 역할)을 하고 더불어 다리와 보가 건식으로 견고하게 결합되면서 나무의 휨을 막아주어 얇은 상판 부재를 사용했지만 가구의 목적된 용도에 지장을 주지 않는 견고함을 가지게 된 것이다.

철학이 있는 가구 만들기

초판 1쇄 발행 2022년 4월 10일

지 은 이 김성헌

기획편집 도은주, 류정화
SNS 홍보 · 마케팅 초록도비

펴낸이 윤주용
펴낸곳 초록비책공방

출판등록 2013년 4월 25일 제2013-000130
주소 서울시 마포구 월드컵북로 402 KGIT 센터 921A호
전화 0505-566-5522 팩스 02-6008-1777

메일 greenrainbooks@naver.com
인스타 @greenrainbooks
포스트 http://post.naver.com/jooyongy
페이스북 http://www.facebook.com/greenrainbook

ISBN 979-11-91266-32-0 (03580)